计算机应用与基础实验指导

Computer Application and Basic Training Tutorials: Office automation and AI collaboration

主　编◎王明令　姚秀情　林津峰

副主编◎曾家鹏　王　苹　纪怀猛

·上海·

内容提要

本书为《计算机应用与基础实训教程》的配套实验指导用书，以 Windows 7 和 Microsoft Office 2016 为平台，通过一系列精心设计的实验活动，指导学习者掌握计算机操作的关键技能。本书涵盖计算机基础知识及 AI 工具简介，计算机基本操作及 AI 工具的使用，文字处理、电子表格、演示文稿及其 AI 协同办公，因特网基础及电子邮件的使用，共 6 个项目。通过结合 AI 技术的实操训练，提升学习者的信息技术素养，培养适应未来工作环境的技术人才。本书另附模拟试卷作为电子资源供学习者进行综合训练，旨在帮助学习者熟悉并实践 AI 技术在办公自动化中的应用。本书的实验素材也可以扫描相应二维码获取。

本书可作为高等院校“计算机应用基础”课程的配套实验教材，也可作为全国计算机等级考试——MS Office 应用考试的备考资料。

图书在版编目（CIP）数据

计算机应用与基础实验指导：办公自动化与 AI 协同 / 王明令，姚秀情，林津峰主编．-- 上海：同济大学出版社，2024．8．-- ISBN 978-7-5765-1241-0

Ⅰ．TP3

中国国家版本馆 CIP 数据核字第 2024XY5394 号

计算机应用与基础实验指导：办公自动化与 AI 协同

主　编　王明令　姚秀情　林津峰
副主编　曾家鹏　王　苹　纪怀猛

责任编辑　屈斯诗
助理编辑　朱华茗
责任校对　徐春莲
封面设计　渲彩轩

出版发行　同济大学出版社　　www.tongjipress.com.cn
（地址：上海市四平路 1239 号　邮编：200092　电话：021-65985622）
经　　销　全国各地新华书店
排　　版　南京月叶图文制作有限公司
印　　刷　常熟市华顺印刷有限公司
开　　本　787mm×1092mm　1/16
印　　张　12.75
字　　数　318 000
版　　次　2024 年 8 月第 1 版
印　　次　2025 年 1 月第 2 次印刷
书　　号　ISBN 978-7-5765-1241-0

定　　价　42.00 元

前言

在数字化时代的浪潮中，人工智能已经成为增强工作效率和解决复杂问题的关键工具。本书作为《计算机应用与基础实训教程》的配套实验指导用书，不仅采用了案例式和启发式教学方法，而且紧密结合了AI技术，以实际应用场景来设计和组织教学内容。编者利用多年从事教学和实验指导的经验，精心编写本书以帮助教师更有效地组织教学活动，同时培养学习者学会运用计算机技术和AI工具解决生活、学习和工作中遇到的问题。

本书秉承重视实用性和前瞻性的编写理念，通过实际案例引导学习者掌握AI与办公自动化的结合应用，强调培养学习者的实践操作能力。编者力求通过案例教学，激发学习者的学习兴趣，培养其创新思维和综合应用能力。

在编写特色方面，本书不仅注重理论知识的讲解，更强调通过大量实际案例和操作演示，引入AI技术，使学习者在“做中学，学中做”。每个案例都经过精心设计，涵盖了常见的办公自动化任务和AI技术的应用场景，帮助学习者在实践中深刻理解并掌握相关技术。同时，本书还提供了丰富的习题，帮助学习者巩固所学知识，提升应试能力。本书不仅是教材的延伸，更是学习者自学和实践的有力工具。

本书以Windows 7和Office 2016为操作平台，结合AI技术的应用，使学习者能够通过实践掌握如何利用这些智能工具来提高工作和学习效率。为了更好地让学习者进行综合性训练，本书还附有五套模拟试卷，不仅帮助学习者检测学习成果，还为参加全国计算机等级考试——MS Office应用考试的考生提供了重要的复习资料。

本书由阳光学院王明令、姚秀情、林津峰任主编，由曾家鹏、王苹、纪怀猛任副主编。具体编写分工如下：项目1、项目6由王明令、王苹编写，项目2由纪怀猛编写，项目3由姚秀情编写，项目4由林津峰编写，项目5由曾家鹏编写。全书由王明令负责统稿并最终审定。

在编写过程中，编者参考了大量的文献资料，同时，阳光学院也给予了极大支持，在此向书末参考文献和有关参考资料的作者们，以及支持院校一并致以诚挚的谢意。

由于编者水平有限，书中难免存在疏漏和不足之处，敬请广大读者批评指正。

编者

2024年4月

目　录

项目 1

计算机基础知识及 AI 工具简介

实验 1　汉字输入和指法练习

实验目的

（1）熟悉鼠标的基本操作。

（2）熟悉键盘的键位及基本操作。

（3）熟练掌握英文大小写、数字、标点符号的用法及输入方式。

（4）掌握操作指法及姿势。

（5）掌握一种汉字输入的方法。

实验内容

（1）认识鼠标的基本操作。

（2）认识键盘的结构。

（3）学习计算机操作姿势及键盘操作指法。

（4）使用智能 ABC 输入法输入一段文字。

（5）使用五笔打字员软件进行指法练习和文字录入。

实验步骤

1. 认知鼠标的基本操作

鼠标是计算机操作中不可或缺的输入设备。通过移动和点击鼠标可控制计算机屏幕上的指针，进而执行各种命令，熟练使用鼠标会使计算机的操作更简单。鼠标的基本操作如下。

（1）单击：左键单击通常用于选择文件、打开应用程序或激活按钮。右键单击则通常用于打开与单击内容相关的菜单，例如在空白区域右键单击可以打开一个包含新建、查看等选项的快捷菜单。

注意：后文中的“单击”默认为左键单击。

（2）双击：两次快速连续地单击左键被称为双击。双击通常用于启动程序或打开文件。例如，在桌面上找到应用程序图标后，双击即可运行该程序。

（3）拖动：按下鼠标左键不放并移动鼠标，这种动作称为拖动。拖动可以用来移动窗口、调整控件大小或在画图软件中绘制线条。

（4）滚轮操作：大多数鼠标都带有一个滚轮，位于鼠标的中键位置。滚动滚轮可以上下浏览网页或文档的内容。

(5) 右键拖动：在某些操作系统中，使用右键拖动可以显示不同的选项菜单，提供额外的功能，如创建快捷方式、复制文件等。

(6) 指针定位：仅移动鼠标，不进行任何按键操作，可以控制屏幕上指针的位置，适用于精细调整对齐或选择小范围内的对象。

(7) 滚轮点击：除了滚动功能外，一些鼠标的滚轮还支持左右水平点击，提供附加功能，如切换标签页。

(8) 组合键操作：鼠标的按键还可以与键盘的组合键结合使用，如"Ctrl＋鼠标左键"可以进行多重选择；"Shift＋鼠标左键"可以选中连续的项目等。

(9) 指针灵敏度调整：根据个人习惯，可以在计算机设置中调整鼠标指针的移动速度和加速度，以获得最舒适的使用体验。

(10) 自定义鼠标按键：对于拥有多个额外按键的鼠标，用户可以根据需要自定义这些按键的功能，如浏览器的前进、后退等。

2. 认识键盘的结构

键盘上键位的排列方式按用途可分为主键盘区、功能键区、编辑键区和小键盘区，如图 1-1-1 所示。

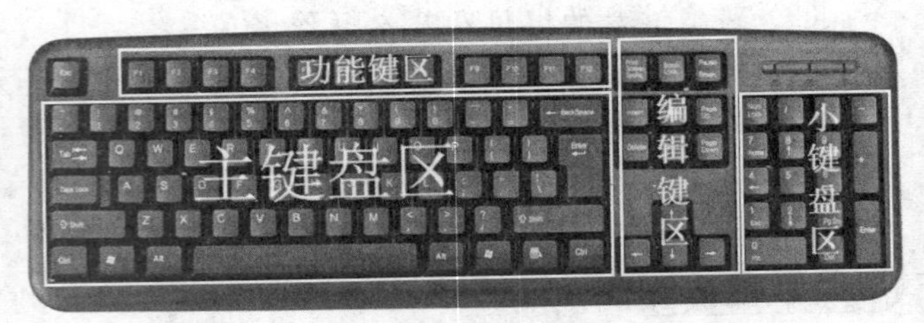

图 1-1-1　计算机标准键盘的结构

常用键位的基本操作如下。

(1) 主键盘区是键盘操作的主要区域，包括 26 个英文字母、数字 0～9、运算符号、标点符号、控制键等。26 个字母键按英文打字机字母顺序排列在主键盘区的中央区域。一般来说，计算机开机后，默认的英文字母输入为小写字母。如果需要输入大写字母，可按住"Shift 键"不放，再单击字母键；或按"CapsLock"键转换为大写输入状态。按下字母键，再次按"CapsLock"键后，可重新转入小写输入状态。按住"Shift"键不放，再按其他按键，可输入该按键上半部分的符号，如按下"Shift＋7"可输入"&"。

(2) 编辑区中"Insert"键可切换改写/插入状态，处于改写状态时，输入的文字会自动覆盖其后面的文字；处于插入状态时，输入的文字会插入到光标所在的位置。

(3) 编辑区中的"PrintScreen"键(简称为"PrtSc"键)是截屏键，当按下"PrintScreen"键时，整个屏幕将截取成图片，用户可到指定的位置查看截图效果。当按下"Alt＋PrtSc"时，则截取当前活动窗口。

(4) 编辑区中的"Delete"键是删除键，单击可删除选定的内容或文件，按下"Shift＋Delete"时，则可永久删除选定的文件。

(5) 按下"Ctrl＋Alt＋Delete"，可快速打开系统任务管理器。在任务管理器中，可选定某个进程来结束该进程对应的程序，一般在程序卡顿的时候使用。

(6) "Esc"键常用来表示取消或结束功能。

(7) 其他常用的快捷键如下。

"Alt＋Tab"：在打开的程序之间切换。

"Win＋D"：快速显示桌面，隐藏所有打开的窗口。

"Ctrl"键：常与其他键组合使用，如"Ctrl＋C"为复制，"Ctrl＋V"为粘贴，"Ctrl＋X"为剪切。

“Alt”键：常与其他键组合使用，如“Alt+F4”为关闭当前程序。

3. 学习计算机操作姿势及键盘操作指法

正确的计算机操作姿势如图 1-1-2 所示。

图 1-1-2 正确的计算机操作姿势

打字要有正确的姿势。操作者应平坐在椅子上，两肘悬空，上下手臂间的弯度略小于 90°，手腕平放，手指自然下垂，并依次停留在基准字键（原位键）键位上（左手为 A、S、D、F，右手为 J、K、L、“;”），只是轻轻触键，不能用力按键。如果感到高度不合适，可适当调节椅子的高度，否则操作者易感到疲倦。

计算机所用键盘中的各键采用电容技术和键盘驱动程序来定义其逻辑含义，具有动作轻便、灵活等优点，操作时所需的力度较小，只要轻微按键即能将字符信息正确输入计算机。

另外，计算机所用键盘的键比较多、功能强、应用广，因此，其指法也应根据不同的需要而有所不同。例如，在输入编制好的文件或程序时，大都使用盲打，即输入文字时不看键盘。盲打是一般机械打字通用的方法，操作者需思想集中、全神贯注，既要提高速度，又要避免差错。在输入数字或进行光标移动时，则可利用右手操作小键盘区；为实现某些特殊功能，可使用组合键。在不同的情况下，按键指法的运用也就变得复杂起来，但基本指法是最重要的，也是最常用的，需要熟练掌握。

4. 使用智能 ABC 输入法输入一段文字

智能 ABC 输入法功能十分强大，不仅支持人们熟悉的全拼输入、简拼输入，还提供混拼输入、笔形输入、音形混合输入、双打输入等多种输入法。此外，智能 ABC 输入法的基本词库包含约六万条词条，且支持动态词库。单击“标准”按钮，可切换到“双打智能 ABC 输入法状态”；再次单击“双打”按钮，又回到“标准智能 ABC 输入法状态”。在“智能 ABC 输入法状态”下，用户可以使用以下三种方式输入汉字。

（1）全拼输入。只要熟悉汉语拼音，就可以使用全拼输入法。全拼输入法是按规范的汉语拼音输入外码，即用 26 个小写英文字母作为 26 个拼音字母的输入外码。其中“ü”的输入外码为“v”。

（2）简拼输入。简拼输入法的编码由各个音节的第一个字母组成，对于包含“zh”“ch”“sh”这样的音节，也可以取前两个字母组成。简拼输入法主要用于输入词组。例如，一些词组的简拼输入如下。

① 学生：全拼输入为“xuesheng”，简拼输入为“xs(h)”。

② 练习：全拼输入为“lianxi”，简拼输入为“lx”。

此外，在使用简拼输入法时，隔音符号可以用来排除编码的二义性。例如，若用简拼输入法输入“社会”，简拼编码不能是“sh”，因为它是复合声母“sh”，所以正确的输入应该使用隔音符“'”，输入“s'h”。

（3）混拼输入。输入两个音节以上的词语时，有的音节可以用全拼编码，有的音节则用简拼编码。例如，输入“计算机”一词，其全拼编码是“jisuanji”，也可以采用混拼编码“jisj”或“jisji”。

输入法的其他功能如下。

（1）输入法的切换。使用快捷键“Ctrl＋Shift”可逐个切换输入法；使用快捷键“Ctrl＋空格键”可实现中英文输入法快速切换（在搜狗输入法中，可按“Shift”键来实现中英文输入法的切换）。

（2）全角字符和半角字符的切换。使用全角输入的数字和字母，所占用的空间和汉字一样，都是2个字节，半角输入的数字和字母只占1个字节，如半角“ABC”和全角“ＡＢＣ”。通过使用快捷键“Shift＋空格键”，可快速切换全角和半角（在搜狗输入法的“属性设置”中找到“按键”配置，再启用全半角切换，才能使用快捷键，如图1-1-3所示），还可通过单击输入法上的全角半角图标来切换，如图1-1-4所示。

（3）特殊字符的输入。在中文输入法下，按“Shift＋6”可输出省略号“……”，按“Shift＋减号”可输出破折号“——”，按“Shift＋大于号或小于号”可输出书名号“《》”，按“波浪号”可输出间隔号“·”。其他的特殊字符还可通过左键或右键单击输入法上的键盘图标，如图1-1-5所示，打开“软键盘”，选择其中一款特殊符号类型，完成特殊符号的录入，如图1-1-6所示。

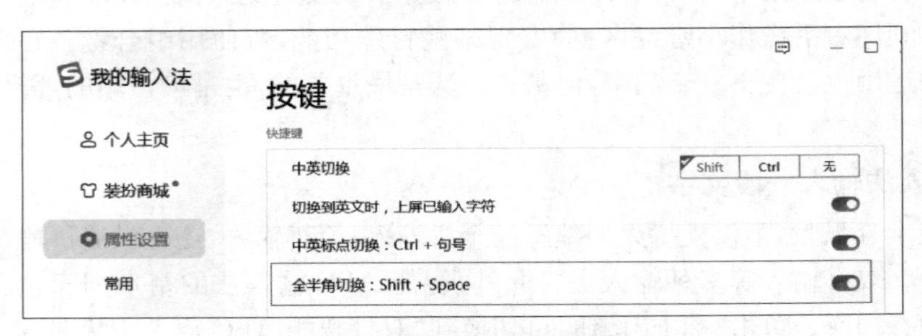

图1-1-3 搜狗按键设置

图1-1-4 全半角切换图标

图1-1-5 软键盘图标

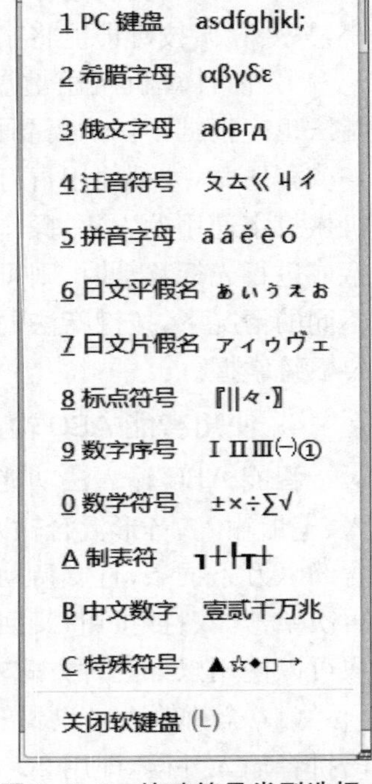

图1-1-6 特殊符号类型选择

5. 使用五笔打字员进行指法练习和文字录入

五笔打字员是一种基于五笔字型输入法的打字练习软件，如图1-1-7所示，通常包含多个练习模块，如鼠标练习、指法练习、打字练习、打字测试等，以适应不同用户的学习需求。它旨在帮助用户通过系统化的练习提高汉字输入的速度和准确性。

图1-1-7 五笔打字员操作界面

对于初学者来说，使用五笔打字员软件进行指法练习和汉字录入练习是一个有效的练习打字的方法。通过不断地练习，可以逐渐提高打字速度和准确率，最终达到高效快速输入汉字的目的。

通过实时反馈和进度跟踪，用户可以清晰地了解自己的学习进度和打字速度的提升情况。五笔打字员还包含一些高级功能，如自定义练习文本、设置练习时间、记录个人最佳成绩等。

实验 2 数制之间的相互转换

实验目的

(1) 掌握数制之间的相互转换。

(2) 掌握利用计算器实现进制的运算及转换的方法。

实验内容

(1) 认知数制的运算与转换。

(2) 利用计算器实现进制的运算及转换。

实验步骤

1. 认知数制的运算与转换

口诀：二、八、十六进制转换成十进制，按权相加；二进制转换成八进制，三化一；二进制转换成十六进制，四化一；十进制整数转换成二进制，除 2 取余，逆序排列；十进制小数转换成二进制，乘 2 取整，顺序排列；八进制转换成二进制，一化三；十六进制转换成二进制，一化四。

【例 1-1】 将二进制数 1001 转换为十进制数。

$(1001)_2=1\times2^3+0\times2^2+0\times2^1+1\times2^0=(9)_{10}$

【例 1-2】 将二进制数 1001.01 转换为十进制数。

$(1001.01)_2=1\times2^3+0\times2^2+0\times2^1+1\times2^0+0\times2^{(-1)}+1\times2^{(-2)}=9+0.25=(9.25)_{10}$

【例 1-3】 将八进制数 121 转换为十进制数。

$(121)_8=1\times8^2+2\times8^1+1\times8^0=(81)_{10}$

【例 1-4】 将八进制数 120.2 转换为十进制数。

$(120.2)_8=1\times8^2+2\times8^1+0\times8^0+2\times8^{(-1)}=64+16+0.25=(80.25)_{10}$

【例 1-5】 将十六进制数 10E 转换为十进制数。

$(10E)_{16}=1\times16^2+0\times16^1+14\times16^0=(270)_{10}$

【例 1-6】 将十六进制数 10F.A 转换为十进制数。

$(10F.A)_{16}=1\times16^2+0\times16^1+15\times16^0+10\times16^{(-1)}=256+15+0.625=(271.625)_{10}$

【例 1-7】 将十进制数 25 转换成二进制数。

除数	商	余数
2	25	
2	12	1
2	6	0
2	3	0
2	1	1
	0	1

因此，$(25)_{10}=(11001)_2$。

【例 1-8】 将十进制数 171 转换成八进制数。

除数	被除数/商	余数
8	171	
8	21	3
8	2	5
	0	2

因此，$(171)_{10}=(253)_8$

【例 1-9】 将十进制小数 27.24 转换成二进制小数。

除数	被除数/商	余数
2	27	
2	13	1
2	6	1
2	3	0
2	1	1
	0	1

计算	整数
0.24 × 2 = 0.48	…… 0
0.48 × 2 = 0.96	…… 0
0.96 × 2 = 1.92	…… 1
0.92 × 2 = 1.84	…… 1
0.84 × 2 = 1.68	…… 1

由上述计算可知，$(27)_{10}=(11011)_2$，$(0.24)_{10}\approx(0.00111)_2$。

因此，$(27.24)_{10}\approx(11011.00111)_2$。

由上可知，每次乘以 2，结果可能是有限次的，也可能是无限次的。因此，十进制小数不一定都能转换成等值的二进制小数，这时只要取需要的精度即可。

同理，可以通过乘以 8 或乘以 16 的方法将十进制小数转换成相应的八进制小数或十六进制小数。

【例 1-10】 将二进制数 10110011.01011 转换成八进制数。

$$\frac{(010}{(2}\ \frac{110}{6}\ \frac{011}{3}.\frac{010}{2}\ \frac{110)_2}{6)_8}$$

因此，$(10110011.01011)_2=(263.26)_8$

【例 1-11】 将八进制数 731.3 转换成二进制数。

$$\frac{(7}{(111}\ \frac{3}{011}\ \frac{1}{001}.\frac{3)_8}{011)_2}$$

因此，$(731.3)_8=(111011001.011)_2$。

【例 1-12】 将二进制数 1010110.10101 转换成十六进制数。

$$\frac{(0101}{(5}\ \frac{0110}{6}.\frac{1010}{A}\ \frac{1000)_2}{8)_{16}}$$

因此，$(1010110.10101)_2=(56.A8)_{16}$

【例 1-13】 将十六进制数 5B2.F 转换成二进制数。

$$\frac{(5}{(0101}\ \frac{B}{1011}\ \frac{2}{0010}.\frac{F)_{16}}{1111)_2}$$

因此，$(5B2.F)_{16}=(10110110010.1111)_2$

2. 利用计算器实现进制的运算及转换

(1) 在“开始”菜单中，搜索“计算器”并将其打开，如图 1-2-1 所示。

图 1-2-1 搜索计算器程序

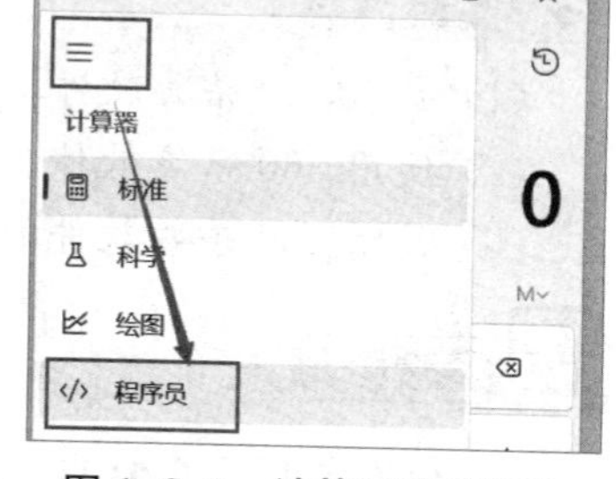

图 1-2-2 计算器功能切换

(2) 单击左上角菜单栏的“程序员”选项，如图 1-2-2 所示。

(3) 计算器的界面如图 1-2-3 所示，其中 HEX 表示十六进制(简称 H)，DEC 表示十进制(简称 D)，OCT 表示八进制(简称 O)，BIN 表示二进制(简称 B)。

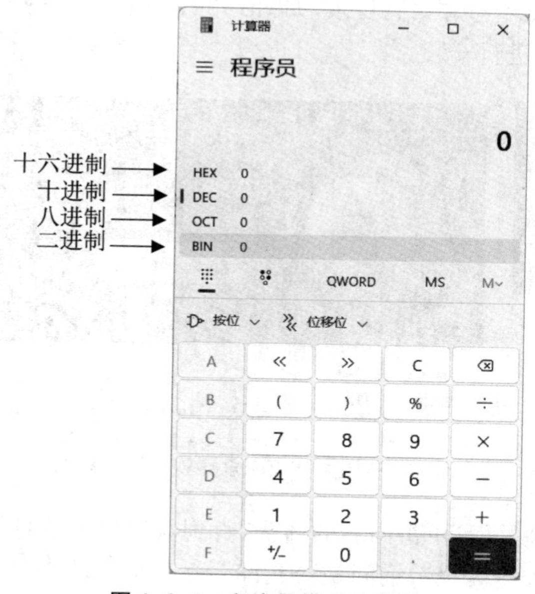

图 1-2-3 程序员模式计算器

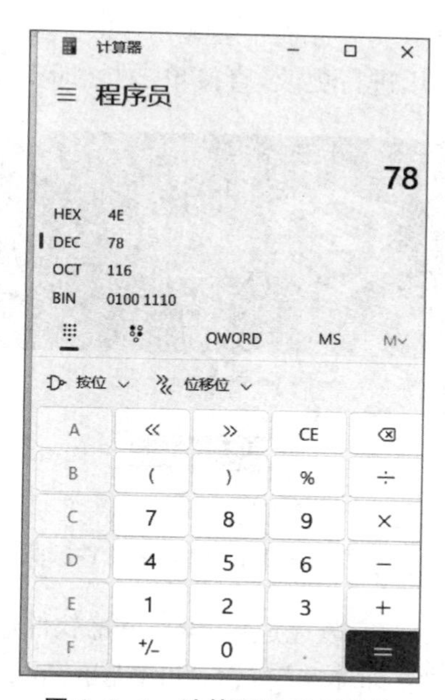

图 1-2-4 计算器的进制转换

(4) 在计算器界面中输入需要转换进制的数字，比如十进制数 78，就可看到其他进制数对应的数值大小，如图 1-2-4 所示。

实验3　杀毒软件的安装和使用

实验目的

(1) 学会安装杀毒软件。

(2) 学会使用杀毒软件。

实验内容

(1) 安装360杀毒软件。

(2) 使用360杀毒软件。

(3) 关闭360杀毒软件的广告弹窗。

实验步骤

1. 安装360杀毒软件

可以从360杀毒的官方网站下载360杀毒软件，下载的方法如下。

(1) 打开IE浏览器，在地址栏输入https://sd.360.cn/，打开360杀毒的主页，找到指定的软件版本，开始下载360杀毒软件。

(2) 下载完成之后，启动安装程序。弹出“用户帐户控制”对话框，单击“是”按钮，进入安装程序；安装界面中会显示360杀毒软件的版本号和安装目录，如图1-3-1所示。在一般情况下，不用进行更改，直接单击“立即安装”按钮进行安装。

图1-3-1　360杀毒软件安装

图1-3-2　杀毒软件的主界面

(3) 安装完成后，360杀毒软件进入欢迎界面，单击向右的箭头，直到欢迎提示信息结束。单击“立即体验”按钮，此时提示“Windows安全警报”，询问是否允许360杀毒软件访问网络。单击“允许访问”按钮，进入360杀毒软件的主界面，如图1-3-2所示。

2. 使用360杀毒软件

(1) 启动360杀毒软件。双击系统托盘上的360杀毒软件图标，或单击“开始”菜单中360杀毒软件的快捷方式，即可启动360杀毒软件。

（2）查杀病毒。在360杀毒软件中，查杀病毒有2种模式，分别是全盘扫描和快速扫描。可根据不同的要求，选择不同的查杀模式进行病毒查杀。

（3）如果需要对某一文件或某一个文件夹进行杀毒，可以选中该文件或文件夹，右键单击打开快捷菜单，选择“使用360杀毒扫描”命令，自动开始查杀，并在查杀结束后显示杀毒结果。

3. 关闭360杀毒软件的弹窗广告

关闭软件自带的一些广告推广设置，可减少软件占用的系统资源，提高电脑性能。打开360杀毒软件进入设置，在弹窗设置中选择“咨询推荐”，取消选择所有勾选项，再选择“开机小助手”，同样取消选择所有勾选项，如图1-3-3所示。

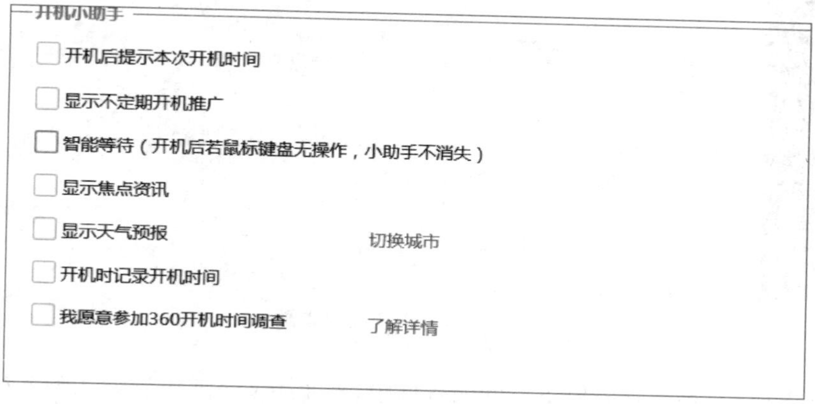

图1-3-3 开机小助手配置

实验4 AI工具的安装和调试

实验目的

（1）学会打开和使用网页版的AI工具。

（2）学会安装和使用手机版的AI工具。

实验内容

（1）使用网页版的讯飞星火AI工具。

（2）使用手机版的讯飞星火AI工具。

实验步骤

1. 使用网页版的讯飞星火AI工具

（1）打开讯飞星火官方主页。在浏览器地址栏输入 https://xinghuo.xfyun.cn/，单击“免费登录”，进入快捷手机注册页面，输入手机号和验证码后，可注册并登录个人账号，如图1-4-1所示。

（2）在主页左侧有历史记录，可选择任意的历史记录和AI工具继续对话。

图 1-4-1　讯飞星火首页

(3) 选择“新建对话”，在右侧下方的输入框中，可使用文字或语音方式输入用户所需要提问的内容，输入后，单击“发送”，即可实时和 AI 进行对话。

如输入“帮我的宠物猫，想 10 个有趣的外号”，结果如图 1-4-2 所示。

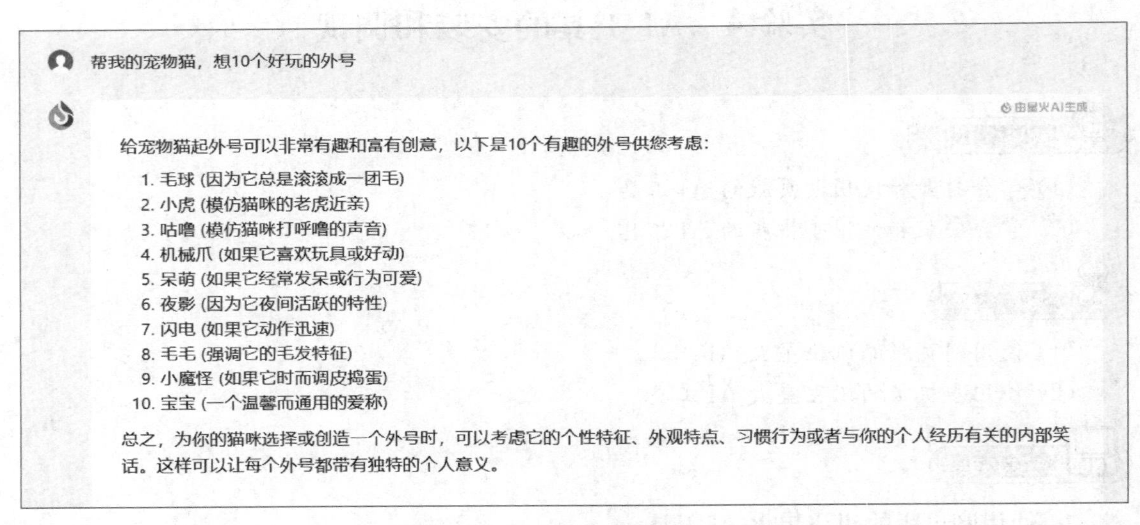

图 1-4-2　AI 自动答复结果

(4) 在输入框左侧，选择“图片识别”按钮，可上传一张图片，上传成功后，用户可围绕该图片的内容和 AI 进行交流。

如输入“请问这张图片里面是什么内容？”，结果如图 1-4-3 所示。

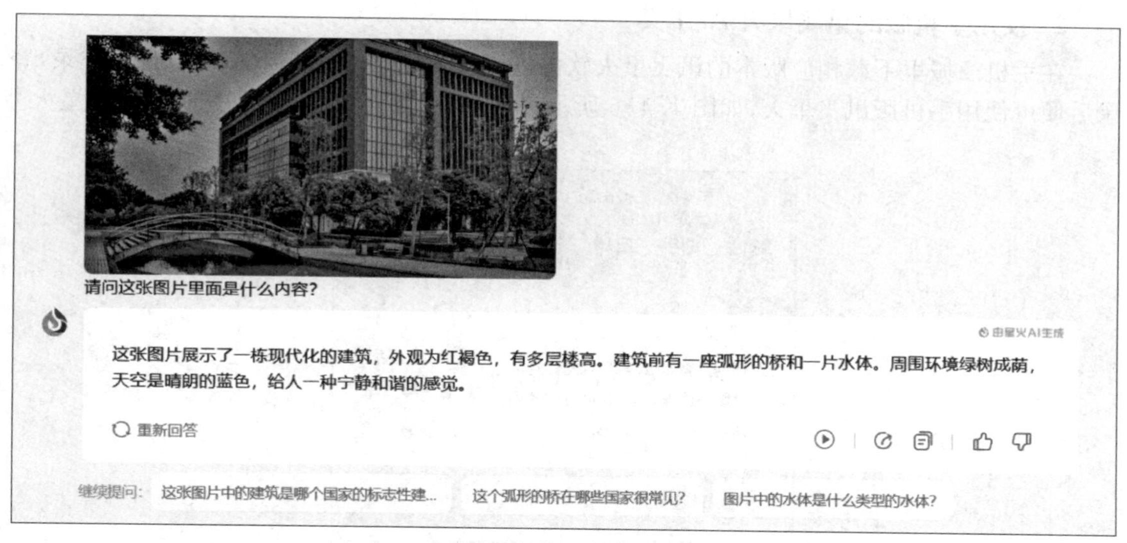

图 1-4-3　AI 图片解析结果

(5) 在"新建对话"中,用户还可以使用"插件"功能创建不同类型的交互功能,如图 1-4-4 所示。

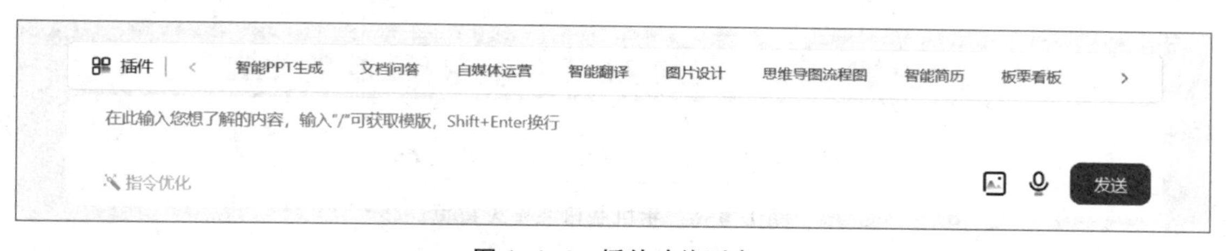

图 1-4-4　插件功能列表

① "文档问答":用户上传多个 . pdf、. docx、. doc、. txt 等类型的文档,然后对 AI 进行提问,AI 会对提供的文档进行学习、理解、总结,重新组织语言,再给出答案,它并不是简单的文字检索。

如输入"本文的重点和难点是什么?"。

② "智能 PPT 生成":用户用文字的形式,提出 PPT 需求,AI 根据用户的要求生成 PPT 大纲,用户再根据个人需求对生成的 PPT 大纲进行编辑。编辑成功后,单击"一键生成 PPT",即可生成一份用户所需的 PPT。PPT 生成后,用户还可以导出并下载相应的 PPT。

如输入"请帮我生成一份毕业答辩 PPT 模板。",结果如图 1-4-5 所示。

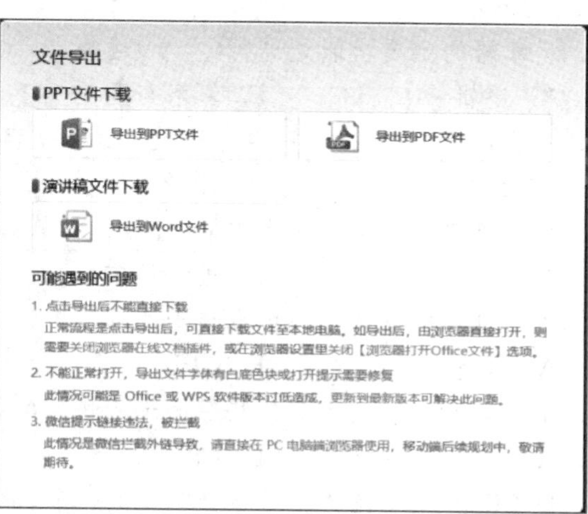

图 1-4-5　PPT 导出菜单

2. 使用手机版的讯飞星火 AI 工具

在手机商城里下载相应版本的讯飞星火软件进行安装。安装成功后，打开软件并登录，登录后便可使用手机版讯飞星火，如图 1-4-6 所示，其各项功能及使用方法同网页版讯飞星火。

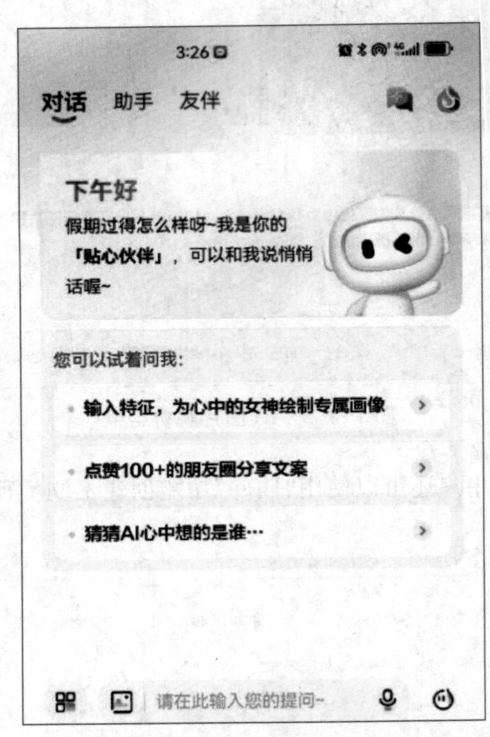

图 1-4-6 手机版讯飞星火首页

习 题 1

一、选择题

1. 运算器的主要功能是进行(　　)运算。
   A. 逻辑　　B. 算术与逻辑　　C. 算术　　D. 数值
2. 一般认为，世界上第一台电子数字计算机诞生于(　　)。
   A. 1946 年　　B. 1952 年　　C. 1959 年　　D. 1962 年
3. 在计算机程序设计语言中，可直接被计算机识别并执行的只有(　　)。
   A. 机器语言　　B. 汇编语言　　C. 算法语言　　D. 高级语言
4. 微型计算机硬件系统中最核心的部件是(　　)。
   A. 硬盘　　B. CPU　　C. 内存储器　　D. I/O 设备
5. 下列与八进制数 177 值相等的十六进制数是(　　)。
   A. 7A　　B. C8　　C. 8C　　D. 7F
6. 以 MIPS 为单位衡量微型计算机的性能，它指的是计算机的(　　)。
   A. 传输速率　　B. 存储器容量　　C. 字长　　D. 运算速度

7. 下列设备中,属于计算机输出设备的是(　　)。
A. 扫描仪　　B. 键盘　　C. 绘图仪　　D. 鼠标
8. ROM和RAM的最大区别是(　　)。
A. 不都是存储器　　B. ROM是只读,RAM是可读可写
C. 访问RAM比访问ROM快　　D. 访问ROM比访问RAM快
9. 下列数中最小的是(　　)。
A. 11011001B　　B. 75　　C. 037D. 0x2A
10. 一条指令通常由(　　)和操作数2部分组成。
A. 程序　　B. 操作码　　C. 机器码　　D. 二进制数
11. 科学思维可分为(　　)3种。
A. 理论思维、实验思维和计算思维　　B. 逆向思维、实证思维和构造思维
C. 理论思维、验证思维和计算思维　　D. 理论思维、实验思维和计算思维

二、填空题

1. 二进制数11101.010转换成十进制数是______________。
2. 计算机中存储一个汉字占用__________个字节,存储一个ASCII码字符占用__________个字节。
3. 微型计算机的中央处理器由__________和__________2部分组成。
4. Cache是介于______________之间的一种可高速存取信息的存储器。
5. CPU按指令计数器的内容访问主存,取出的信息是______________;按操作数地址访问主存,取出的信息是____________________。
6. 1985年,中国自行研制成功了第一台PC兼容机____________________0520微机。
7. 计算机朝着____________________和____________________2个方向发展。
8. 在冯·诺伊曼机模型中,存储器是指____________________单元。
9. 程序翻译有____________________和______________2种方式。
10. 主板____________________芯片将决定主板兼容性的好坏。
11. ____________________就是用自身定义自身的方法。

项目 2

计算机基本操作及 AI 工具的使用

实验 1　Windows 的基本操作

实验目的

(1) 掌握文件夹、文件的新建与重命名。
(2) 掌握文件夹、文件的属性查看与设置。
(3) 掌握复制、剪切、粘贴、删除与各类型的选中操作。
(4) 掌握文件压缩与解压缩的操作。
(5) 掌握各类型文件的多种打开方式与保存方式。
(6) 初步掌握 Word、PPT 与 Excel 的使用。
(7) 掌握桌面背景个性化设置。
(8) 掌握电脑本地资源搜索技巧与通配符的使用。
(9) 掌握画图功能以及特殊形状的画法。
(10) 掌握网页浏览与网页元素保存,IP 地址查看与修改等互联网相关内容的使用。

实验内容

(1) 新建文件、文件夹并重命名。
(2) 移动、拷贝、删除指定文件。
(3) 压缩、解压文件,并设置压缩密码。
(4) 设置文件的只读、隐藏属性,显示文件扩展名,设置隐藏文件可见。
(5) 用 Windows"画图"程序将图片另存为指定格式图片,绘制特殊形状图形。
(6) 用"媒体播放器"打开并播放指定媒体文件。
(7) 初步使用 Word、PowerPoint、Excel 文件。
(8) 为指定文件创建快捷方式。
(9) 设置桌面背景,并使用 Windows 截屏功能截图。
(10) 使用通配符与搜索限定条件搜索指定类型的文件。
(11) 查看本机电脑 IP 地址并截图保存。
(12) 使用"附件"中的"计算器"进行数的进制转换。
(13) 用浏览器登录指定网站,并保存网页图片与网页内容到本地磁盘。

1. 新建文件与文件夹

在素材文件夹中新建一个名为 MEAT 的文件夹与一个名为 meat. txt 的文本文档。

(1) 在素材文件夹空白位置右键单击,在弹出的右键快捷菜单中选择“新建”选项,在“新建”菜单次级条目中选择“文件夹”选项,如图 2-1-1 所示。素材文件夹下会新建一个文件夹名处于编辑状态的文件夹,输入文本“MEAT”,如图 2-1-2 所示。

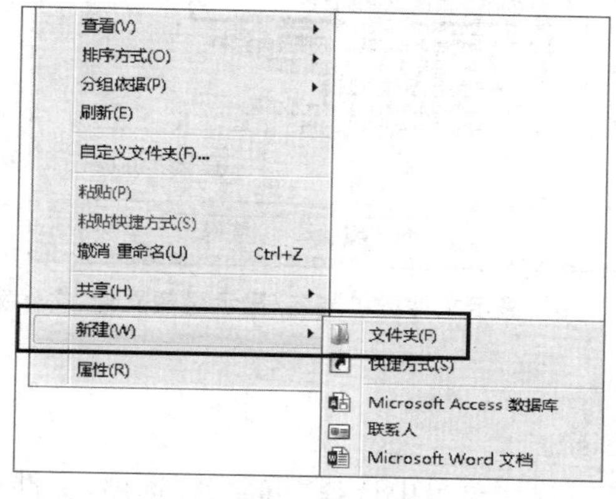

图 2-1-1　新建文件夹

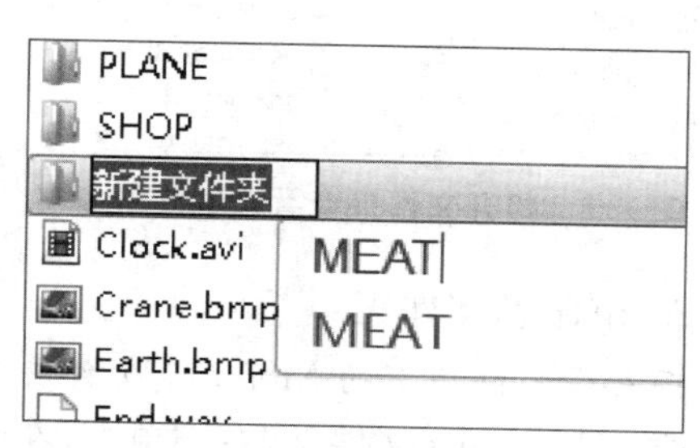

图 2-1-2　新建文件夹命名

(2) 在素材文件夹空白位置右键单击,在弹出的右键快捷菜单中选择“新建”选项,在“新建”菜单次级条目中选择“文本文档”选项,如图 2-1-3 所示。素材文件夹下会新建一个文本文档名处于编辑状态的文件,输入文本“meat”,如图 2-1-4 所示。

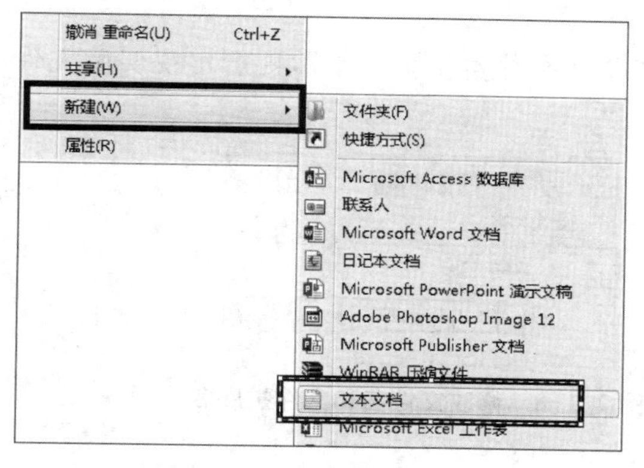

图 2-1-3　新建文本文档

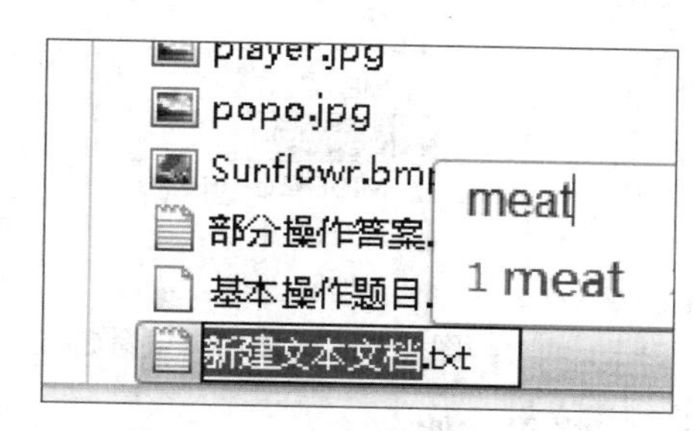

图 2-1-4　新建文本文档命名

注意: 新建文件前,一般需要把文件类型的扩展名显示出来,显示隐藏的文件、文件夹。操作步骤是单击电脑文件夹菜单栏中“组织”下拉菜单,并选择“文件夹和搜索选项”条目,如图 2-1-5 所示。在弹出的“文件夹选项”对话框中选择“查看”选项卡,然后勾选“显示隐藏的文件、文件夹和驱动器”单选按钮,取消勾选“隐藏已知文件类型的扩展名”复选框,如图 2-1-6 所示。

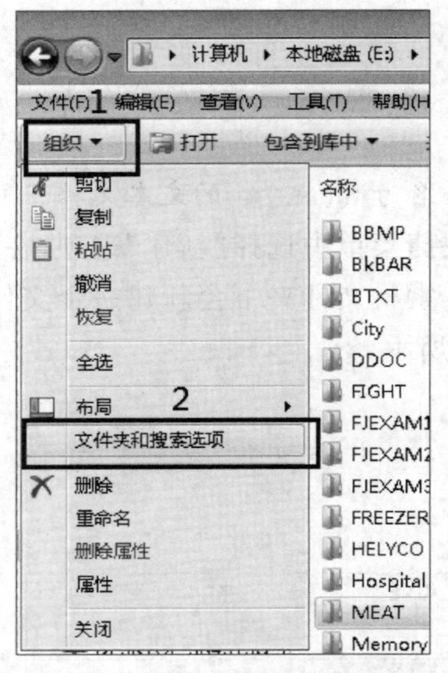

图 2-1-5　打开文件夹查看选项操作

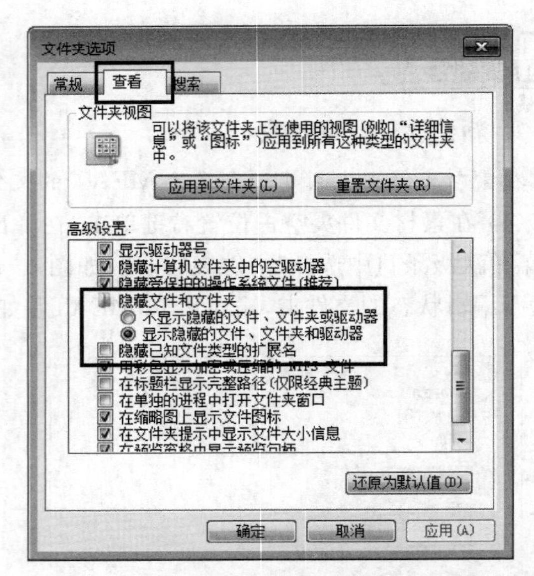

图 2-1-6　显示文件类扩展名/显示隐藏文件、文件夹

2. 重命名文件夹

将素材文件夹下的 Memory 文件夹改名为 Disk。

选中 Memory 文件夹，右键单击，在弹出的右键快捷菜单中选择"重命名"选项，文件夹名进入可编辑状态，输入"Disk"，如图 2-1-7 所示。

3. 重命名文件

将素材文件夹下 Freezer 文件夹中的 Vege. fes 文件更名为 Fruit. docx。

选中 Vege. fes 文件，右键单击，在弹出的右键快捷菜单中选择"重命名"选项，把原有文件名和文件类型扩展名删除，输入"Fruit. docx"。

注意：如果未在文件夹"查看"选项中操作"显示文件类型扩展名"，则会出现实际文件名"Fruit. docx. FES"，如图 2-1-8 所示。

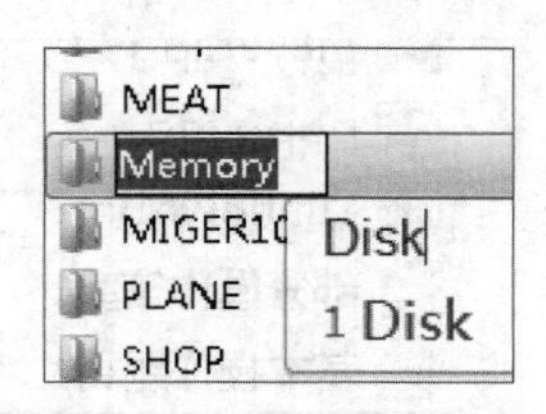

图 2-1-7　文件夹重命名

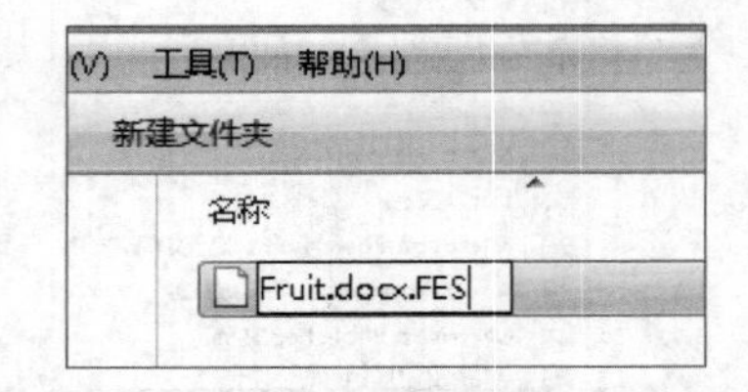

图 2-1-8　修改文件名和文件扩展名

4. 拷贝文件

将素材文件夹下 Plane 文件夹中的 Eagle. obj 文件拷贝到文件夹 Helyco 中。

(1) 打开 Plane 文件夹，单击选中 Eagle. obj 文件，然后右键单击，在右键快捷菜单中选择"复制(C)"选项，如图 2-1-9 所示。

(2) 打开 Helyco 文件夹，在文件夹空白位置右键单击，在右键快捷菜单中选择"粘贴(P)"选项，如图 2-1-10 所示。

注意：复制操作的快捷键为"Ctrl+C"；粘贴操作的快捷键为"Ctrl+V"。

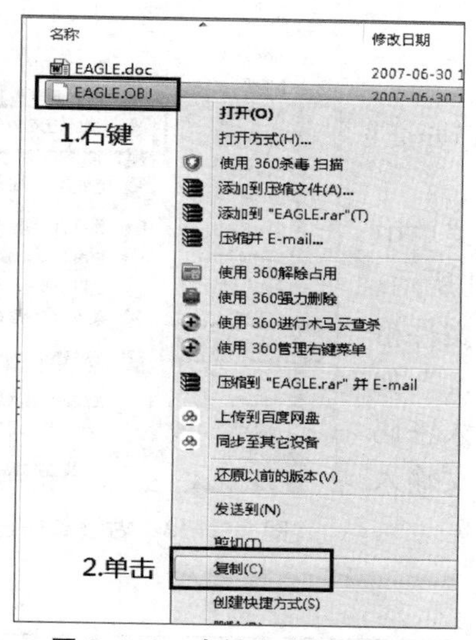

图 2-1-9　右键方式复制文件

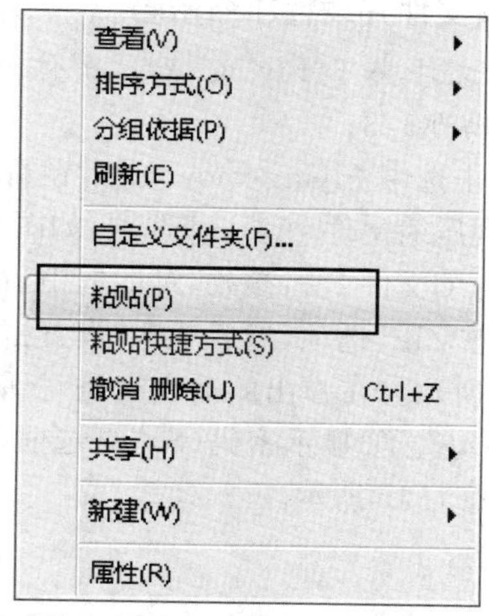

图 2-1-10　右键方式粘贴文件

5. 移动文件

将素材文件夹下 City 文件夹中的 Citizen. dat 文件移动到 Hospital 文件夹 中。

(1) 打开 City 文件夹，单击选中 Citizen. dat 文件，然后右键单击，在右键快捷菜单中选择“剪切(T)”选项，完成剪切操作。

(2) 打开 Hospital 文件夹，在空白位置单击右键，在出现的右键快捷菜单中选择“粘贴(P)”选项。

注意：剪切操作的快捷键为“Ctrl+X”。

6. 删除文件

将素材文件夹下 Miger10 文件夹中的 sutdent. jpg 删除。

文件删除有 2 种方式。一种删除方式为将文件放入回收站，采用这种方式删除的文件，可在回收站中将被删除的文件恢复到原来的位置。操作方法为右键单击选中该文件，在弹出的快捷菜单选择“删除”选项，或单击选中该文件，按键盘上的“Delete”键，将该文件放入回收站中，如图 2-1-11 所示。若要恢复该文件，则打开回收站，右键单击该文件，在弹出的右键快捷菜单中，选择“恢复”选项，恢复该文件到原来的位置。

另一种删除方式为永久删除，文件删除后不可恢复。如果确实需要恢复，只能通过专门软件与特殊技术手段实现，而且不确保一定可恢复。操作方法为选中该文件，使用“Shift+Delete”组合键删除该文件；或把该文件放入回收站，再右键单击该文件将其删除，如图 2-1-12 所示。

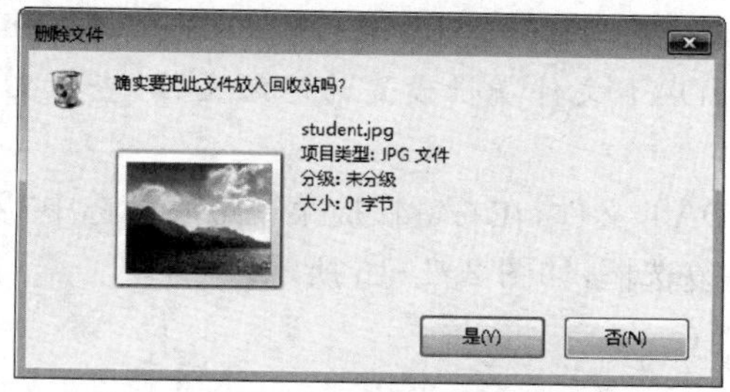

图 2-1-11　将文件删除放入回收站中

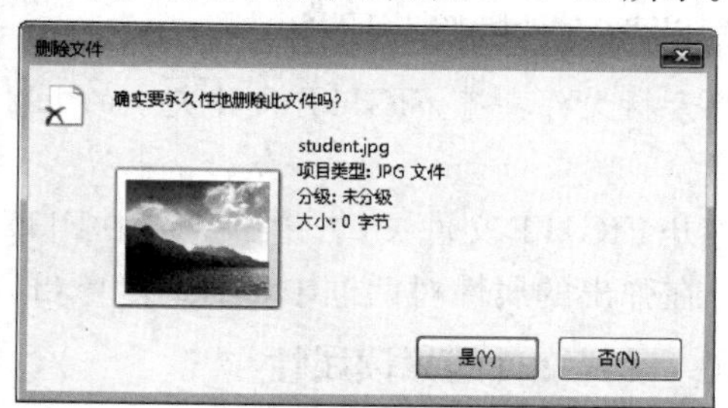

图 2-1-12　永久删除文件

7. 压缩文件并设置压缩密码

将素材文件夹下 Flying. mov 文件压缩为 Flying. zip，压缩密码为 123。

右键单击选中 Flying. mov 文件，在右键快捷菜单中选择“添加到压缩文件(A)...”选项，如图 2-1-13 所示。在弹出的“压缩文件名和参数”对话框中，在“压缩文件格式”栏中勾选“ZIP”选项，然后单击“设置密码(P)...”，如图 2-1-14 所示。在弹出的输入密码对话框中输入密码“123”，如果勾选了“显示密码(S)”复选框，则可明文输入密码，如图 2-1-15 所示。

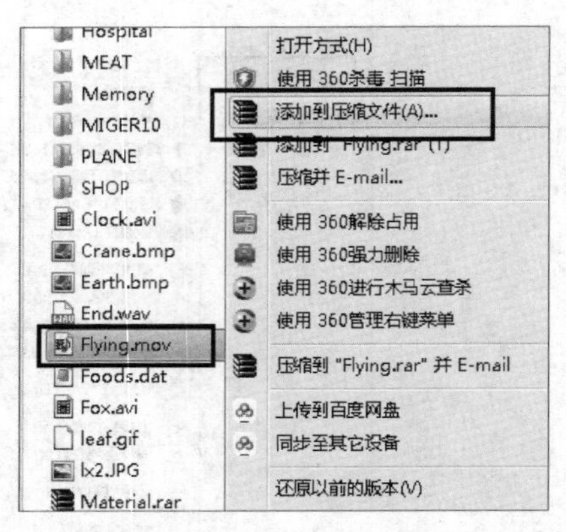

图 2-1-13 右键单击压缩文件

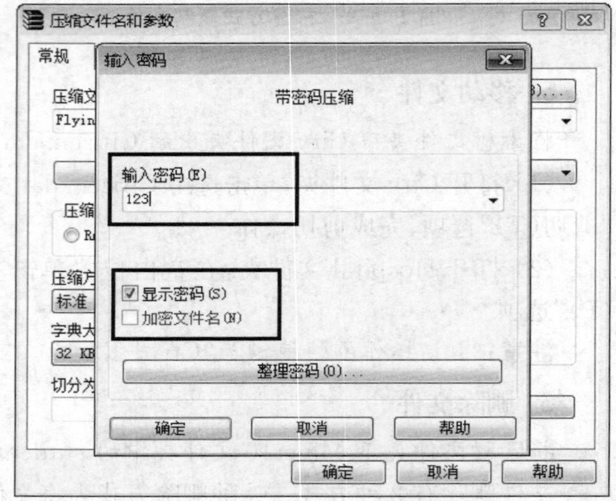

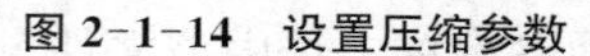

图 2-1-14 设置压缩参数　　图 2-1-15 带密码压缩文件

8. 解压文件

将文件夹下的 Material. rar 文件解压到当前文件夹，解压密码为 abc。

右键单击选中 Material. rar 文件，在弹出的右键快捷菜单中，选择“解压到当前文件夹(X)”选项。在弹出的“输入密码”对话框中输入密码，勾选“显示密码(S)”可明文输入密码。

9. 设置文件的隐藏属性

将素材文件夹下 FIGHT 文件夹中的 F117. DAT 文件属性设置为隐藏文件，查看文件是否隐藏。

打开 FIGHT 文件夹，右键单击选中 F117. DAT 文件，在右键快捷菜单最底部选中“属性”选项。在弹出的属性对话框中，勾选“隐藏(H)”复选框，如图 2-1-16 所示。

10. 设置文件的只读属性

将文件夹下 BKBAR 文件夹中的 Leader. DAT 文件属性设置为只读文件。

打开 BKBAR 文件夹，右键单击选中 Leader. DAT 文件，在右键快捷菜单最底部选中“属性”选项，在弹出的属性对话框中，勾选“只读(R)”复选框，如图 2-1-17 所示。

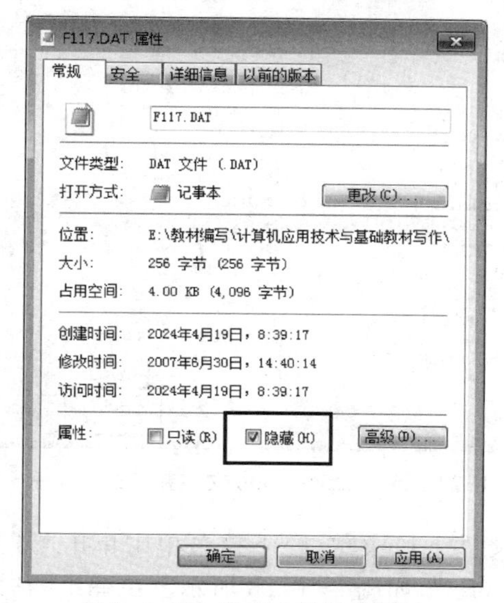

图 2-1-16　设置文件隐藏属性

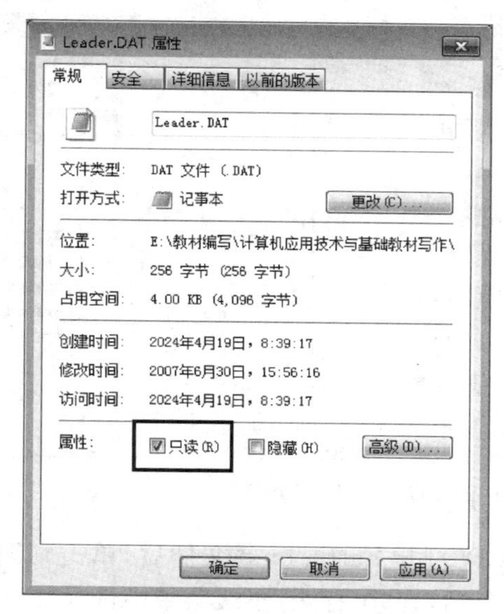

图 2-1-17　设置文件只读属性

11. 将.bmp 文件另存为.png 文件

用“附件”中的“画图”打开素材文件夹下的 Earth. bmp 文件，将其另存为名为 Earth. png 的. png 文件。

（1）单击电脑桌面左下角的 Windows“开始”按钮，展开“所有程序”目录，如图 2-1-18 所示。找到“附件”目录并展开，鼠标左键单击“画图”程序，如图 2-1-19 所示。

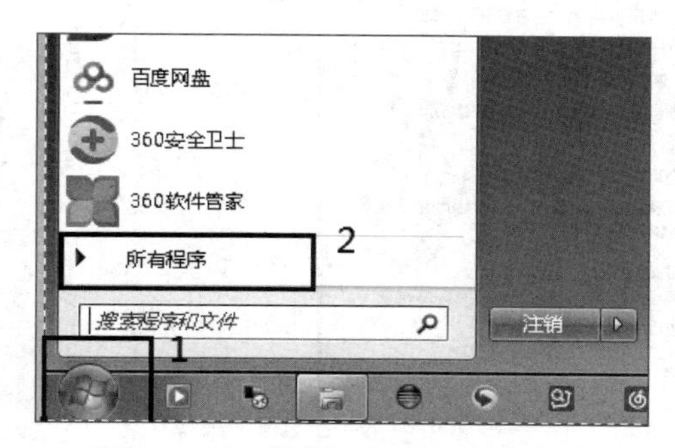

图 2-1-18　展开 Windows 所有程序

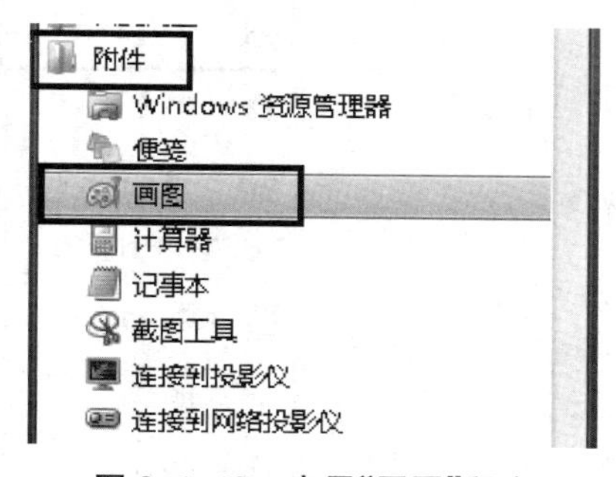

图 2-1-19　启用“画图”程序

（2）单击“画图”程序文件下拉菜单，如图 2-1-20 所示。在展开的画图文件下拉菜单中，单击“打开(O)”功能条目，如图 2-1-21 所示。在弹出的“打开”对话框中，找到 Earth. bmp 文件所在的文件夹，然后选中 Earth. bmp 文件，单击“打开(O)”，打开 Earth. bmp 文件，如图 2-1-22 所示。

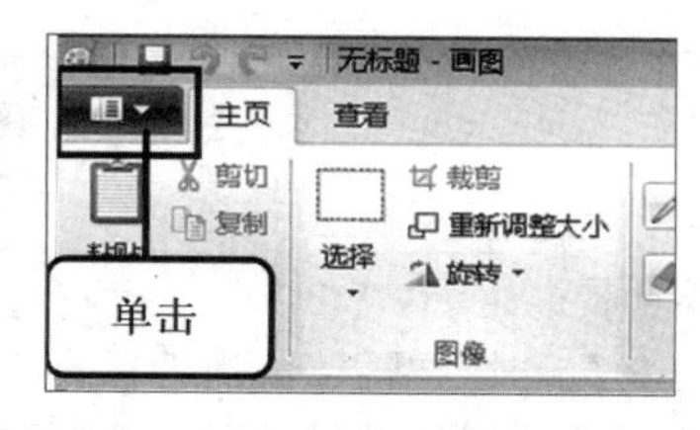

图 2-1-20　展开画图文件菜单

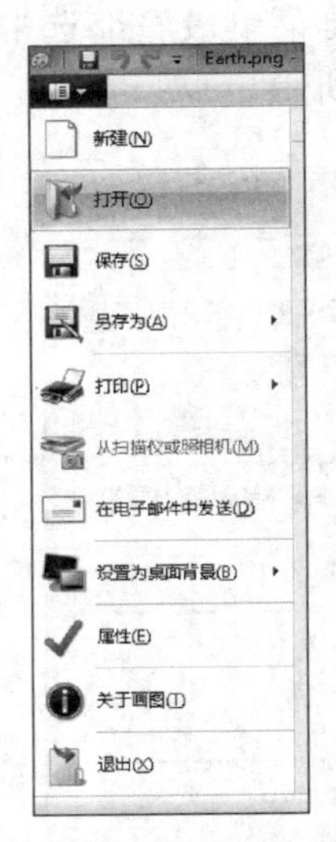

图 2-1-21　选择“打开”菜单

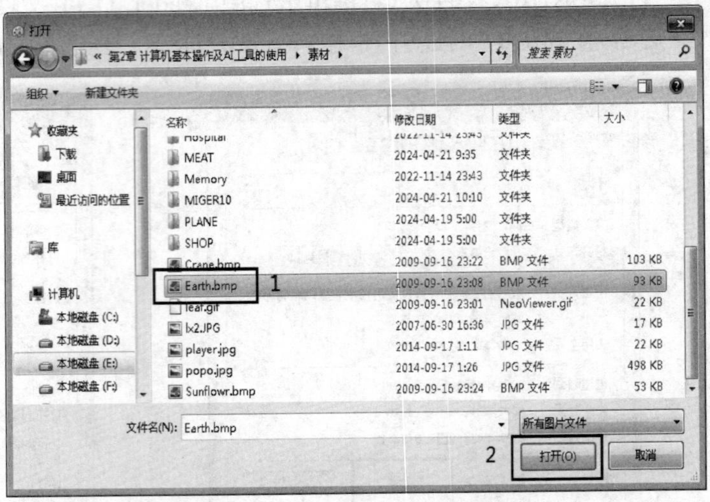

图 2-1-22　选中 Earth. bmp 文件并打开

（3）打开 Earth. bmp 文件后，单击画图程序文件下拉菜单，在下拉菜单中单击“另存为(A)”条目，在“另存为”下级菜单中选择“PNG 图片(P)”，如图 2-1-23 所示。在弹出的“另存为”对话框中单击“保存(S)”，文件扩展名会自动更换为 png。

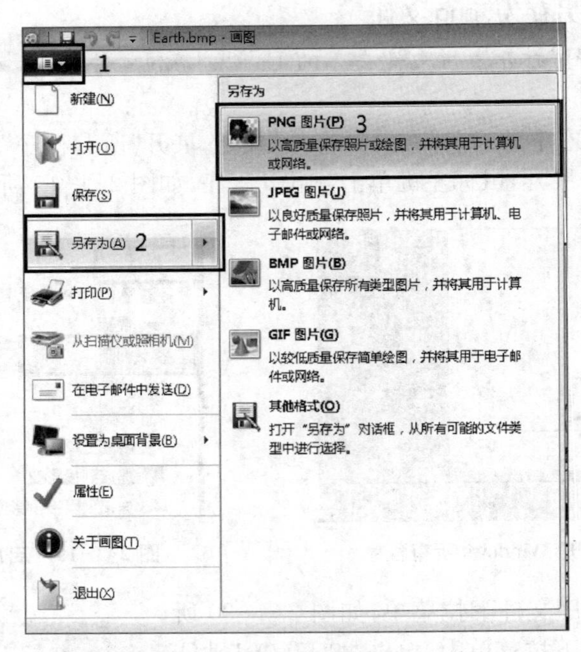

图 2-1-23　图片另存为 png 图片

知识拓展：

除了通过“画图”程序打开图片，还可以通过选中该图片，右键单击，在弹出的快捷菜单中选择“打开方式(H)”条目，在弹出的子菜单中选择“画图”程序，如图 2-1-24 所示。

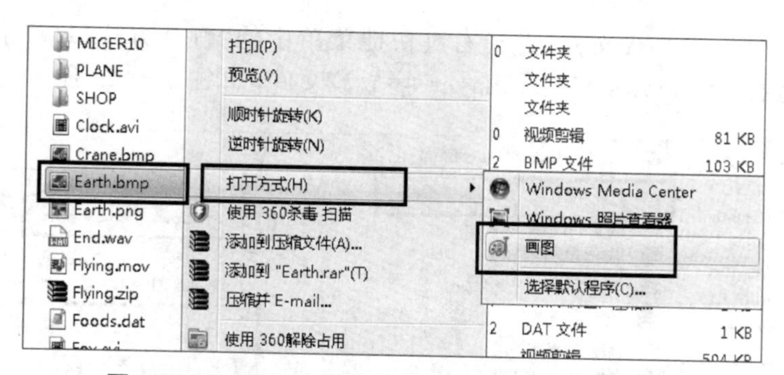

图 2-1-24　使用右键快捷菜单方式打开“画图”程序

12. 将.bmp 文件另存为 256 色位图文件

用“附件”中的“画图”打开文件夹下的 Crane. bmp 文件，将其另存为 256 色位图文件 Crane256. bmp。

(1) 右键单击选中 Crane. bmp 文件，在弹出的右键快捷菜单中，选择“打开方式(H)”条目，在弹出的子菜单中选择“画图”程序。

(2) 打开 Crane. bmp 文件后，单击画图文件下拉菜单，在菜单中选择“另存为(A)”条目，在子菜单中，选择“BMP 图片(B)”选项。

(3) 在弹出的“另存为”对话框中，单击“保存类型(T)”下拉菜单，在下拉菜单中选择“256 色位图(*. bmp; *. dib)”，文件名设为 Crane256. bmp，如图 2-1-25 所示。单击“保存”完成图片另存操作。

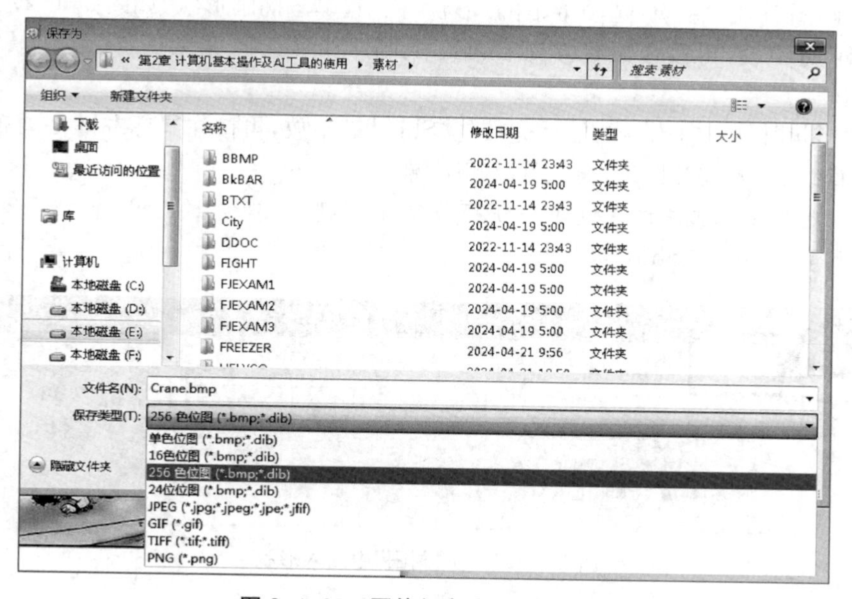

图 2-1-25　图片保存为 256 色位图

13. 播放.avi 文件

用“附件”中的“媒体播放器”打开并播放素材文件夹下的 Clock. avi 文件。

右键单击选中 Clock. avi 文件，选择右键快捷菜单中的“打开方式(H)”条目，在“打开方式”二级菜单中选择“Windows Media Player”播放该文件，如图 2-1-26 所示。

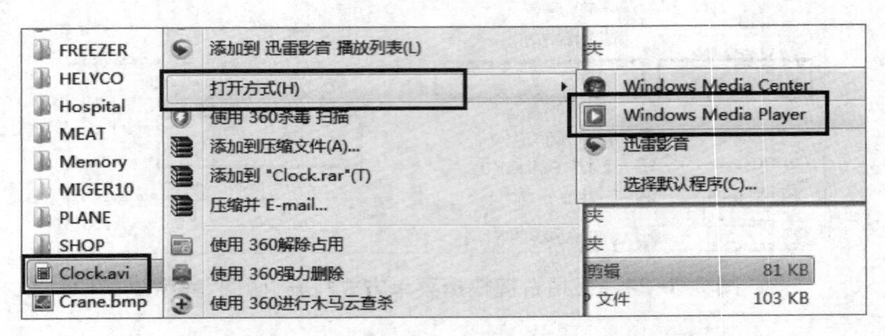

图 2-1-26　选择 Windows Media Player 播放文件

14. 播放 .gif 文件

用“附件”中的“媒体播放器”打开并播放素材文件夹下的 leaf. gif 文件。

右键单击选中 leaf. gif 文件，选择右键快捷菜单中的“打开方式(H)”条目，在“打开方式”子菜单中选择“Windows Media Player”播放该文件。

15. 新建 .bmp 文件

在素材文件夹中新建一个 bmp 格式的图片，图片内容为一个圆、一个正方形、一条直线，文件名为 tu. bmp。

(1) 打开 Windows 开始菜单中“所有程序”→“附件”中的“画图”程序。

(2) 在“画图”程序“主页”选项卡下的“形状”栏中，单击椭圆形状，如图 2-1-27 所示，然后先按住“Shift”键不放，再按住鼠标左键在画布上画一个圆。画完圆后，先放开鼠标，再放开“Shift”键。

(3) 在“形状”栏中选择直线，然后先按住“Shift”键不放，再按住鼠标左键在画布上画一条直线。画完直线后，先放开鼠标，再放开“Shift”键。

注意：新建图片无法通过右键单击快捷方式来创建，只能通过打开“画图”工具来操作。画规则的形状时，需配合“Shift”键。

图 2-1-27　在“画图”中插入形状

16. 新建 Word 文档

在素材文件夹中新建一个 Word 文档，在文档中添加一个两行两列的表格和一个椭圆，并将文档保存为 wd. docx。

(1) 在素材文件夹空白处右键单击，在右键快捷菜单中选择“新建(W)”条目，在“新建”子菜单中选择“Microsoft Word 文档”选项，如图 2-1-28 所示。然后素材文件夹中会新建一份文件名处于编辑状态的“新建 Microsoft Word 文档.docx”Word 文档，如图 2-1-29 所示，将该文档文件名改为 wd.docx。

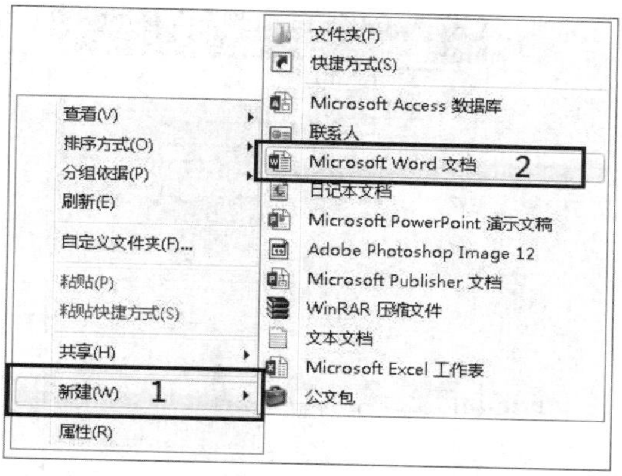

图 2-1-28　右键快捷菜单新建 Word 文档

(2) 左键双击打开该 Word 文档；或先选中该文档，然后按回车键亦可打开 Word 文档。

(3) 打开 Word 文档后，选择“插入”选项卡，单击“表格”下拉菜单，用鼠标光标滑选预设表格中的 2×2 个单元格，如图 2-1-30 所示。

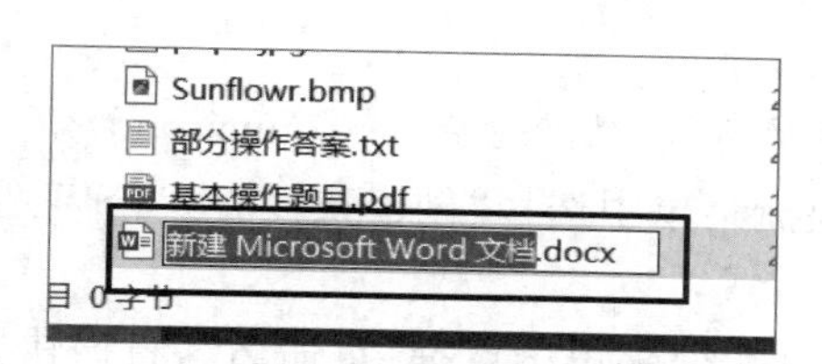

图 2-1-29　新建 Word 文档重命名

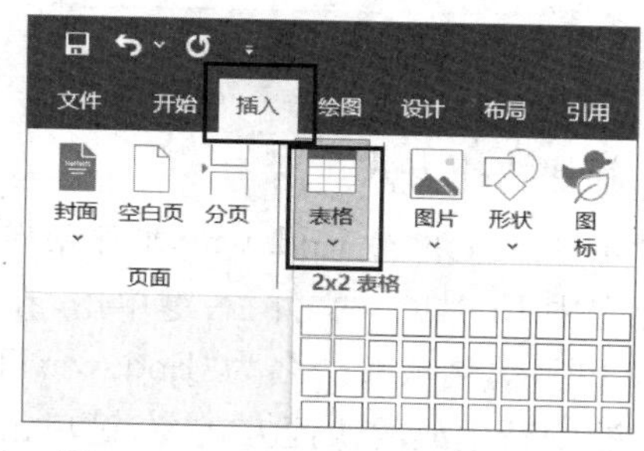

图 2-1-30　插入 2 行 2 列的表格

17. 新建 Excel 工作簿

在素材文件夹中，新建一个 Excel 工作簿，然后在 sheet1 工作表中 A1 和 B1 单元格中分别输入“姓名”和“学号”，文件名为 ex.xlsx。

(1) 在素材文件夹空白处右键单击，在右键快捷菜单中选择“新建(W)”条目，在“新建”子菜单中选择“Microsoft Excel 工作表”。将新建的 Excel 工作表重命名为“ex.xlsx”。

(2) 打开 ex.xlsx 工作簿，在 sheet1 工作表中 A1 和 B1 单元格中分别输入“姓名”和“学号”，如图 2-1-31 所示。

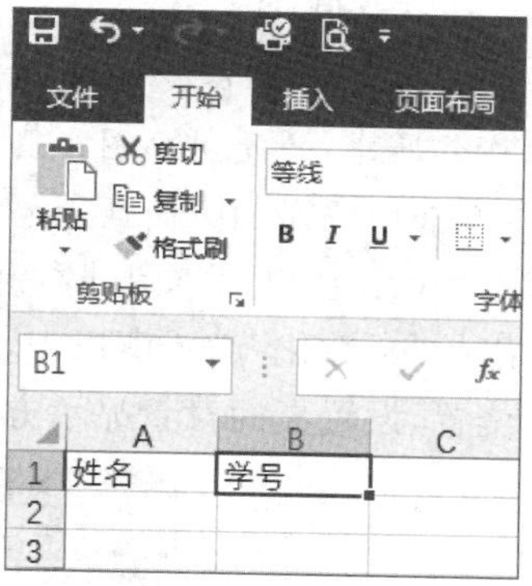

图 2-1-31　Excel 表格中输入内容

> **知识拓展：**
> Excel 工作表中，列坐标用字母来标记，行坐标用数字来标记，用列和行的坐标组合来表示一个单元格。

18. 新建 Power Point 演示文稿

在素材文件夹中，新建一个 Power Point 演示文稿，然后在文档中新建 3 张任意版式的幻灯片，文件名为 pt.pptx。

(1) 在素材文件夹空白处右键单击，在右键快捷菜单中选择“新建(W)”条目，在“新建”子菜单中选择“Microsoft PowerPoint 演示文稿”。将新建的 PPT 演示文稿重命名为“pt.pptx”。

(2) 打开 pt.pptx 演示文稿，单击“开始”选项卡中的“新建幻灯片”下拉菜单，选择需要的幻灯片，新建 3 张幻灯片，如图 2-1-32 所示。

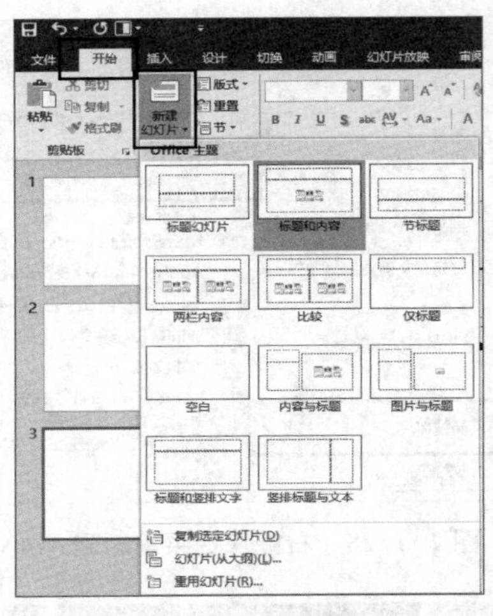

图 2-1-32 新建幻灯片

图 2-1-33 鼠标右键方式创建快捷方式

19. 新建快捷方式

在素材文件夹中为 End. wav 文件创建一个快捷方式,快捷方式名为 musicend。

(1) 选中 End. wav 文件,右键单击,在右键快捷菜单中选择“创建快捷方式(S)”选项,如图 2-1-33 所示,生成一个名为“End. wav”的快捷方式。

(2) 选中新生成的快捷方式,右键单击,在右键快捷菜单中选择“重命名”,将该快捷方式改名为“musicend”。

20. 截图

将文件夹下 popo. jpg 图片设置为桌面墙纸,以居中方式显示,使用全屏截屏快捷键截取整个屏幕,并使用画图工具,将截图保存为“桌面. jpg”。

(1) 先选中 popo. jpg 文件,右键单击,在弹出的右键快捷菜单中选择“设置为桌面背景”。

(2) 在桌面空白处右键单击,在弹出的右键快捷菜单中选择“个性化(R)”选项,然后在弹出的“个性化”设置窗口中,单击“桌面背景”,如图 2-1-34 所示。在“桌面背景”窗口中左下角位置,设置桌面背景显示方式,如图 2-1-35 所示。

图 2-1-34 个性化设置桌面窗口入口

(3) 单击键盘上的“PrtSc”键，打开 Windows 系统的“画图”程序，单击“粘贴”按钮，即可全屏截图，然后选择“另存为”，把图片命名为“桌面.jpg”并保存。

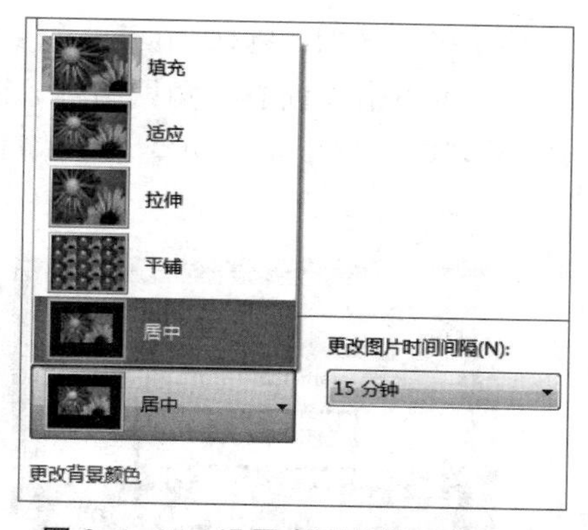

图 2-1-35　设置桌面背景居中显示

21. 搜索文件

在素材文件夹中，搜索以“A”开头的 doc 类型且文件大小为 10～100 KB 的文件，并将其拷贝到 DDOC 文件夹。

打开素材文件夹，在文件夹窗口右上角的搜索框中输入搜索内容“A*.doc”，然后单击“大小”，如图 2-1-36 所示，在“大小”下拉菜单中选择“小(10—100KB)”选项，完成搜索，如图 2-1-37、图 2-1-38 所示。

知识拓展：

在搜索中经常需要用到通配符“?”号与“*”号，其中“?”为英文字体。“?”代表一个字符，“*”代表任意个字符。

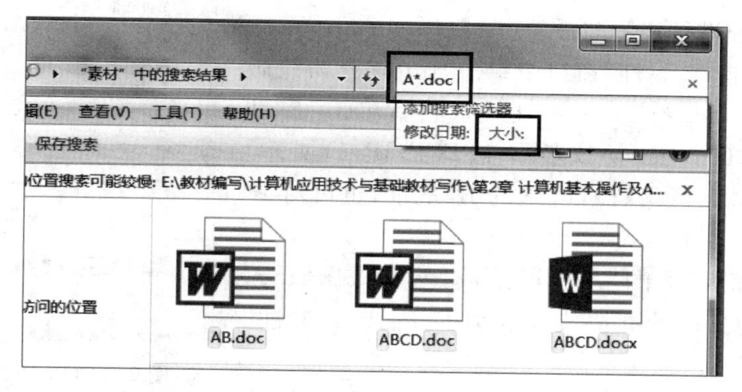

图 2-1-36　在搜索框中输入搜索内容“A*.doc”

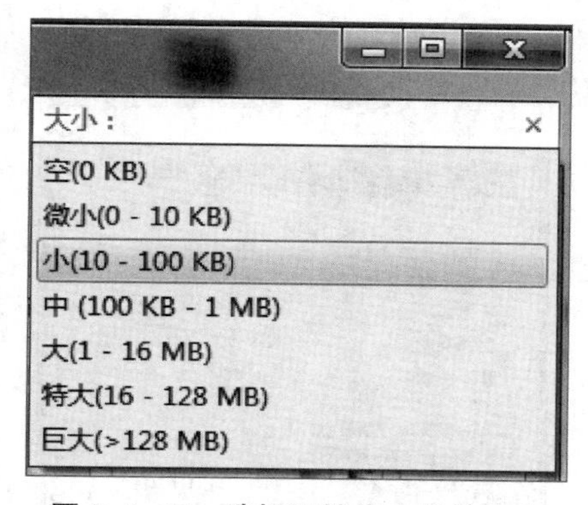

图 2-1-37　选择要搜索文件的大小

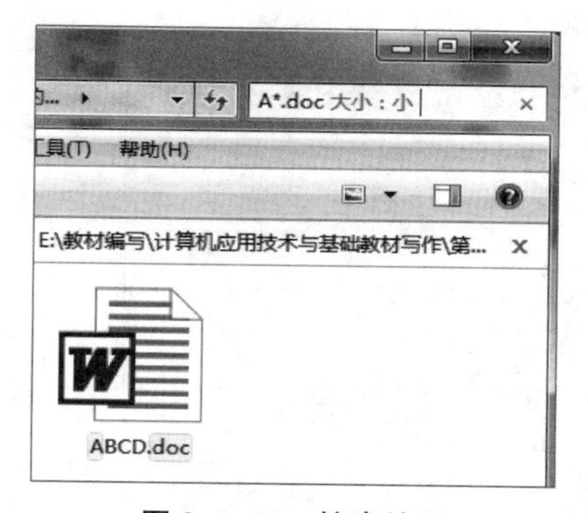

图 2-1-38　搜索结果

22. 查看本机 IP 地址

查看本机的 IP 地址，并使用窗口截图，利用画图工具，将查看结果保存到素材文件夹中，文件名设置为“IP地址.jpg”。

(1) 单击桌面右下角网络标志图标，在弹出的网络状态窗口中左键单击“打开网络和共享中心”，如图2-1-39所示。在网络和共享中心窗口中单击“本地连接”，如图2-1-40所示。

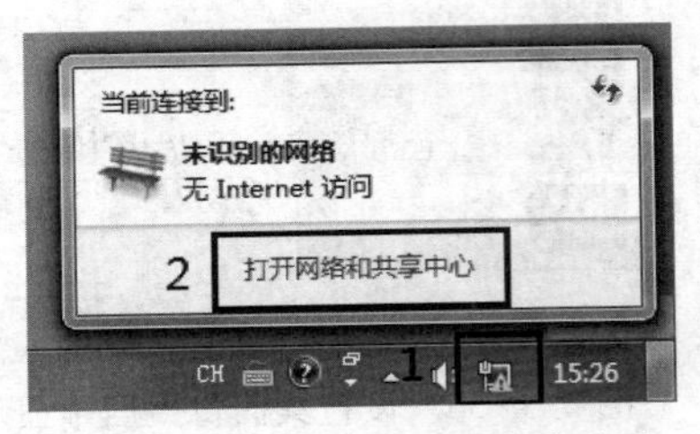

图2-1-39 打开网络和共享中心

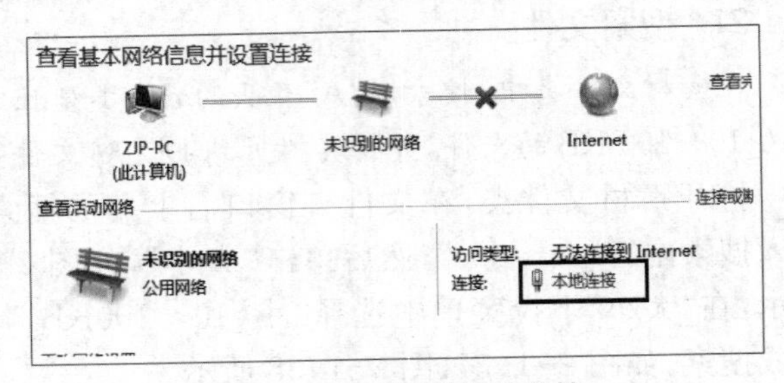

图2-1-40 打开本地连接

(2) 在“本地连接 状态”窗口中，单击“详细信息(E)...”即可查看电脑的IP地址与MAC地址，但仅限于查看；若单击“属性”(图2-1-41)，可进入“本地连接 属性”窗口对IP地址进行查看与设置。

(3) 在“本地连接 属性”窗口中单击“Internet协议版本4(TCP/IPv4)”，如图2-1-42所示，然后单击“属性(R)”，在弹出的“Internet协议版本4(TCP/IPv4)属性”窗口中(图2-1-43)，既可查看电脑的IP地址，也可对IP地址进行设置。

(4) 先按住键盘上的“Alt”键不放，然后按“PrtSc”键，即可对当前的“Internet协议版本4(TCP/IPv4)属性”窗口进行截图。

(5) 打开Windows附件中的“画图”程序，将刚才的IP地址截图粘贴到“画图”画布编辑区，然后将图片另存为“IP地址.jpg”。

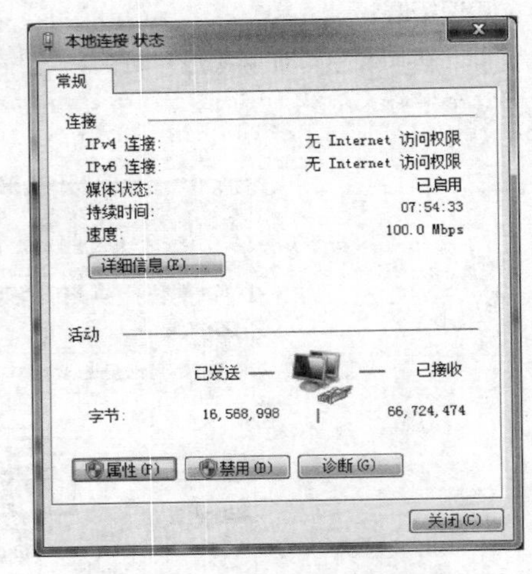

图2-1-41 本地连接状态窗口

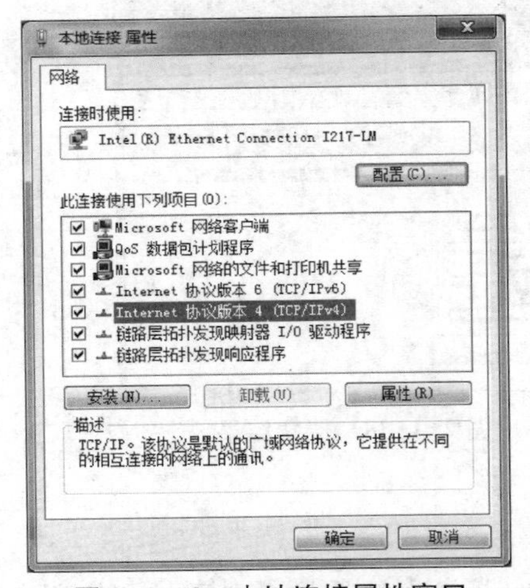

图2-1-42 本地连接属性窗口

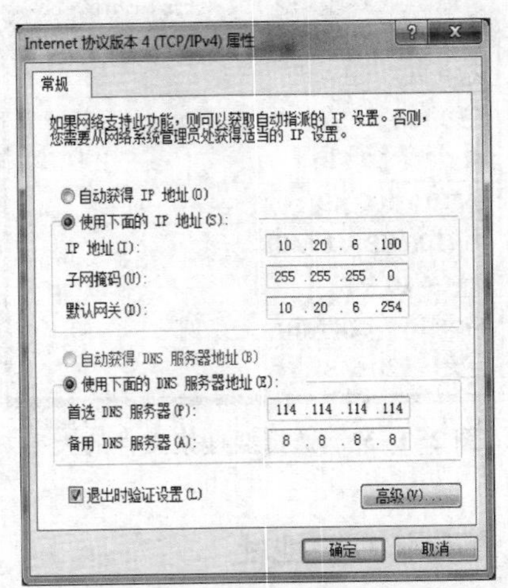

图2-1-43 Internet协议版本4(TCP/IPv4)属性窗口

23. 认知常用快捷键

新建 1 个“快捷键. txt”文本文档，在文档里写出以下 6 个快捷键：复制、粘贴、剪切、全选、输入法切换、输入法中英文切换。

(1) 在素材文件夹空白位置右键单击，在右键快捷菜单中选择“新建文本文档”选项，把文本文档重命名为“快捷键. txt”。

(2) 打开“快捷键. txt”文本文档，输入以下内容：①复制：“Ctrl＋C”；②粘贴：“Ctrl＋V”；③剪切：“Ctrl＋X”；④全选：“Ctrl＋A”；⑤输入法切换：“Ctrl＋Shift”；⑥输入法中英文切换：“Ctrl＋Space”。

24. 进制转换

新建 1 个“二进制值. txt”文本文档，用 Windows 系统自带的“计算器”程序，计算二进制“110011011”对应十进制的值，然后把结果保存到“二进制值. txt”文本文档。

(1) 新建 1 个“二进制值. txt”文本文档，左键双击打开该文本文档。

(2) 打开 Windows 附件中的“计算器”程序，如图 2-1-44 所示，在计算器程序界面单击“查看(V)”下拉菜单，选择“程序员(P)”选项，如图 2-1-45 所示。

(3) 在程序员计算器界面勾选“二进制”，然后单击计算器上的按钮输入“110011011”，再勾选“十进制”即可完成数值进制转换，如图 2-1-46 所示。将结果保存到“二进制值. txt”文本文档。

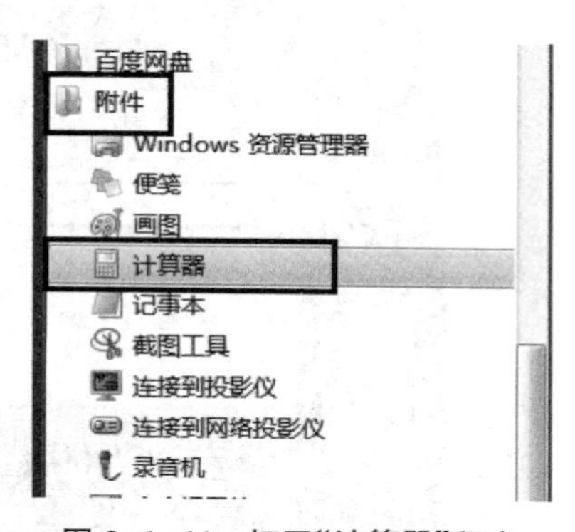

图 2-1-44　打开“计算器”程序

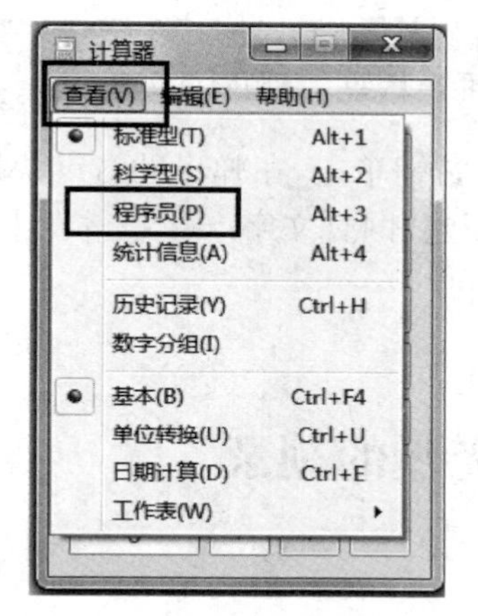

图 2-1-45　启用程序员计算器

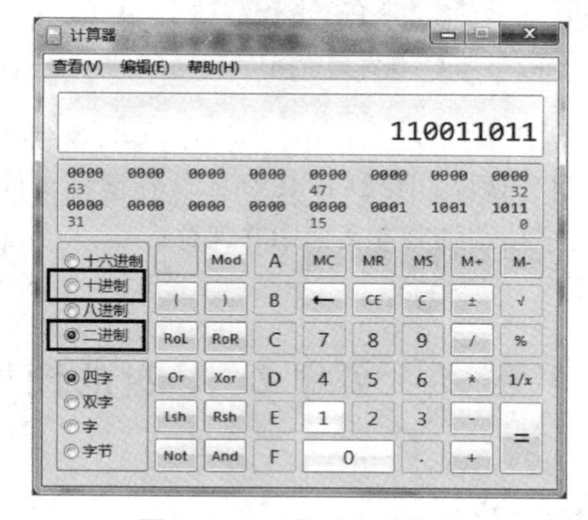

图 2-1-46　数值进制转换

25. 保存网页内容

在浏览器中打开网址 http://www.ygu.edu.cn，在首页中打开“学校概况”页面，将网页中的图片保存到素材文件夹中，文件名为“网页图片. jpg”；复制其中一个段落到记事本中，并保存到素材文件夹中，文件名为“网页文字. txt”。

(1) 打开浏览器，在浏览器地址栏中输入网址“http://www.ygu.edu.cn”，按回车键，进入网站，如图 2-1-47 所示。

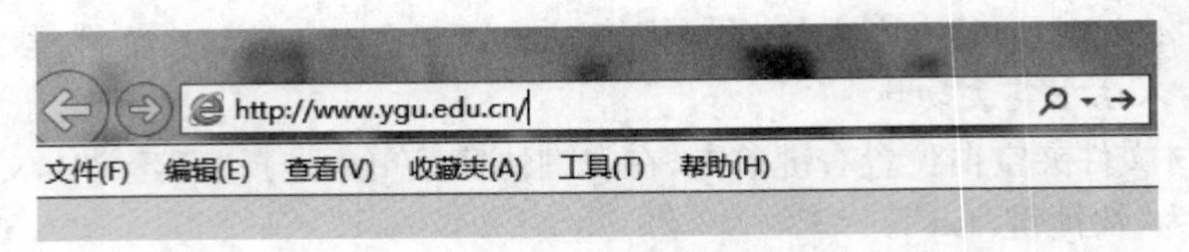

图 2-1-47　在浏览器地址栏中输入网址

（2）打开“学校概况”网页，把鼠标指针放置于图片上方，右键单击，在弹出的快捷菜单中，选择“图片另存为...”选项，如图 2-1-48 所示。在弹出的“另存为”对话框中，找到素材文件夹并打开，把文件名改为“网页图片.jpg”后保存。

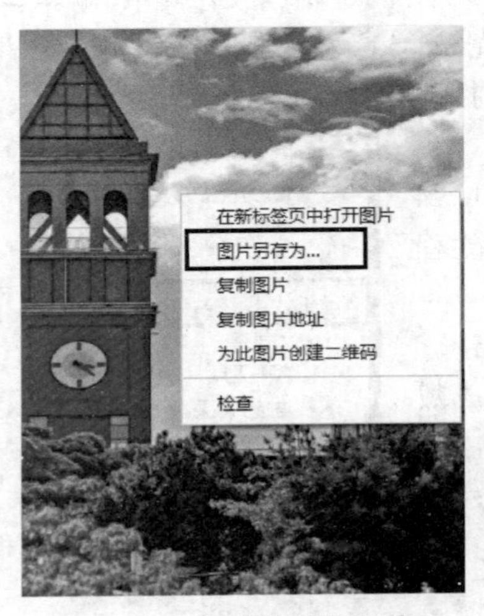

图 2-1-48　保存网页图片

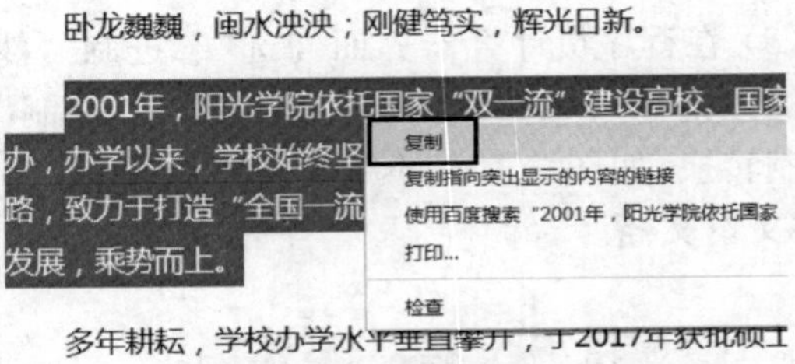

图 2-1-49　复制网页文字

（3）按住鼠标左键，选中网页中的某段文字后松开，右键单击，在弹出的右键快捷菜单中选择“复制”选项，如图 2-1-49 所示。在素材文件夹中新建“网页文字.txt”文本文档，将复制的网页文字粘贴到文本文档中并保存。

实验 2　U 盘的使用及光盘的刻录

实验目的

（1）掌握 U 盘的使用与常用操作。

（2）掌握光盘的文件刻录操作。

实验内容

（1）了解 U 盘的文件拷贝、删除、退出、格式化、重名等操作。

（2）了解光盘刻录文件的完整流程操作。

实验步骤

1. 了解 U 盘的文件拷贝、删除、退出、格式化、重名等操作

（1）电脑 USB 接口插入 U 盘，电脑桌面一般会默认自动弹出 U 盘的“自动播放”窗口，选择弹窗中的“打开文件夹以查看文件”选项即可打开 U 盘，此时可对 U 盘进行文件的各项操作，如图 2-2-1 所示。

（2）打开“我的电脑”计算机窗口，在界面中的“有可移动存储的设备”一栏中，可看到 U 盘盘符图标，本例中 U 盘设备名为“MyUDisk”，如图 2-2-2 所示。

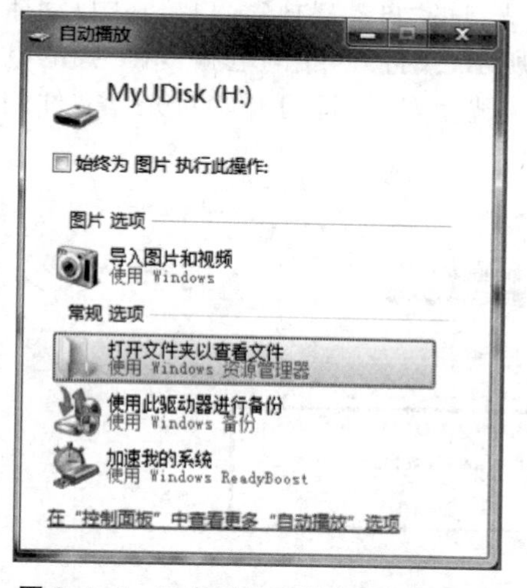

图 2-2-1　U 盘插入后的自动播放弹窗

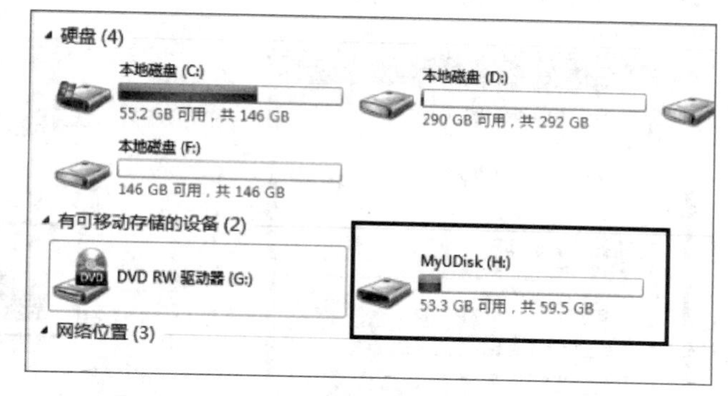

图 2-2-2　“我的电脑”计算机界面查看 U 盘

（3）选中 U 盘，然后右键单击，在弹出的右键快捷菜单中，选择“格式化(A)...”选项，可以对 U 盘进行格式化操作，清空 U 盘里的数据，恢复到 U 盘初始状态；选择“弹出(J)”选项，可将 U 盘从电脑系统上安全移除，避免热拔插 U 盘，对 U 盘电子元器件与电路起到一定的保护作用（如今大部分 U 盘都支持热拔插）。选择“重命名(M)”选项，可对 U 盘设备名称进行改名；选择“属性(R)”选项，可查看 U 盘的属性，如图 2-2-3 所示。

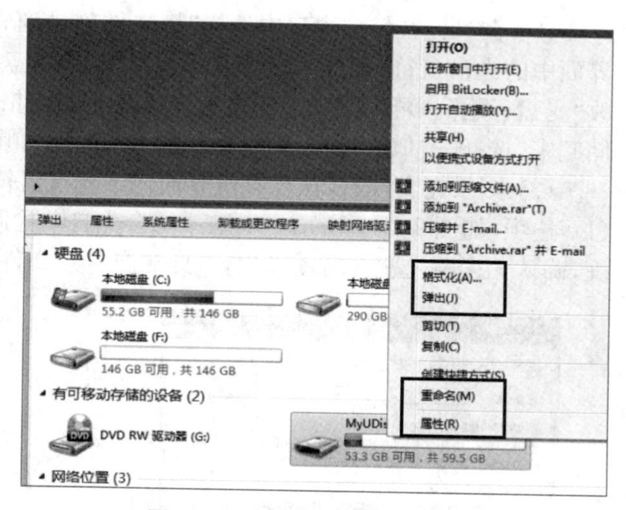

图 2-2-3　U 盘的右键快捷菜单

（4）从电脑上安全移除 U 盘，除了上一步中使用快捷菜单的方式外，还可以通过左键双击外接硬件设备图标，如图 2-2-4 所示。在弹出的“设备管理”对话框中，单击“弹出 v285w”（本例中的 U 盘设备型号）选项，即可将 U 盘从电脑系统中安全移除，如图 2-2-5 所示。

图 2-2-4　外接硬件设备标识

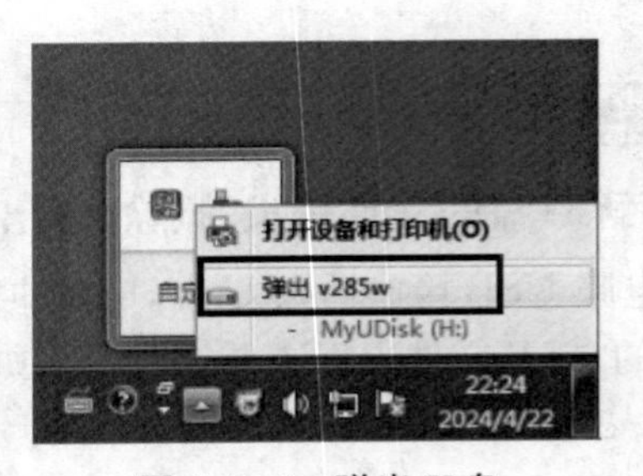

图 2-2-5　弹出 U 盘

2. 了解光盘刻录文件的完整流程操作

(1) 空光盘放入光驱,电脑桌面一般会默认自动弹出光盘的"自动播放"窗口。在"自动播放"窗口中,选择"将文件刻录到光盘"选项,如图 2-2-6 所示;或打开"我的电脑",在"我的电脑"计算机界面中的"有可移动存储的设备"栏中,左键双击光盘盘符,即可开始对光盘文件刻录,如图 2-2-7 所示。

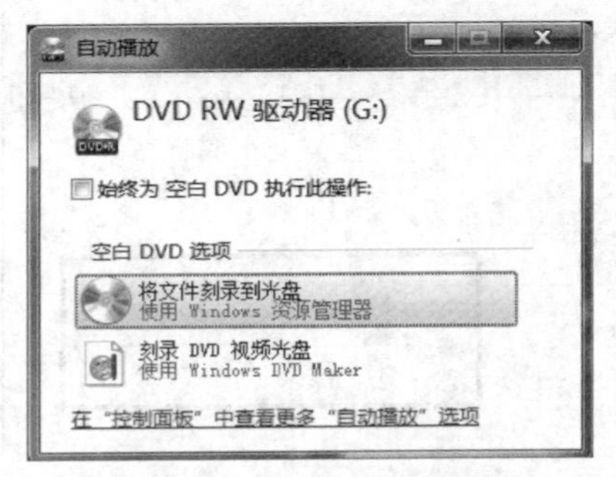

图 2-2-6　光盘刻录自动播放窗口

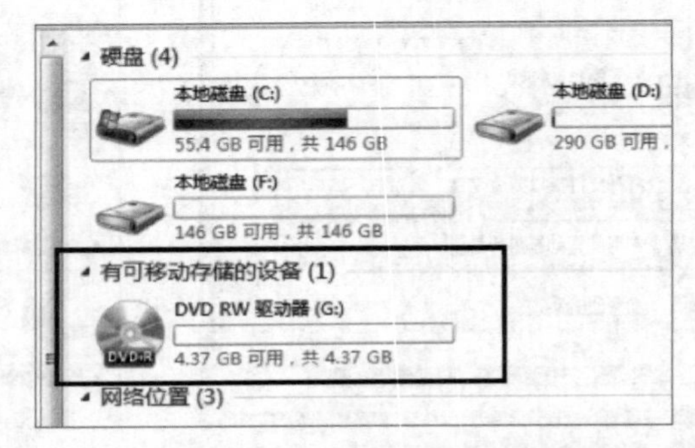

图 2-2-7　在"我的电脑"计算机界面左键双击光盘符

(2) 在"自动播放"窗口中选择"将文件刻录到光盘"选项,或左键双击"我的电脑"计算机界面中的光盘盘符,电脑系统会自动弹出"刻录光盘"属性。在"刻录光盘"弹窗中,根据需要修改"光盘标题"。再根据光盘用途选择光盘驱动的格式化类型,本例只是将文件刻录到光盘存储起来,选择"类似于 USB 闪存驱动器"复选框,如图 2-2-8 所示。

(3) 刻录完文件后,在计算机界面选中光盘盘符,右键单击,在右键快捷菜单中选择"弹出(J)"选项,如图 2-2-9 所示。电脑系统会先自动检测刻录好的光盘是否完整,是否损坏或有瑕疵,确认无误后光驱会自动弹出,至此光盘刻录文件全部完成。

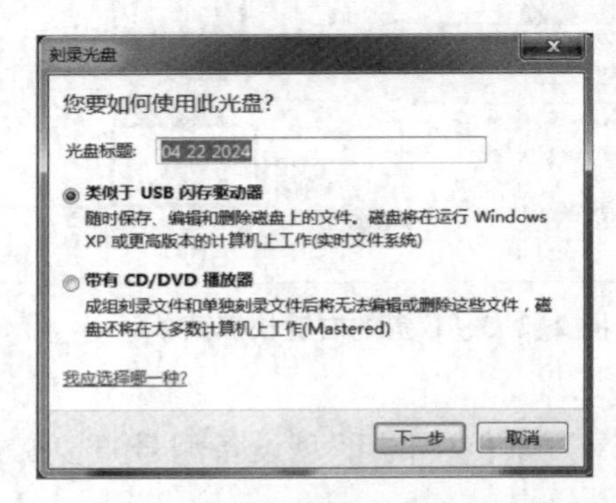

图 2-2-8　刻录光盘前的参数设置

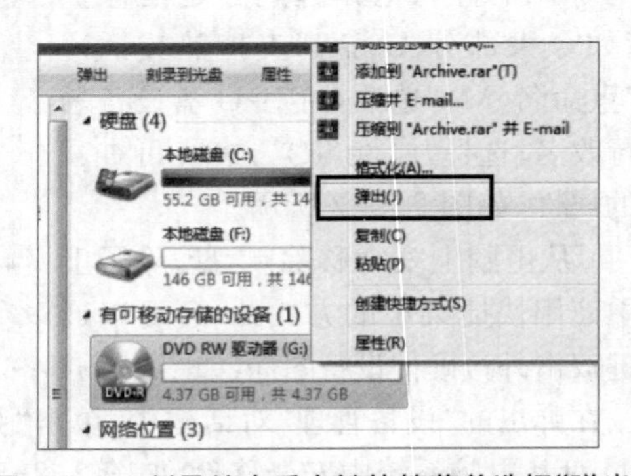

图 2-2-9　刻录结束后右键快捷菜单选择"弹出"

实验3　控制面板的使用

实验目的

（1）掌握通过控制面板中的程序功能卸载软件。

（2）掌握系统用户的个性设置、更换与创建。

实验内容

（1）使用控制面板的程序功能卸载软件。

（2）使用控制面板对系统用户进行个性设置、更换与创建。

实验步骤

1. 使用控制面板的程序功能卸载软件

（1）单击电脑桌面左下角的Windows“开始”按钮，在“开始面板”中单击“控制面板”按钮，如图2-3-1所示，在控制面板界面选择查看方式为“类别”，在控制面板界面选择左下角“程序”功能入口，如图2-3-2所示。

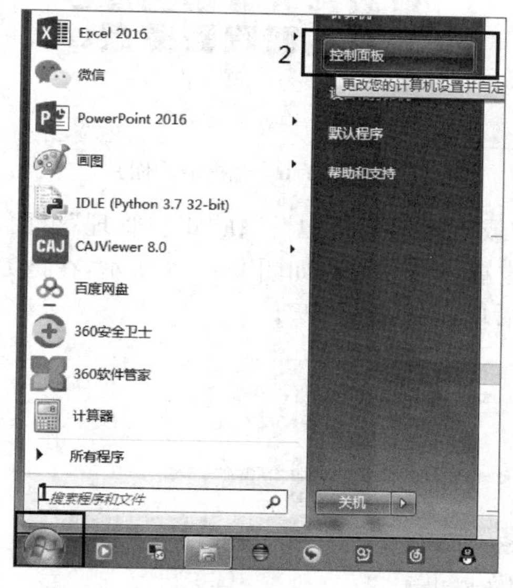

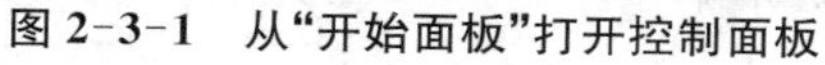
图2-3-1　从“开始面板”打开控制面板

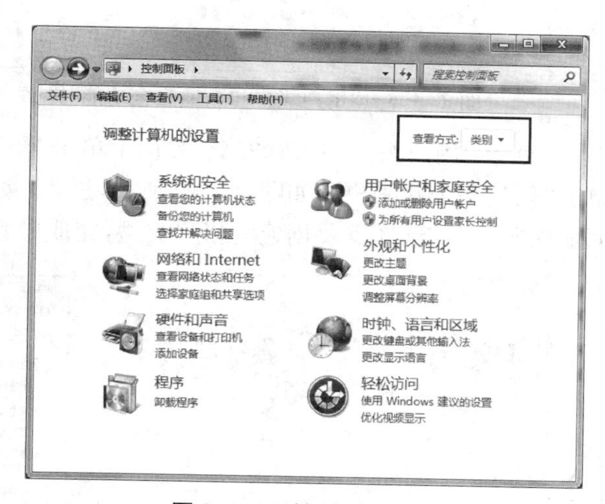

图2-3-2　控制面板界面

（2）单击控制面板的“程序”图标，进入“程序和功能”界面，在“卸载或更改程序”栏，找到需要卸载的软件，本例为卸载“EVAVEdit”软件。右键单击EVAVEdit软件，再单击“卸载（U）”选项，弹出“EVAVEdit卸载向导”对话框，如图2-3-3所示。单击该对话框中的“是（Y）”，即可卸载该软件，如图2-3-4所示。

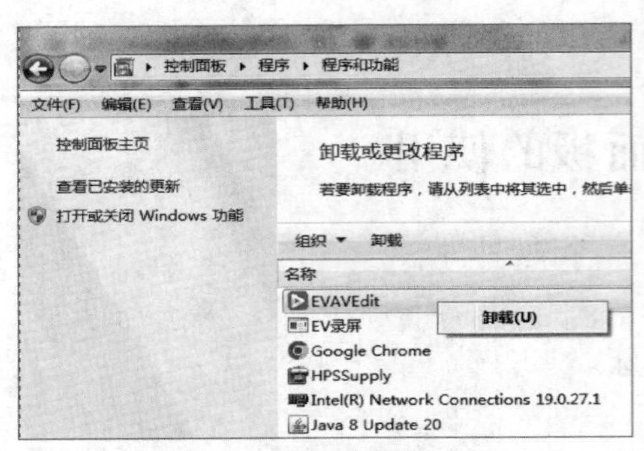

图 2-3-3 卸载软件

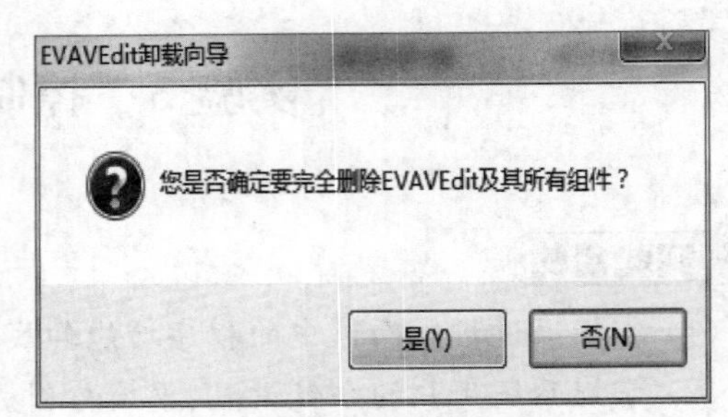

图 2-3-4 软件卸载向导

2. 使用控制面板对系统用户进行个性设置、更换与创建

（1）在控制面板界面单击右上角“用户帐户和家庭安全”功能入口，进入“用户帐户和家庭安全”界面，如图 2-3-5 所示。

（2）在“用户帐户和家庭安全”界面上单击“更改帐户图片”，进入帐户①图片选择界面，如图 2-3-6 所示。选择一个合适的图片，完成帐户图片个性设置。

图 2-3-5 “用户帐户和家庭安全功能”界面

图 2-3-6 选择帐户图片

（3）在“用户帐户和家庭安全”界面上单击“添加或删除用户帐户”。在“帐户管理”界面，单击“创建一个新帐户”，如图 2-3-7 所示，进入“创建新帐户”界面，如图 2-3-8 所示，在该界面输入帐户名，选择需要创建的帐户类型，完成设置后单击“创建帐户”。

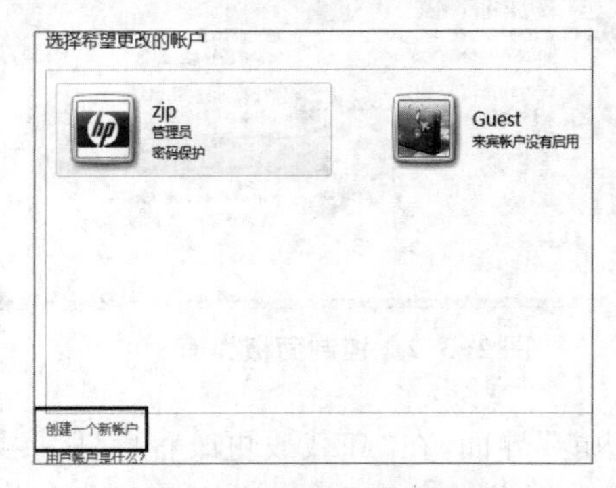

图 2-3-7 “帐户管理”界面

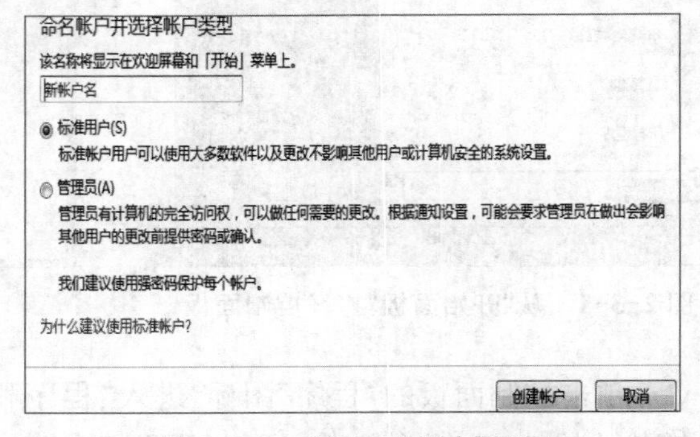

图 2-3-8 “创建新帐户”界面

① “帐户”的规范用法应为“账户”，本书中为与 Windows 系统中的用法统一，以方便理解和使用，故写作“帐户”。

（4）在“用户帐户和家庭安全”界面上单击“更改 Windows 密码”，进入“更改用户账户”界面，可完成用户的“更改密码”“删除密码”“更改帐户名称”“更改帐户类型”等功能，如图 2-3-9 所示。

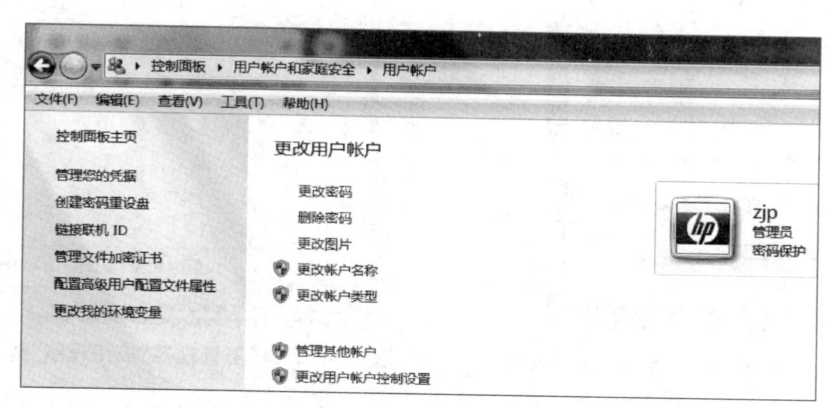

图 2-3-9 “更改用户帐户”界面

实验 4 任务管理器的使用

（1）掌握任务管理器的启动方法。

（2）掌握使用任务管理器关闭任务和结束进程的方法。

实验内容

（1）启动任务管理器。

（2）使用任务管理器关闭任务和结束进程。

1. 启动任务管理器

（1）启动任务管理器有 2 种方式，一种方式是把鼠标指针放置于计算机桌面最下方的任务栏，右键单击，在右键快捷菜单中选择“启动任务管理器(K)”选项，如图 2-4-1 所示；另一种方式为使用快捷键，按下“Ctrl + Alt + Delete”组合键，在出现的界面中选择“任务管理器”选项。

2. 用任务管理器关闭任务和结束进程

（1）在 Windows 任务管理器窗口中，选择“应用程序”选项卡，在“应用程序”选项卡中可查看程序的运行状态，若程序运行无响应、处于卡死状态，可选中该程序任务，然后单击“结束任务(E)”，结束该程序任务，如图 2-4-2 所示。

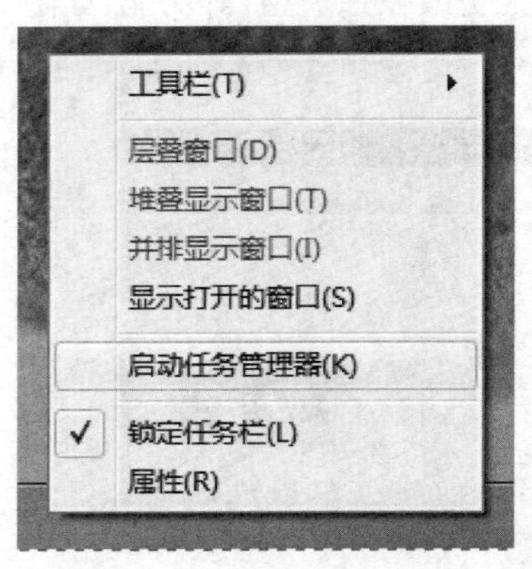

图 2-4-1　右键快捷菜单启动任务管理器

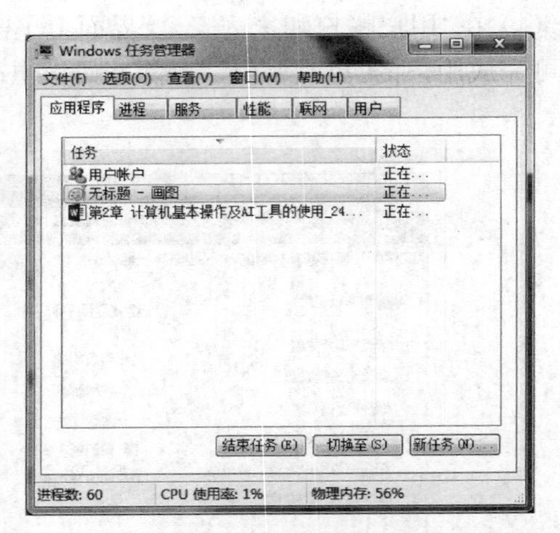

图 2-4-2　任务管理器“应用程序”选项卡界面

（2）在 Windows 任务管理器窗口中，选择“进程”选项卡，在“进程”选项卡中可查看计算机系统中所有正在运行的进程，若需要结束某个进程，只需选中该进程，然后单击“结束进程(E)”按钮，如图 2-4-3 所示。本例为结束“QQGuild. exe”进程，然后在弹出的“是否要结束‘QQGuild. exe’”对话框中，单击“结束进程”按钮，结束该进程，如图 2-4-4 所示。

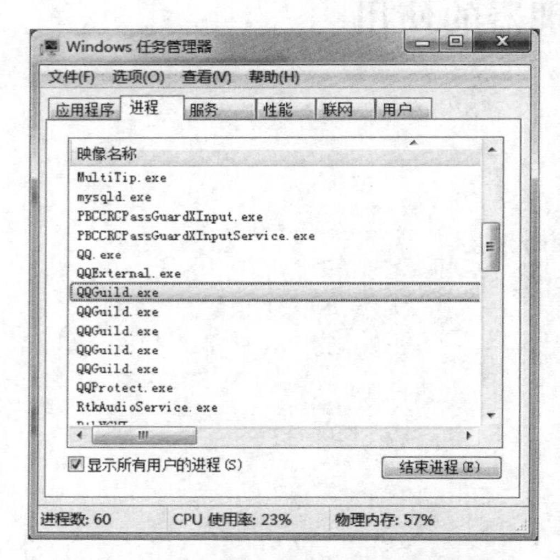

图 2-4-3　任务管理器“进程”选项卡界面

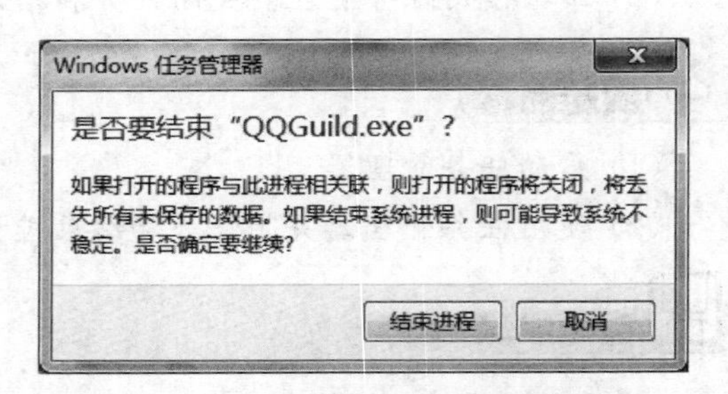

图 2-4-4　是否结束进程确认对话框

实验 5　AI 工具的使用流程及训练方式

（1）熟知 AI 工具的使用规则。

（2）学会如何训练 AI。

(3) 学会设定并优化提示词。

实验内容

(1) 学习AI工具的使用规则及案例解析。

(2) 训练AI的多个维度。

(3) 掌握优化提示词的技巧。

实验步骤

1. 学习AI工具的使用流程及案例解析

AI工具的使用涉及多个步骤和流程,从选择工具、准备数据到训练、测试、部署和优化,每个步骤都需要仔细执行以确保AI系统能够有效地发挥作用。AI工具的成功应用并非一蹴而就,需要不断地学习和调整。本实验以讯飞星火为例,通过一个实际案例详细阐述AI工具的使用步骤和流程。

(1) 选择AI工具

面对众多的AI工具,用户首先需要根据自己的需求进行选择。如果用户需要进行语音识别或语音合成,那么讯飞星火将是一个不错的选择。

本案例将介绍一家教育机构如何使用讯飞星火进行在线教学,提高教学互动性和效率。

(2) 明确需求和目标

在使用AI工具之前,用户需要明确自己的需求和目标。这包括确定希望通过AI工具实现的具体功能和预期效果。

在案例中,教育机构的目标是加强在线教学中的师生互动,使课堂更加生动有趣,同时提高教学效率。

(3) 准备数据

AI工具的有效运行依赖于大量的数据。因此,准备数据是使用AI工具的关键步骤之一。这可能包括数据的收集、清洗、整合和标注。

在案例中,教育机构需要准备教学视频、课件等素材,并对其进行分类和标注,以便讯飞星火更好地识别和合成。

(4) 选择和配置AI工具

选择合适的AI工具后,需要根据需求进行配置。这可能包括设置参数、选择合适的模型、训练算法等。

在案例中,教育机构选择了讯飞星火的语音识别和合成功能,并根据教学需求配置相应的参数,如语速、语调等。

(5) 训练AI系统

AI系统通常需要通过训练来学习如何完成任务。用户需要提供标注好的数据,以便系统学习识别模式和作出决策。

在案例中,教育机构需要使用事先准备的教学素材来训练讯飞星火,使其能够准确识别教师和学生的语音,并作出合适的回应。

(6) 测试和验证

在AI系统训练完成后,需要进行测试和验证以确保系统的准确性和可靠性。这可能包括交叉验证、A/B测试等方法。

在案例中,教育机构可以在一个小规模的环境中测试讯飞星火的表现,比较系统识别和合成的语音与实际发音的差异,并调整系统以提高准确性。

(7) 部署和监控

一旦AI系统通过测试,就可以部署在实际环境中。部署完成后,需要持续监控系统的性能,并根据反馈进行调整。

在案例中,教育机构将讯飞星火应用于在线教学平台,并定期检查系统的表现,如识别准确率、合成效果等。

(8) 持续优化

AI系统的优化是一个持续的过程。随着数据的积累和环境的变化,需要不断调整和优化模型以适应新的情况。

在案例中,教育机构可以根据讯飞星火在实际运行中的表现,收集新的数据并反馈给系统,进一步优化识别和合成效果。

2. 训练AI的多个维度

(1) 向AI提供有关问题的背景信息。

如: 我最近上线了一个微信小程序,但我发现使用的用户数量偏少,你能帮我分析一下,并提供一些建议和解决方案吗?

(2) 告知AI提出问题的原因和目的。

如: 我想学习抖音短视频拍摄,并利用这个技能去记录我的大学生活,请根据我目前的水平和未来职业发展需要,为我规划一套学习流程和学习资源。

(3) 向AI表达你对结果的期望和要求。

如: 我最近在减重,请根据我的基本信息,为我定制一个减重计划,我希望按照这个计划在1个月内减重5斤。

(4) 为AI指定一个最适合解决此问题的角色或实体,并向AI提供这个角色的详细信息。

如: 你是一名专业的健身教练,请为我提供健身减重方案、营养饮食建议以及塑形训练指导。

(5) 告知AI需要采取哪些步骤或行动来解决问题。

如: 请根据以下3个步骤来梳理上面这篇文章。

第1步:将所有30岁以上的人划分到A组;

第2步:将所有月收入1万元的人划分到B组;

第3步:找出同时存在A组和B组的人,并列出他们的名字。

(6) 告知AI可以使用哪些领域的知识或技能来解决问题,包括领域知识、技能要求、专业背景等。

如: 请根据下面的知识信息写一篇关于阳光学院招生宣传的文章:阳光学院是……

(7) 向AI提供时间的具体细节信息,包含时间、地点、人物、事件等。

(8) 告知AI完成任务时有哪些限制,如时间、预算、资源等。

如：我是一名在校大学生，我很喜欢拍抖音视频，但拍的视频都不火爆。假设你是一名拥有数万粉丝的抖音博主，很擅长拍摄一些搞笑、感人、正能量的作品，还是一个资深的拍摄指导老师。现在请你针对一些在大学校园内可能发生的事，帮我策划一个抖音视频脚本，脚本内容要具体，涵盖内容、对话、拍摄角度、拍摄技巧等，并按步骤列举出来。视频时长不超过 5 分钟。AI 测试结果如图 2-5-1 所示。

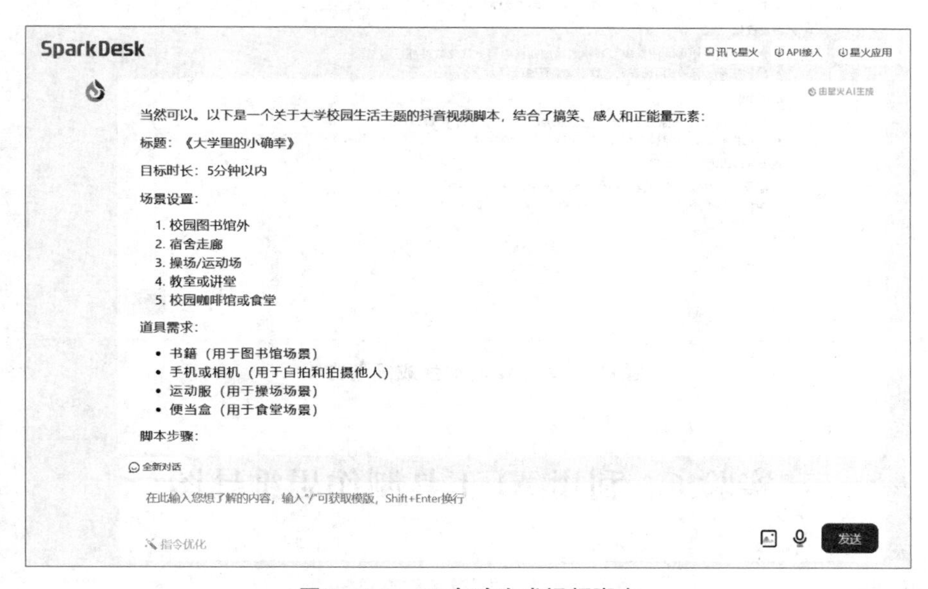

图 2-5-1　AI 自动生成视频脚本

3. 掌握优化提示词的技巧

（1）使问题描述更详细，如：背景、原因、结果、长度、来源、格式等。

（2）通过示例来阐述所需的输出格式或输出风格，如：请根据以上文章的写作技巧将下列文字整理一下。

（3）提示词的顺序越靠前，权重越高。

（4）善用强调词，强调自己的需求，如：非常、务必、擅长、特别等。

（5）给出预防错误的假设，防止 AI“胡编乱造”，如：当数据不准确或缺乏时效性时，可以给出假设性答复，如据不完全统计、预计等。

（6）指定输出的具体格式。

（7）给 AI 设定具体的身份：身份＋背景＋资历。

如：假设你是一个白手起家的企业家，现在拥有一家市值达 1 000 万元的公司，而我正在创业，目前公司拥有 20 万元资金，5 名员工，主要做软件外包和软件开发培训教学，培训教学主要通过短视频平台提供线上教育，软件外包主要是承接一些软件开发、软件服务、软件测试、软件包装等业务。你可否给我一些具体的可落地执行的运营建议和规划，让我司营销额能在 2 年内突破 500 万元。2 年时间一共 8 个季度，请制定每个季度的规划，要求列出我的公司在每个季度需要执行的具体事项，以及每个事项的措施和量化指标，以确保 2 年内能够实现营销额突破 500 万元的目标。AI 测试结果如图 2-5-2 所示。

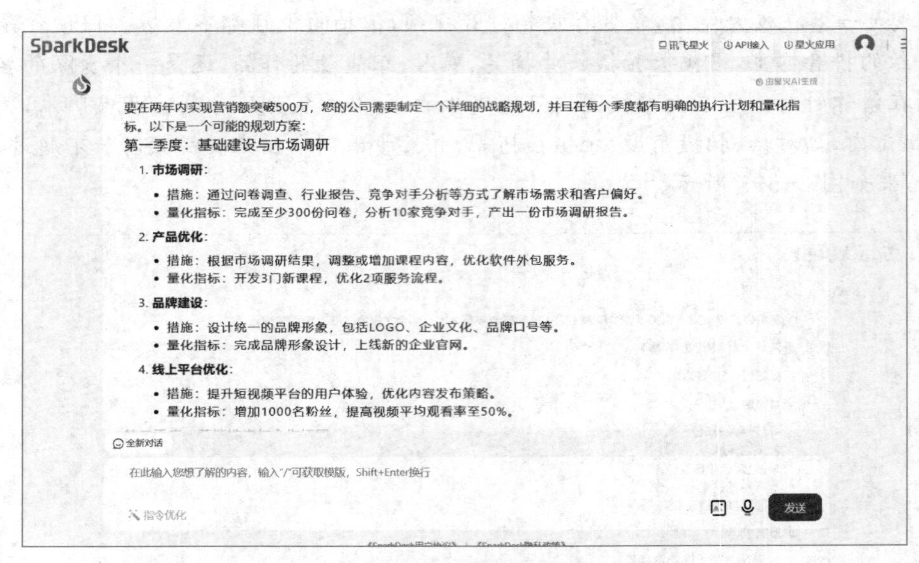

图 2-5-2　AI 自动生成规划方案

实验 6　利用 AI 工具制作思维导图

学会使用 AI 工具绘制思维导图。

(1) 利用讯飞星火绘制思维导图。

(2) 利用文心一言绘制思维导图。

1. 利用讯飞星火绘制思维导图

(1) 打开网址 https://xinghuo.xfyun.cn/，进入网页版讯飞星火，在对话框中，选择“思维导图流程图”插件，如图 2-6-1 所示。

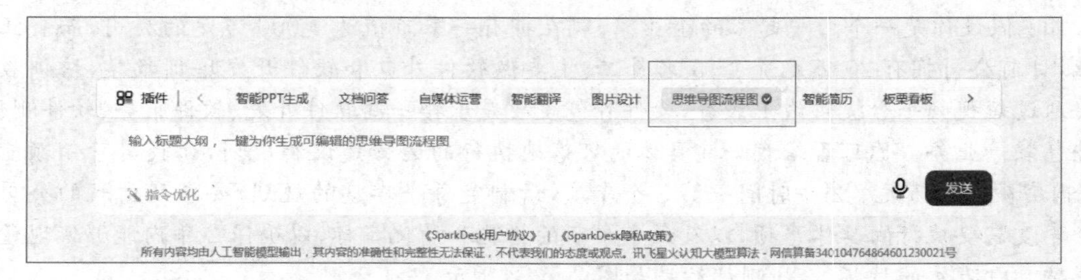

图 2-6-1　插件菜单

(2) 在对话框中，输入想要生成的思维导图的文字描述，如：请生成一个如何用应用型实战教育教学来培养大学本科专业——人工智能专业学生的思维导图。结果如图 2-6-2 所示。

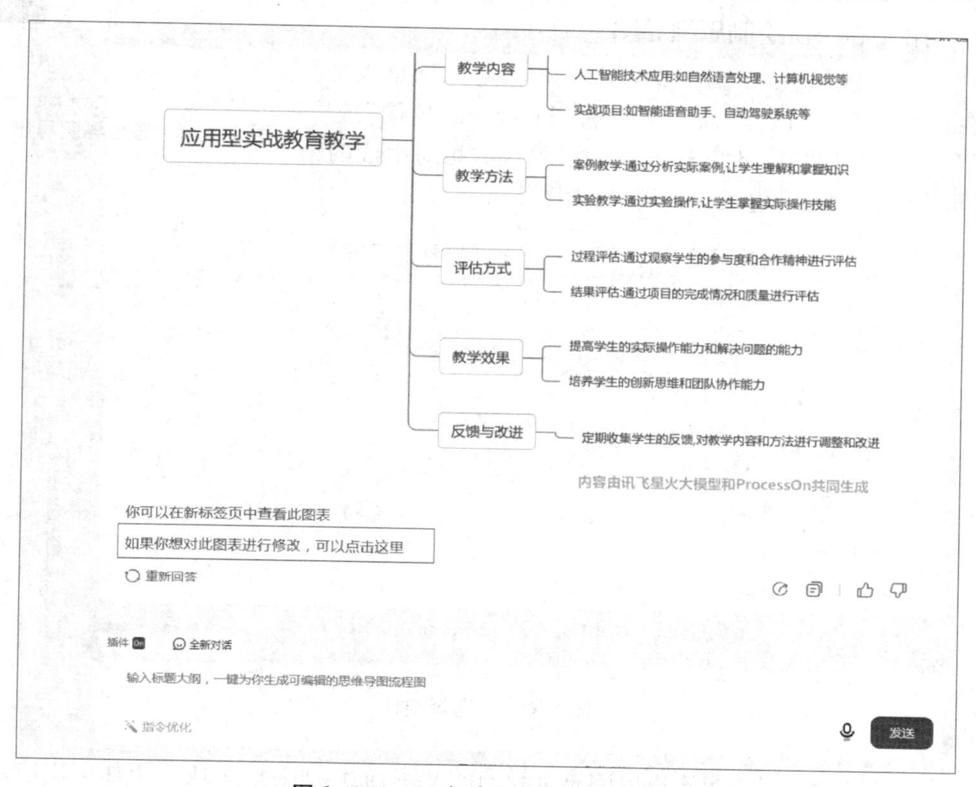

图 2-6-2　AI 自动生成思维导图大纲

(3) 单击“如果你想对此图表进行修改，可以点击这里”，进入思维导图编辑页面。在编辑页面中，可以编辑思维导图的结构风格、系统风格等，还可右键单击某个节点，选择“AI 创作”，对该节点进行扩展，优化后效果如图 2-6-3 所示。

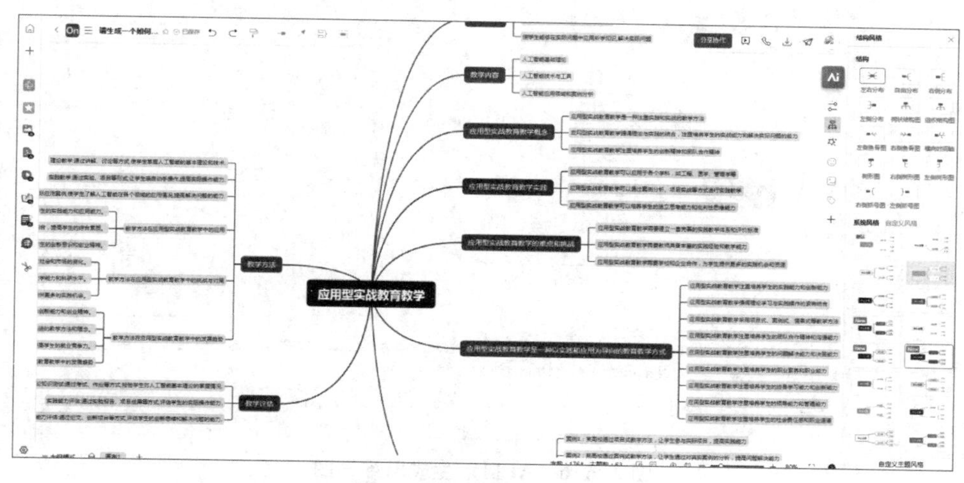

图 2-6-3　优化思维导图

(4) 单击页面右上角的"导出为",可将思维导图保存成自己需要的格式,如 jpg、pdf、xmind 等,如图 2-6-4 所示。

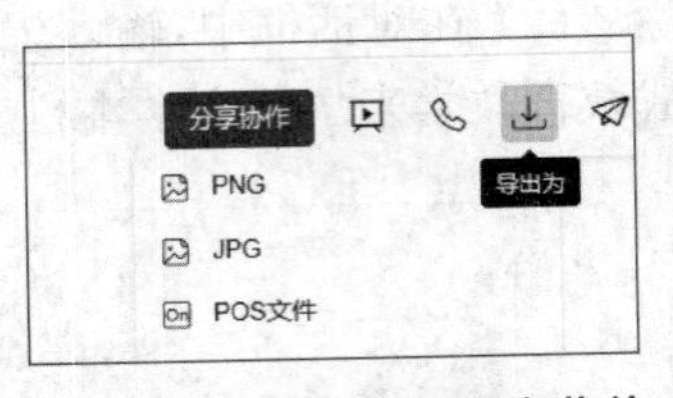

图 2-6-4 思维导图导出菜单

2. 利用文心一言绘制思维导图

(1) 打开网址 https://yiyan. baidu. com/,进入网页版文心一言,在对话框上方,选择"插件",勾选"TreeMind 树图"或"E言易图"(不可同时选择,且"TreeMind 树图"模式可对生成的结果进行再次编辑),即可进入绘制模式,如图 2-6-5 所示。

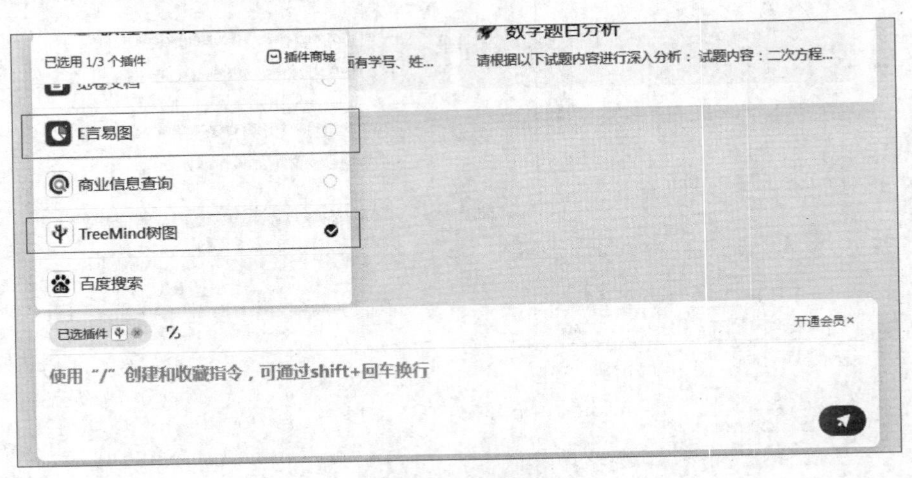

图 2-6-5 选择插件

(2) 在对话框中,输入想要生成的思维导图的文字描述,如:请生成一个如何用应用型实战教育教学来培养大学本科专业——人工智能专业学生的思维导图。结果如图 2-6-6 所示。

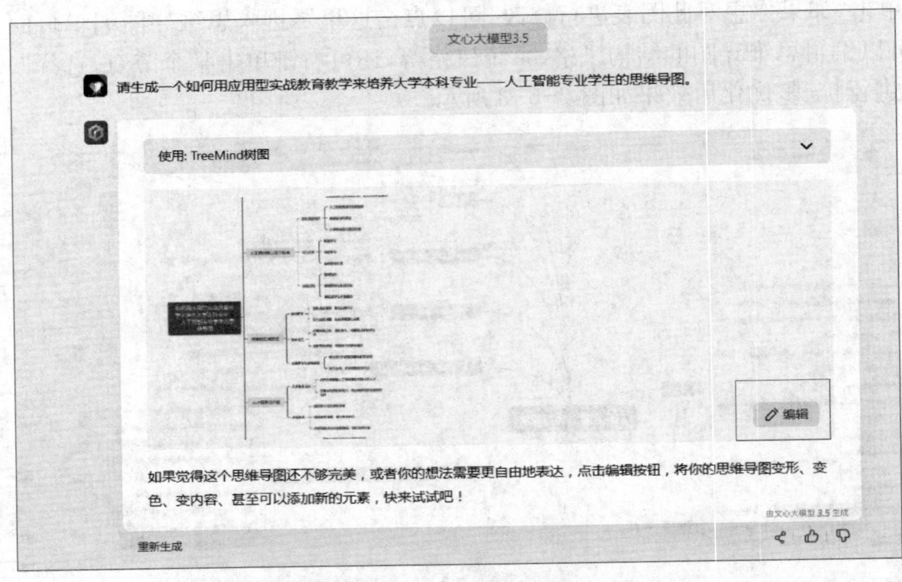

图 2-6-6 AI 自动生成思维导图

(3) 单击“编辑”,可对生成的思维导图进行修改,包括思维导图的外观、配色、骨架模式等,还可右键单击某个节点,选择“AI 智能生成内容”,对该节点进行扩展,如图 2-6-7 所示。

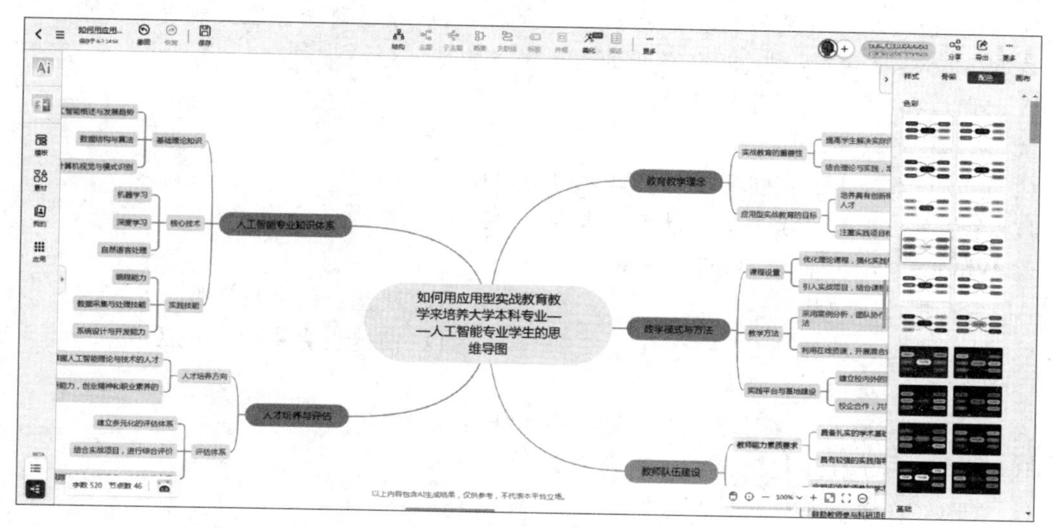

图 2-6-7　优化思维导图

(4) 单击“导出文件”,可根据自己的需要,将思维导图保存为特定的文件格式,如. jpg、. pdf 等,如图 2-6-8 所示。

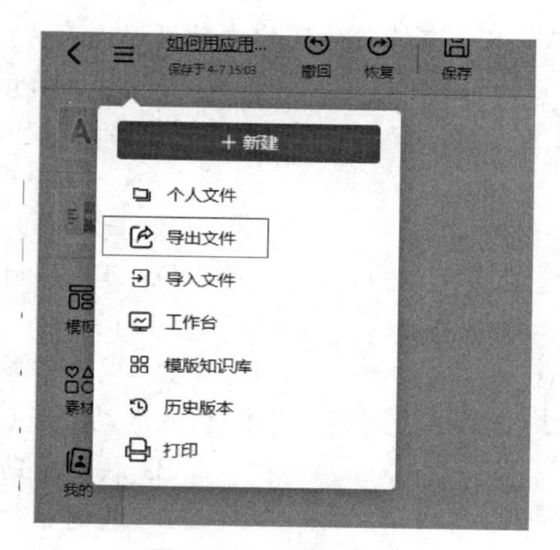

图 2-6-8　导出菜单

习 题 2

一、选择题

1. 安装 Windows 7 操作系统时,系统磁盘分区必须为(　　)格式。

A. FAT　　B. FAT16　　C. FAT32　　D. NTFS

2. Windows 7 的“桌面”指的是(　　)。

A. 整个屏幕　　B. 全部窗口　　C. 某个窗口　　D. 活动窗口

3. 在 Windows 7 中，任务栏(   )。
   A. 只能改变位置不能改变大小
   B. 只能改变大小不能改变位置
   C. 既不能改变位置又不能改变大小
   D. 既能改变位置又能改变大小
4. 在 Windows 7 中，下列关于任务栏的叙述错误的是(   )。
   A. 可以将任务栏设置为自动隐藏
   B. 任务栏可以移动
   C. 通过任务栏上的按钮可实现窗口之间的切换
   D. 在任务栏上只显示当前活动窗口名
5. 在 Windows 7 中，回收站是(   )。
   A. 内存中的一块区域
   B. 硬盘上的一块区域
   C. U盘上的一块区域
   D. 高速缓存中的一块区域
6. 下列叙述中，正确的一项是(   )。
   A. “开始”菜单只能通过单击“开始”按钮才能打开
   B. Windows 7 任务栏的大小是不能改变的
   C. “开始”菜单是系统生成的，用户不能再设置它
   D. Windows 7 的任务栏可以放在桌面的 4 条边的任意边上
7. 在 Windows 7 中，屏幕保护程序是在(   )开始运行。
   A. 用户停止操作时
   B. 计算机系统处于等待状态时
   C. 用户关闭计算机后
   D. 用户停止操作，并延迟一定时间后
8. Windows 7 中的“画图”应用程序编辑的图片文件可以保存为(   )等格式。
   A. . bmp、. mov、. doc
   B. . bmp、. gif、. jpeg
   C. . avi、. wav、. gif
   D. . doc、. bmp、. mp3
9. Windows 7 操作系统(   )。
   A. 只能运行一个应用程序
   B. 最多同时运行 3 个应用程序
   C. 最多同时运行 2 个应用程序
   D. 可以同时运行多个应用程序
10. 当一个文件更名后，该文件的内容(   )。
   A. 完全消失　　B. 部分消失　　C. 完全不变　　D. 部分不变
11. 在 Windows 7 中，有的对话框右上角有“?”按钮，它的功能是(   )。
   A. 关闭对话框
   B. 获取帮助信息
   C. 便于用户输入问号
   D. 将对话框最小化
12. 在 Windows 7 中，若将鼠标指针移到一个窗口的边缘，其便会变为一个双向的箭头，此时(   )。
   A. 可以改变窗口的大小和形状
   B. 可以移动窗口的位置
   C. 既可以改变窗口的大小，又可以移动窗口的位置
   D. 既不可以改变窗口的大小，又不可以移动窗口的位置
13. Windows 7 中文件的属性有(   )。
   A. 只读、系统、隐含
   B. 可写、隐藏、存档、系统
   C. 类型、大小、日期、位置
   D. 只读、系统、隐藏、存档

14. 在 Windows 7 中合法的文件名为(　　)。

A. PER\SONE. PRO　　B. PER|SONE. PRO

C. PER<SONE. PRO　　D. PER SONE. PRO

15. 在 Windows 中,有关文件名的叙述不正确的是(　　)。

A. 文件名中允许使用空格　　B. 文件名中允许使用货币符号($)

C. 文件名中允许使用星号(*)　　D. 文件名中允许使用汉字

二、填空题

1. Windows 7 有 4 个默认库,分别是视频、图片、＿＿＿＿＿＿＿＿和音乐。
2. Windows 7 是由＿＿＿＿＿＿＿＿公司开发的具有革命性变化的操作系统。
3. 要安装 Windows 7,系统磁盘分区必须为＿＿＿＿＿＿＿＿＿＿格式。
4. 在 Windows 操作系统中,"Ctrl+C"组合键是＿＿＿＿＿＿＿＿＿＿命令的快捷键。
5. 操作系统不仅管理计算机的软件、＿＿＿＿＿＿资源,还需要为用户提供友好的界面。
6. 操作系统通常具有＿＿＿＿＿＿管理、＿＿＿＿＿＿管理、＿＿＿＿＿＿管理、＿＿＿＿＿＿管理、用户接口等功能模块,它们相互配合,共同完成操作系统的职能。
7. 在计算机的冷启动、重新启动、复位启动中,＿＿＿＿＿＿＿＿启动会检测硬件。
8. Windows 7 桌面由桌面背景、图标、＿＿＿＿＿＿＿＿按钮、＿＿＿＿＿＿和通知区域等组成。
9. 当桌面上图标过多时,可以按＿＿＿＿＿＿、大小、项目类型或＿＿＿＿＿＿4 种方式对图标进行排序,以利于图标的查找。
10. 在菜单的约定中,颜色为灰色的命令表示＿＿＿＿＿＿。

项目 3

文字处理及 AI 协同办公

实验 1　制作船政博物馆简介文档

实验目的

(1) 掌握文本录入、文本顺序调整、文本选择、文档保存的方法。

(2) 掌握文档中字符格式的设置，包括字体、字号、文本颜色、字体效果。

(3) 学会段落格式的设置，包括缩进、对齐方式、段落间距、段落的底纹等。

(4) 学会项目符号和编号的设置方法。

(5) 掌握文档中文本替换、文档分栏、首字下沉等的方法。

(6) 掌握格式刷的使用方法。

(7) 学会插入形状，并设置形状格式。

(8) 了解页眉的设置方法。

实验内容

(1) 通过删除段落标识合并段落。

(2) 删除指定段落。

(3) 将两个不同段落位置互换。

(4) 设置标题“马尾船政学堂简介”的字体和段落。

(5) 设置正文前 7 段的字体和段落。

(6) 利用“查找和替换”功能，将文中的“船政学堂”替换为红色带着重号的“船政学堂”。

(5) 设置第 1 段首字下沉，添加边框并设置边框宽度。

(6) 将第 4 段分两栏，设置栏间距，加分隔线。

(7) 设置小标题“船政文化与意义”的字体、字号、颜色，加红色双下划线，设置字间距、段落、底纹颜色。

(8) 设置小标题下 5 段内容的字体颜色，加项目符号，设置段落格式。

(9) 使用格式刷将“师夷之长技以制夷”的格式复制给倒数第 4、5 段。

(10) 设置详细地址和联系电话右对齐，添加相应符号并调整位置。

(11) 设置奇页眉为“马尾船政学堂简介”，偶页眉为“百年船政，时代风云”，设置字号和对齐方式。

(12) 在小标题“船政文化与意义”下方插入蓝色、2 磅宽、“长划线一点”的横线。

(13) 保存至 S 盘指定目录，文件名为“学号＋姓名＋word 实验 1. docx”。

完成效果如图 3-1-1 所示。

马尾船政学堂简介

马尾船政学堂简介

船政学堂是清朝船政大臣沈葆桢在 1866 年于福建福州马尾港所设的海军学院，又称福建船政学堂，福州船政学堂或马尾水师学堂。船政学堂最初称"求是堂艺局"，是专门为福建船政培训人才而设。学堂成立之初即聘用外国教习教授造船、航海等专业知识，毕业生中优异者更会被派往西欧各国深造。

船政学堂被称为中国海军摇篮，除了是近代中国首家海军及航海学院外，它亦是首家现代军事学院，和首家现代专业院校。船政学堂的毕业生不少成为北洋海军的高级将领，部分亦成为中国近代的著名知识份子。

船政学堂一支为"前学堂"习造船、"后学堂"习航海；另一支为"绘事院"和"艺圃"，后改称图算所、学徒学堂、匠首学堂。

自 1842 年鸦片战争起，中国在科技上与西方的现实差距逐渐凸显。必须学习西方技术以达"师夷之长技以制夷"的想法渐为当前政府所认同。

辛亥革命后，船政学堂前一支改称海军制造学校、海军学校、海军飞潜学校，1949 年后迁台湾，改为海军军官学校；后一支改称海军艺术学校，以后又改名马江勤工、林森航空机械商船学校，1949 年后更名为福建省立高级航空机械商船职业学校，1953 年院系调整撤销，相关专业并入福建航海专科学校(现大连海事大学)、上海船舶工业学校(现江苏科技大学)、福州高级工业职业学校。

以学习西方技术的洋务运动于同治初年(1860 年代)开始兴起。1866 年，时任闽浙总督的左宗棠，奏准于福建福州成立船政局，制造船舰及相关火炮等军械。同年左宗棠调往陕甘，船政大臣由沈葆桢任。

福建船政选择在马尾为基地，兴建船坞及相关海军设施，从欧洲聘请工匠及教习教授造船。在建造造船基地的同时，沈葆桢亦非常着重培养船政及海军人才。

船政文化与意义

◆ 1866 年（清同治五年），闽浙总督左宗棠在福州马尾创办了福建船政，轰轰烈烈地开展了建船厂、造兵舰、制飞机、办学堂、引人才、派学童出洋留学等一系列"富国强兵"活动，培养和造就了一批优秀的中国近代工业技术人才和杰出的海军将士。

◆ 他们曾先后活跃在近代中国的军事、文化、科技、外交、经济等各个领域，紧跟当时世界先进国家的步伐，推动了中国造船、电灯、电信、铁路交通、飞机制造等近代工业的诞生与发展。

◆ 他们引进西方先进科技，传播中西文化，促进了中国近代化进程。他们直面强敌，谈判桌上据理力争，疆场上浴血奋战，慷慨捐躯。林则徐、严复、詹天佑、邓世昌等爱国志士第一次让世界了解了福州人的骨气、智慧和力量。

◆ "天行健，君子以自强不息。"虽因时代局限，福州马尾福建船政的辉煌只延续了 40 多年。但在历史的弹指挥间，却展现了近代中国先进科技、高等教育、工业制造、西方经典文化翻译传播等丰硕成果，孕育了诸多仁人志士及其先进思想，折射出中华民族特有的砥志进取、虚心好学、博采众长、勇于创新、忠心报国的传统文化神韵，为此，我们将之称为"船政文化"。

百年船政、时代风云

◆ 它是福州人民涵泳百年不懈的历史骄傲，是中华民族世代相传的精神瑰宝。挖掘、整理、研究船政文化，发扬光大船政文化精华，营造再掀闽江开放潮、推动福州大发展的良好文化氛围，有着深远的意义。

自强、自主、自造、自驶、求精的五种精神
是福建船政的闪光精神，是船政建设的可贵精神

详细地址：福州市马尾区昭忠路马限山东麓
联系电话：0591-83983253

图 3-1-1　实验 1 样文

实验步骤

1. 段落合并

将第3自然段“船政学堂最初称……”合并到第2自然段。

光标定位在“船政学堂最初称……”，按退格键(Backspace)，或光标定位在“马尾水师学堂”后面按“Delete”键即可删除段落间的回车符号。

2. 段落删除

将第7自然段“本段需要删除……”段落删除。

拖动鼠标左键，选中“本段需要删除……”，按“Delete”键或退格键，将本段删除。也可在段落左侧的“页边距区”单击选择一行或左键双击选择一段进行选区。

3. 段落互换

将第5自然段“辛亥革命后……”和第6自然“自1842年鸦片战争起……”段互换。

拖动鼠标左键选中第5自然段，右键单击“剪切”，光标定位到第7自然段段首，右键单击“保留原格式”或使用“Ctrl＋V”组合键粘贴。

4. 标题设置

将标题“马尾船政学堂简介”字体设置为“黑体、加粗、二号”，标准色蓝色，段前段后间距为“1行”，居中对齐。

(1) 选中标题“马尾船政学堂简介”，单击“开始”选项卡，选择“字体”栏(或右键单击选择“字体”菜单)，设置字体为“黑体、加粗、二号”，字体颜色为“蓝色”，如图3-1-2所示。

(2) 单击“开始”选项卡，选择“段落”栏，在“缩进和间距(I)”选项卡中，设置段前和段后间距为1行，对齐方式为“居中”，如图3-1-3所示。

图3-1-2 “字体”对话框

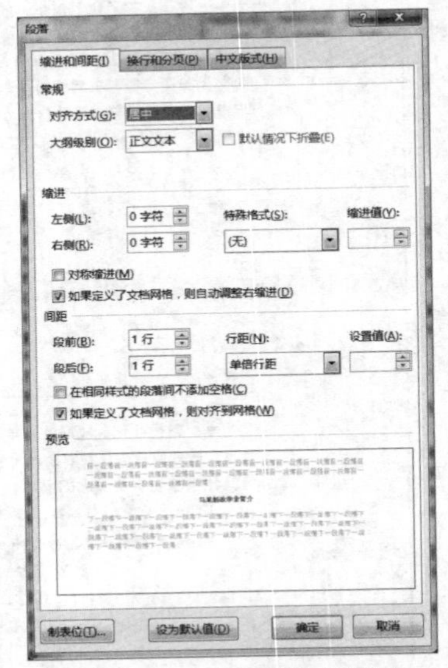

图3-1-3 “段落”对话框

5. 正文设置

设置正文前7段(“船政学堂是清朝……”至“福建船政选择在马尾……”)字体为“宋体、五号”，段落对齐方式为两端对齐，首行缩进2字符，段落间距为22磅。

(1) 光标定位在第1段段首，按住“Shift”键，单击第7段段尾，即可选中正文前7段。选中后，选择“开始”选项卡的“字体”栏，设置字体为“宋体、五号”。

(2) 单击“开始”选项卡，选择“段落”栏，设置对齐方式为“两端对齐”；设置“缩进”中的特殊格式为“首行缩进”，缩进值为“2字符”；设置行距为“固定值、22磅”。

6. 全文替换

将全文的“船政学堂”替换成红色带着重号的“船政学堂”。

(1) 按“Ctrl＋A”组合键全选全文，单击“开始”选项卡，选择“编辑”栏，单击“替换”，在对话框的“查找内容(N)”中输入“船政学堂”，在“替换为(I)”中输入“船政学堂”，如图3-1-4所示。

(2) 单击“更多”，光标定位到“替换为(I)”位置，选择“格式”中的“字体”，字体颜色设置为“红色”，加着重号，单击“确定”。

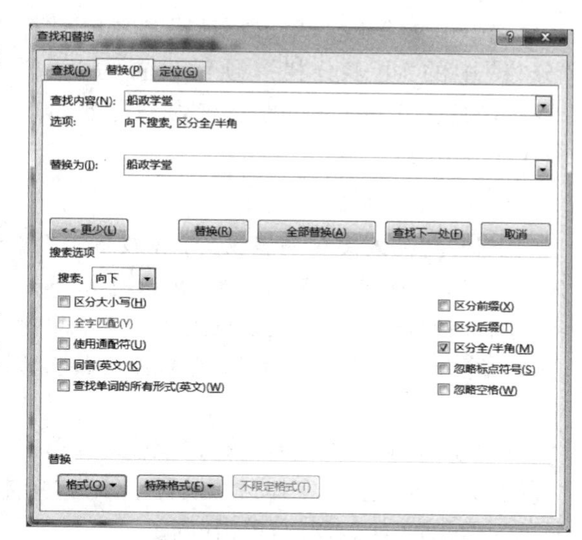

图3-1-4 “查找和替换”对话框

(3) 单击“全部替换(A)”，在弹出的对话框中选择“不搜索文档的其他位置”。

7. 首字下沉与边框添加

将正文第1段设置为首字下沉，下沉行数5行；同时为本段文字加边框，边框颜色为蓝色，宽度为3磅。

(1) 选中第一段落，在“插入”选项卡的“文本”栏中选择“首字下沉选项”，设置位置为“下沉”，下沉行数为5行，相关设置如图3-1-5所示。

(2) 在“开始”选项卡的“段落”栏中，选择“边框和底纹”，选择“方框”，样式选择最细单实线，颜色“蓝色”，宽度“3磅”，应用于段落，相关设置如图3-1-6所示。

图3-1-5 首字下沉

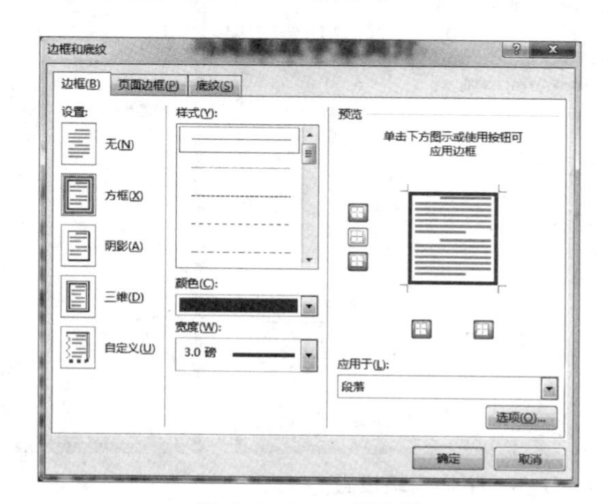

图3-1-6 边框设置

8. 分栏设置

将正文第4段进行分栏设置，要求分成两栏，栏间距3字符，并加分隔线。

选中正文第4段，单击“布局”选项卡，选择“分栏”中的“更多分栏”，预设设置为“两栏(W)”，勾选“分隔线”，间距设置为“3字符”，如图3-1-7所示。

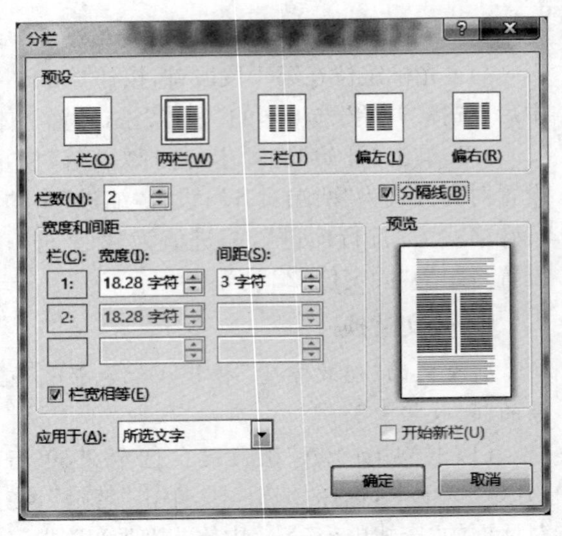

图3-1-7 分栏

9. 设置小标题

小标题“船政文化与意义”字体设置为“楷体、小三”，颜色为标准色蓝色，加红色双下划线，字符间距加宽1磅；段落设置为水平居中对齐，段前、段后各为“0.5行”；设置底纹颜色为黄色。

(1) 选中小标题“船政文化与意义”，单击“开始”选项卡，选择“字体”栏，设置字体为“楷体、小三”，选择“其他颜色”中的“自定义”，设置颜色为RGB(6,82,121)，单击“确定”。

(2) 切换为“高级”选项卡，字符间距选择“加宽”，磅值为“1磅”，单击“确定”，如图3-1-8所示。

(3) 选择“开始”选项卡的“段落”栏，设置对齐方式为“居中”，设置段前间距为“0.5行”，段后间距为“0.5行”(注意单位是“行”)，单击“确定”。

(4) 在“开始”选项卡的“段落”栏中打开“边框”下拉框，选择“边框和底纹”，单击“底纹(S)”，填充设置为标准色“黄色”，如图3-1-9所示。

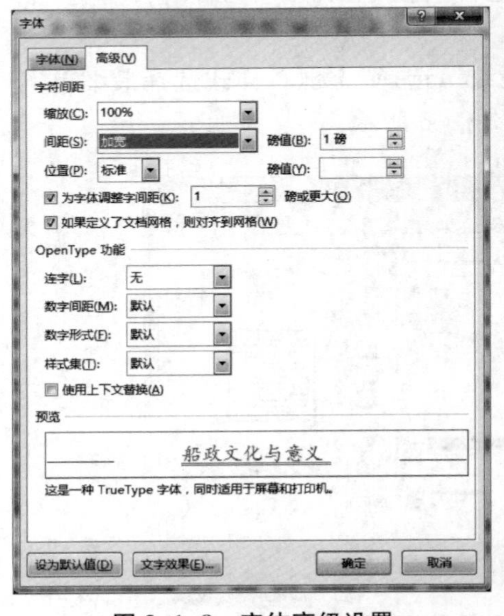

图3-1-8 字体高级设置

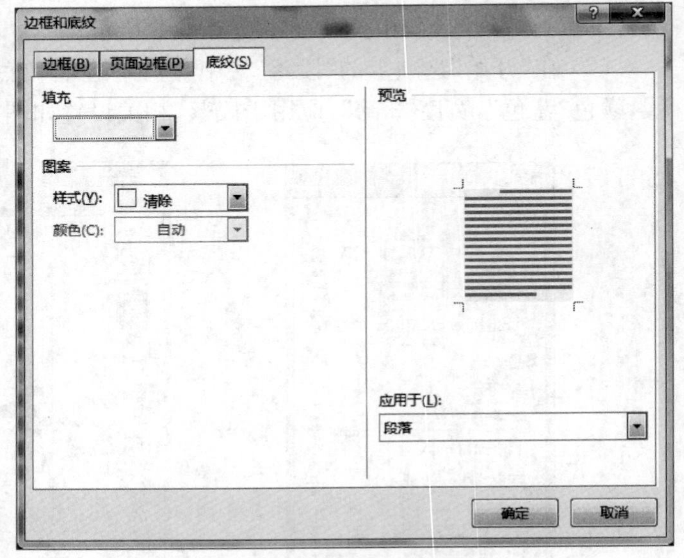

图3-1-9 边框和底纹

10. 设置小标题下段落

将小标题“船政文化与意义”下5段内容字体颜色设置为靛蓝色RGB(6, 82, 121)，并为这5段内容设置项目符号“◆”。设置这5个段落的左右缩进为0字符，首行缩进2个字符。

(1) 选中小标题“船政文化与意义”下面的5个段落，单击“开始”选项卡，选择“字体”栏，设置字体颜色为“其他颜色”，切换到“自定义”选项卡，设置RGB(6, 82, 121)。

(2) 继续选中5个段落，单击“开始”选项卡，选择“段落”栏中的“项目符号”，在其下拉框中选择“定义新的项目符号”，单击“符号”，在Wingdings字体中选择实心菱形符号。切换到“字体”选项卡，设置字体颜色为“红色”。单击“确定”，相关设置如图3-1-10所示。

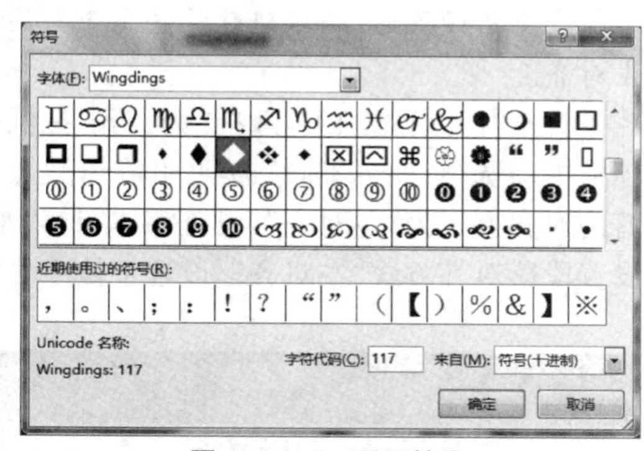

图3-1-10　项目符号

(3) 继续选中这5段文字，单击“开始”选项卡，选择“段落”栏，设置左侧缩进“0字符”，右侧缩进“0字符”，特殊格式缩进为“首行缩进”，缩进值为“2字符”(注意单位是“字符”)。

11. 使用格式刷

利用“格式刷”工具，将倒数第4、5段落的“自强、自主、自造、自驶、求精的五种精神”和“是福建船政的闪光精神，是船政建设的可贵精神”段落样式设置成与“师夷之长技以制夷”相同。

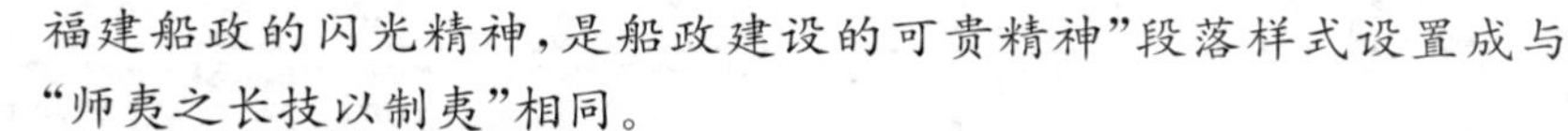

图3-1-11　格式刷工具

选中彩色文字“师夷之长技以制夷”，单击“开始”选项卡，选择“剪贴板”中的格式刷工具，鼠标形状变成了格式刷工具后，再选择“自强、自主、自造、自驶、求精的五种精神”和“是福建船政的闪光精神，是船政建设的可贵精神”段落，即可将2个段落变成彩色文字，格式刷工具如图3-1-11所示。

12. 设置右对齐

设置“详细地址”和“联系电话”的对齐方式为右对齐，并在“联系电话”前插入符号☎，在“联系地址”前插入符号🖃，适当调整文字位置，使效果更美观。

(1) 选中“详细地址”和“联系电话”文字段落，单击“开始”选项卡，选择“段落”栏，设置对齐方式为“右对齐”。

(2) 光标定位在“详细地址”段首，单击“插入”选项卡，“符号”中的“其他符号”，在弹出的对话框中，选择Wingdings字体，找到🖃符号，单击“插入”，即可插入符号，相关设置如图3-1-12所示。

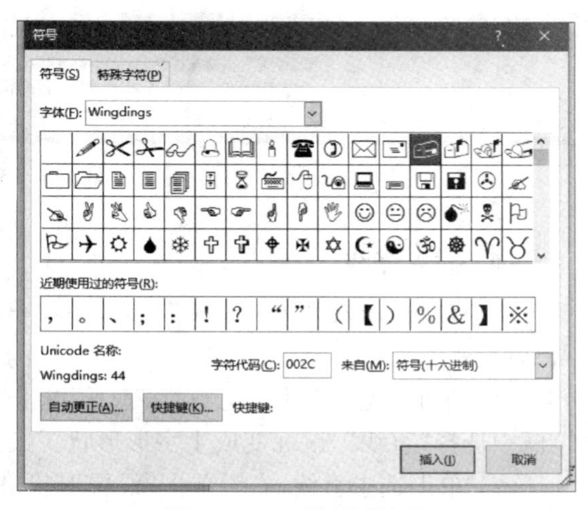

图3-1-12　“邮箱”符号

(3) 光标定位在“联系电话”段首，单击“插入”选项卡，选择“符号”中的“其他符号”，在弹出的对话框中，选择 Wingdings 字体，找到☎符号，单击“插入”，即可插入符号。

13. 设置页眉

奇页眉设置为“马尾船政学堂简介”，偶页眉设置为“百年船政，时代风云”字号为“小五”，左对齐。

打开“插入”选项卡，选择“页眉”下拉框中的“编辑页眉”，在新弹出的“页眉与页脚工具”选项卡中勾选“奇偶页不同”选项，并在奇数页眉中输入“马尾船政学堂简介”，选中文字，设置段落的对齐方式为“左对齐”，设置字体字号“小五”。在偶数页眉中输入“百年船政，时代风云”，设置段落对齐方式“左对齐”，设置字体字号“小五”，相关设置如图 3-1-13 所示。

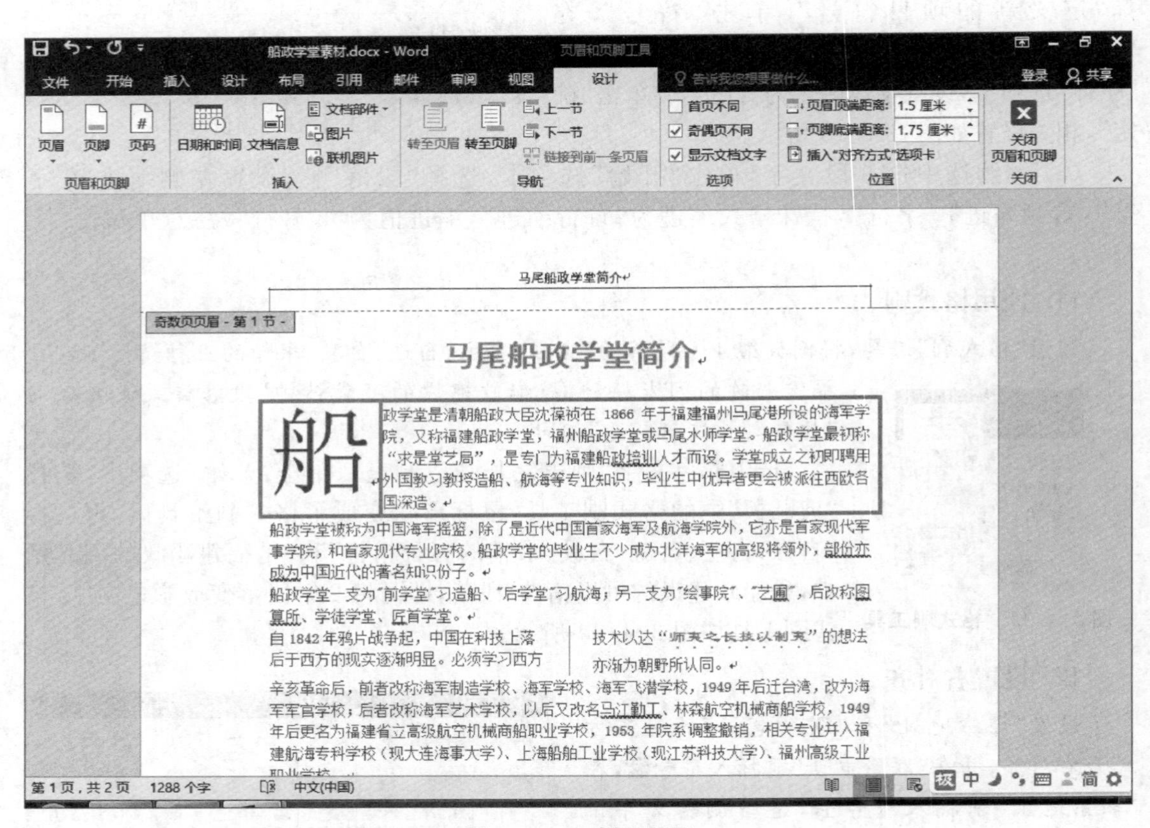

图 3-1-13 插入页眉

14. 插入横线

在小标题“船政文化与意义”下方，插入一条宽度 2 磅，实线颜色为标准色蓝色，“长划线-点”的横线。

(1) 在小标题“船政文化与意义”下，单击”插入”选项卡，选择“插图”栏中的“形状”，在下拉框中选择“直线”，鼠标变成十字形形状。按住“Shift＋鼠标左键”并拖拽画出直线。

(2) 单击选中直线，右键单击“设置形状格式”，在“线条”选项卡中，设置线条为实线，宽度 2 磅，短划线类型为“长划线一点”，如图 3-1-14 所示。

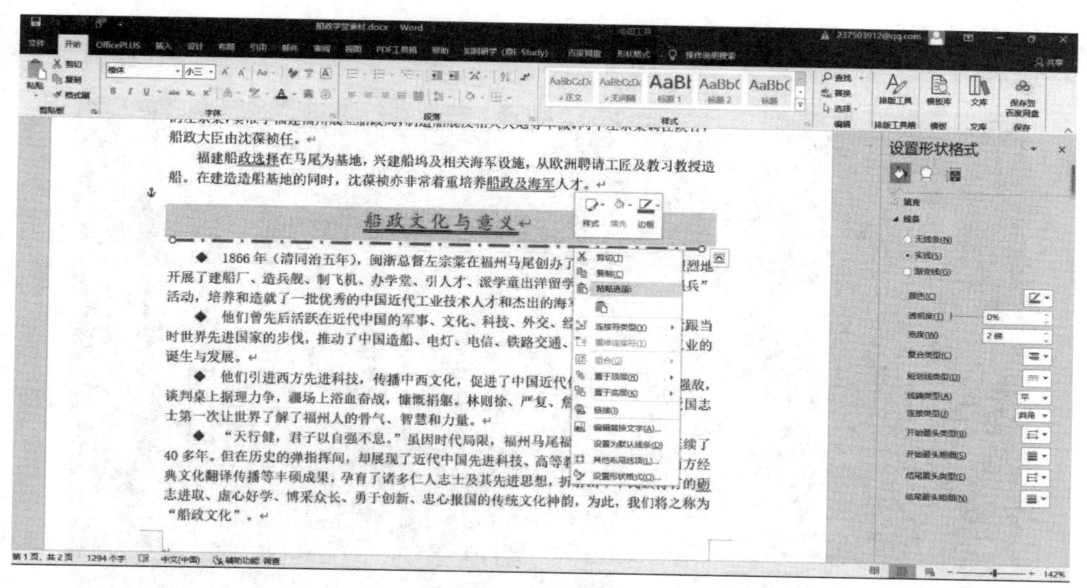

图 3-1-14　直线格式

实验 2　制作马尾船政宣传单

实验目的

（1）学会插入图片、修改图片格式，并熟悉图文混排的方法。

（2）掌握页边距、页面背景、页面网格的设置方法。

（3）掌握页面边框的设置方法。

（4）掌握艺术字的创建、修饰等方法。

（5）掌握文本框的使用方法。

实验内容

（1）新建文档，命名为“学号后三位＋word 实验 2. docx”。

（2）设置页边距，设置纸张方向。

（3）设置页面背景。

（4）插入艺术字，设置其样式、字体、填充效果、轮廓颜色，并添加阴影效果。设置艺术字文字环绕方式，水平居中。

（5）设置小标题“活动目的”和“活动安排”的字体。设置其余段落文本字体、文本框和文本格式。

（6）添加页面边框。

（7）插入和编辑图片。

(8) 添加水印。

(9) 保存文件,效果如图3-2-1所示。

图3-2-1 活动宣传单效果

实验步骤

1. 新建文档并命名

新建文档,命名为"学号后三位+word实验2.docx"。

右键单击,选择新建Word文档,重命名为"学号+姓名+word实验2.docx"。

2. 设置页面

将页面纸张方向设置为"横向",页边距上、下各"1.2厘米",左、右各"1.8厘米"。

单击"布局"选项卡,打开"页面设置"栏,在"页边距"中将页面纸张方向选择为"横向",页边距上、下输入"1.2厘米",左、右输入"1.8厘米",如图3-2-2所示。

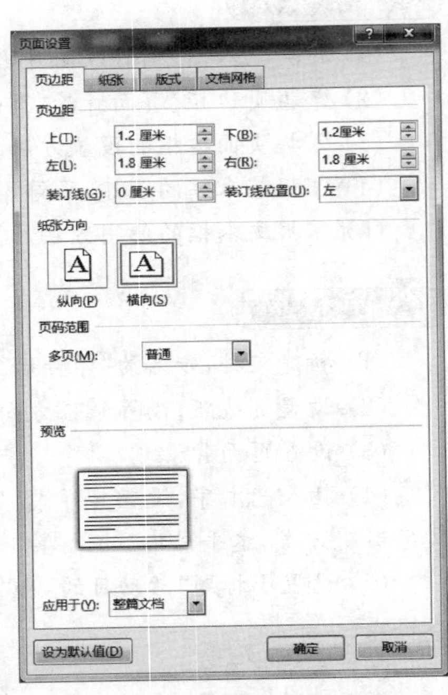

图3-2-2 设置页边距参数

3. 设置页面背景颜色

将页面背景颜色设置为"橙色,个性色2"(第1行第6列)。

单击"设计"选项卡,选择"页面颜色",在下拉框中选择"橙色,个性色2"(第1行第6列),如图3-2-3所示。

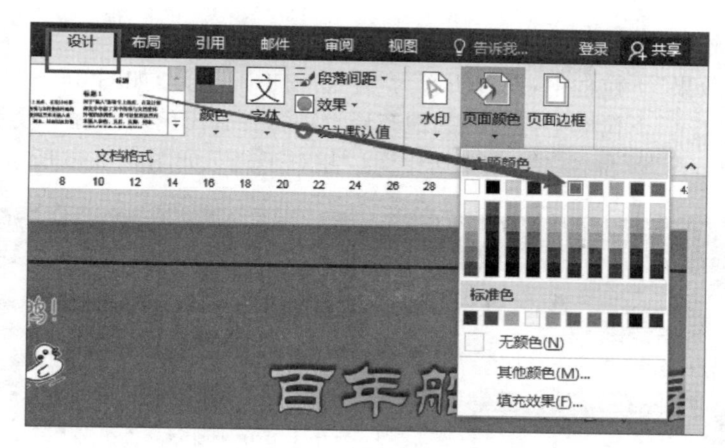

图 3-2-3　页面颜色设置

4. 插入艺术字

在文档上方插入艺术字，艺术字内容为“百年船政.青春马尾”，艺术字样式为“填充一蓝色，着色 1，阴影”（第 1 行第 2 列），艺术字字体为“华文隶书、初号”，文本填充设置为“渐变一浅色变体一从中心”，文本轮廓颜色设置为深红，形状效果设置为“阴影一外部一向上偏移”；设置艺术字“文字环绕”方式为“上下型环绕”，对齐方式为水平居中，相对于栏。

（1）单击“插入”选项卡，选择“文本”栏下的“艺术字”，在弹出的对话框中，选择艺术字样式为“填充一蓝色，着色 1，阴影”（第 1 行第 2 列）。

（2）在生成的艺术字框中，输入文字“百年船政.青春马尾”。选中艺术字文字，选择“开始”选项卡，在“字体”选项卡中设置中文字体为“华文隶书、初号”。

（3）单击艺术字边框，在“绘图工具”选项卡的“格式”中，设置文本填充为“渐变—浅色变体—从中心”，如图 3-2-4 所示。

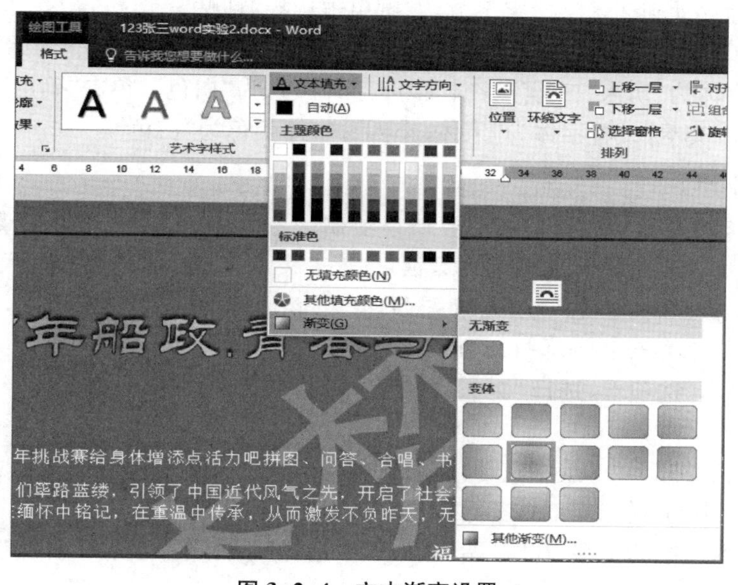

图 3-2-4　文本渐变设置

(4) 在“文本轮廓”下拉框中，设置颜色为“深红”。

(5) 在“形状效果”下拉框中，设置阴影为“外部—向上偏移”，如图 3-2-5 所示。

(6) 在“环绕文字”下拉框中，选择“其他布局选项”，在弹出的对话框中设置“文字环绕”方式为“上下型环绕”，设置“位置”为“水平居中”且“相对于栏”，如图 3-2-6 所示。

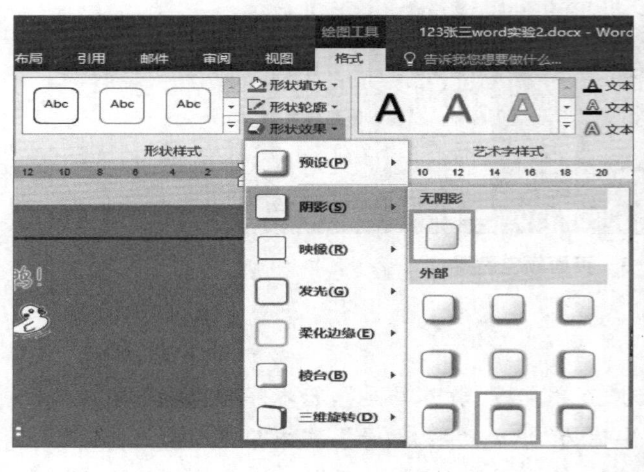

图 3-2-5　文本轮廓“阴影”

图 3-2-6　文字环绕设置

5. 设置小标题

打开“文字素材.docx”，将活动目的和活动安排两段素材，复制到艺术字下方，并设置“活动目的”和“活动安排”2 个小标题的字体格式为仿宋、三号、加粗，颜色为白色；同时设置其他文本的字体格式为宋体、小四，颜色为白色。

(1) 打开“文字素材.docx”，按住左键选中“活动目的”和“活动安排”3 个段落，右键单击选择“复制”，将光标移动到艺术字文字下方，右键单击选择“粘贴”。

(2) 单击选中“活动目的”，按住“Ctrl”键继续选择“活动安排”。在“开始”选项卡中选择“字体”栏，设置字体为“仿宋、三号”，字体加粗，字体颜色为“白色”，单击“确定”。

(3) 选中其他文本，设置字体为“宋体、小四”，字体颜色为“白色”。

6. 绘制文本框

在小标题“活动安排”文字下方左半部分绘制一个文本框，并将“文字素材.docx”中的“(一)(二)(三)(四)”点的内容复制到文本框中；设置文本框中文本的字体格式为“宋体、五号、白色”，设置文本框“形状填充”为“无填充颜色”，“形状轮廓”颜色为“橙色，个性色 2，深色 25%”(第 5 行第 6 列)，形状轮廓粗细为“2.25 磅”。

(1) 单击“插入”选项卡，选择“文本”栏中的“文本框”，在下拉框中选择“绘制文本框”，如图 3-2-7 所示。

(2) 在“活动安排”下方，按住左键，拖动鼠标画出一个大小适合的文本框。在文本框中将“文字素材.docx”中的“(一)(二)(三)(四)”点的内容复制粘贴进去。

(3) 选中文本框中的文字，在“开始”选项卡中选择“字体”栏，设置字体为“宋体、五号”，字体颜色为“白色”。

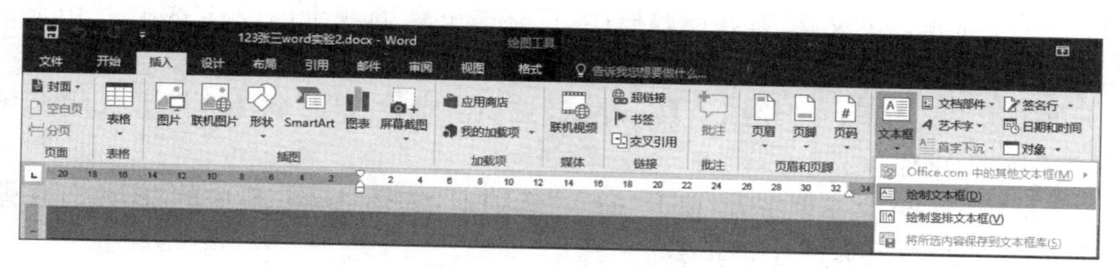

图 3-2-7　插入“文本框”

(4) 单击文本框边框，在“绘图工具”“格式”中设置文本框“形状填充”为“无填充颜色”，如图 3-2-8 所示。

(5) 设置“形状轮廓”颜色为“橙色，个性色 2，深色 25%”(第 5 行第 6 列)，形状轮廓粗细为“2.25 磅”。

7. 设置页面边框

添加页面边框，边框颜色为深红色，宽度为“2.25 磅”。

(1) 单击“开始”选项卡，选择“段落”栏中的“边框”，在下拉框中选择“边框和底纹”。

(2) 在弹出的对话框中打开“页面边框(P)”，设置边框为“方框(X)”，“样式(Y)”为实线，“颜色(C)”为深红色，“宽度(W)”为“2.25 磅”，“应用于(L)”为“整篇文档”，如图 3-2-9 所示。

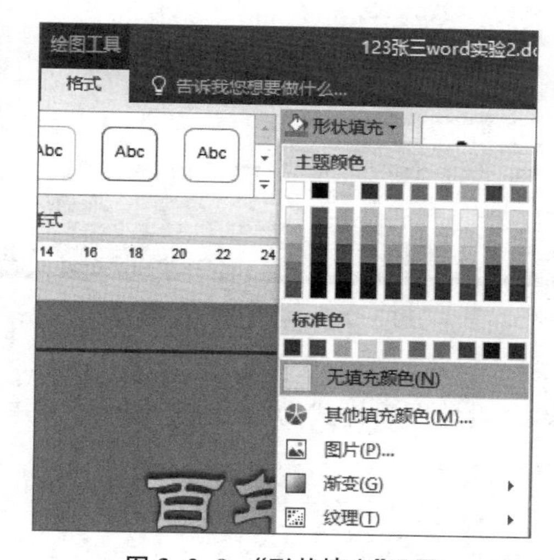

图 3-2-8　“形状填充”设置

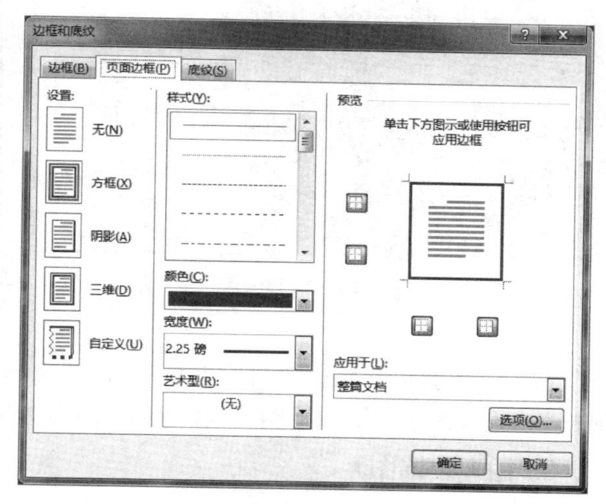

图 3-2-9　边框设置

8. 插入图片与图题

在小标题“活动安排：”右侧，插入无边框无填充色的文本框，文本框内容为“福州船政概述图”，字体设置为“仿宋、三号、加粗”，字体颜色为“白色”；并在文本框下方，插入文件夹中的“图片 3.jpg”，设置图片的“文字环绕”方式为“浮于文字上方”，图片大小缩小为原来的 35%，图片样式为“柔化边缘椭圆”，并根据效果图将图片调整到中间右侧位置。

(1) 单击“插入”选项卡，选择“文本”栏中的“文本框”，单击“绘制文本框”，用鼠标左键在小标题“活动安排：”右侧画出一个的矩形文本框，输入文字“福州船政概述图”。

（2）选中文本框内的文字“福州船政概述图”，在“开始”选项卡内设置字体为“仿宋、三号、加粗”，字体颜色为“白色”。

（3）单击选中文本框，在“绘图工具—格式”选项卡中设置“形状填充”为“无填充颜色”，“形状轮廓”为“无轮廓”。

（4）光标定位到在文本框下方，单击“插入”选项卡，选择“插图”栏中的“图片”，在弹出的对话框中选择文件夹中的“图片 3. jpg”。

（5）单击选中图片，在“图片工具—格式”选项卡中设置图片的“环绕文字”方式为“浮于文字上方”，如图 3-2-10 所示。

（6）右键单击图片，选择“大小和位置”菜单，在“大小”选项卡中设置缩放比例，“高度”为“35%”，“宽度”为“35%”，单击“确定”，如图 3-2-11 所示。

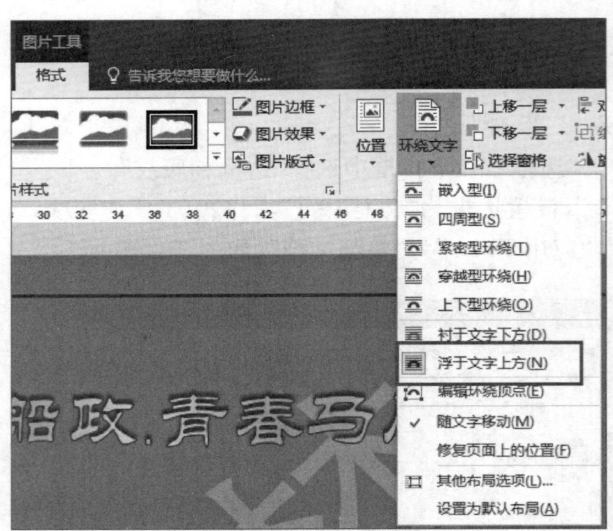

图 3-2-10　环绕方式

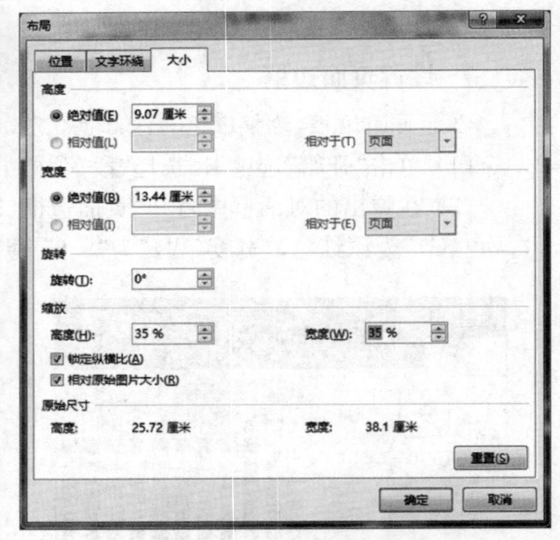

图 3-2-11　大小和位置

（7）单击选中图片，在“图片工具—格式”选项卡中，设置图片样式为“柔化边缘椭圆”，并根据效果图，按住左键拖动图片，移动到中间右侧位置。

9. 插入装饰图

插入文件夹中的“图片 1. gif”，设置图片的“文字环绕”方式为“浮于文字上方”，图片大小缩小为原来的 50%，并根据效果图将图片调整到“活动目的”文字上方。

（1）单击“插入”选项卡，选择“插图”栏中的“图片”，在弹出的对话框中选择文件夹中的“图片 1. gif”，完成图片插入，如图 3-2-12 所示。

图 3-2-12　插入“图片”

（2）单击选中图片，选择“图片工具”栏的“格式”，设置图片的“环绕文字”方式为“浮于文字上方”。

（3）右键单击图片，选择“大小和位置”，在“大小”中设置缩放比例，“高度”为“50%”，“宽度”为“50%”，单击“确定”。

10. 插入图片并完成设置

插入文件夹中的"图片 2. gif"，设置图片的"文字环绕"方式为"浮于文字上方"，图片大小缩小为高度 2 厘米，宽度 2.5 厘米，图片样式为"矩形投影"(第 4 项)，并根据效果图将图片调整到文档的右下角。

(1) 单击"插入"选项卡，选择"插图"栏中的"图片"，在弹出的对话框中选择文件夹中的"图片 2. gif"，完成图片插入，如图 3-2-13 所示。

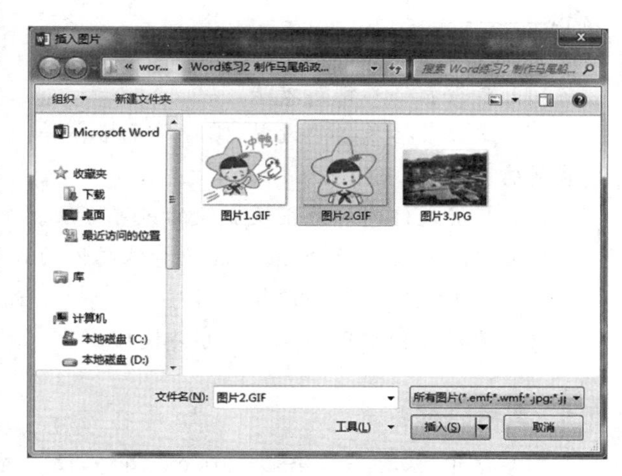

图 3-2-13　插入图片

(2) 在"图片工具—格式"选项卡中，设置图片的"环绕文字"方式为"浮于文字上方"，右键单击图片，选择"大小和位置"，在"大小"中取消"锁定横纵比"，在"缩放"中，修改高度为"2 厘米"，宽度为"2.5 厘米"，单击"确定"。

(3) 单击选中图片，在"图片工具—格式"选项卡中，设置图片样式为"矩形投影"(第 1 行第 4 项)，并根据效果图将图片调整到文档的右下角。

11. 添加水印

为文档添加自定义文字水印，文字内容为个人姓名。

(1) 单击"设计"选项卡，选择"页面背景"栏中的"水印"，在下拉框中选择"自定义水印"，勾选"文字水印(X)"，在"文字(T)"中输入个人姓名，单击"确定"，如图 3-2-14 所示。

(2) 保存文件到 S 盘指定目录下，文件名为"学号＋姓名＋word 实验 2. docx"。

图 3-2-14　自定义水印

实验3 制作旅游个人登记表

实验目的

(1) 掌握表格的创建方法。

(2) 掌握表格属性的设置,掌握单元格合并、单元格对齐、单元格拆分、调整单元格行高及列宽的常用方法。

(3) 掌握表格内外边框及底纹的设置方法。

(4) 熟悉表格的拆分、表格其他特殊属性的设置等。

(5) 掌握表格数据的计算及排序。

(6) 掌握几种常用的Word办公技巧。

实验内容

(1) 打开"旅游个人登记表.docx"文档,设置页边距,输入标题"出国旅游个人登记表",设置其字体并居中对齐。

(2) 在标题下方插入一个17行8列的表格,并调整各列的列宽和1～10行的行高。设置所有单元格的字体和对齐方式。

(3) 根据效果图合并与拆分表格的单元格,并按照效果图填写文字内容,包括竖型文字的输入。

(4) 调整第5列和第2列中指定单元格的边线位置,并调整"电话\电话\传真"3个单元格的位置。

(5) 设置第12行所有单元格的底纹样式,并修改整张表格的内外边框样式。

(6) 删除表格中照片位置的文字,设置相应单元格的行高,并设置表格属性以避免变形。在"照片"位置插入图片"证件照.jpg"。

(7) 从第12行开始,将表格拆分成两个表格。

(8) 在表格下方填写其他文字及特殊符号,其中"中国旅行社总社"的字体设置为"隶书、小二号"。

完成效果如图3-3-1所示。

实验步骤

1. 设置页边距并输入标题

打开"旅游个人登记表.docx"文档,设置页面上下左右边距分别为:2厘米、2厘米、1厘米、1厘米,然后在文档中输入文字"出国旅游个人登记表",并将文字设置为"宋体、小二、加粗",段落居中对齐。

(1) 打开"旅游个人登记表.docx"文档,在"页面布局"选项卡的"页面设置"栏中,设置页边距的上、下边距均为2厘米,左、右边距均为1厘米;纸张大小为A4。

出国旅游个人登记表

线路		出发日期		团号		照片
身份证号		姓名		拼音		
性别	口男 口女	出生日期	年 月 日	出生地		
民族		婚姻状况	口未婚 口已婚 口丧偶 口离异	户口所在派出所		
护照号码		签发地址		有效日期	年 月 日— 年 月 日	
曾前往国		曾 次申请 国签证未获批准				
家庭住址		邮编		电话		
单位名称		职业		电话		
单位地址		邮编		传真		
电子邮件		手机				
个人简历	(从最后的毕业学校开始填写)					

关系	姓名	工作单位	职务	家庭地址	联系电话	出生详情	
						日期	地点
配偶							
子女							
父亲							
母亲							
兄弟姐妹							

★本人声明：1、本人身体健康,能适应旅行团的行程安排。
2、以上内容均真实、完整。否则本人将承担一切责任和后果。

您是通过哪种途径获知我方旅游信息的 口老客户 口熟人介绍 口报纸 口网站 口其他

申请人签名__________接待人签名__________
申请日期__________接待日期__________

中国旅行社总社 公民总部

图 3-3-1 实验 3 样文

(2) 在文档中输入文字“出国旅游个人登记表”,选中文字,设置字体为“宋体、小二、加粗”,设置段落对齐方式为“居中”。

2. 插入表格

在标题下方插入17行8列的表格，将8列的列宽分别设置为：2厘米、1.75厘米、4.75厘米、1.5厘米、2.75厘米、3厘米、1.5厘米、1.5厘米；设置1～10行的行高为“固定值”1.1厘米；设置所有单元格字体为“宋体、五号、加粗”，单元格对齐方式为垂直水平均居中。

(1) 光标放置在标题下方，单击“插入”选项卡，在“表格”栏中单击“表格”下拉按钮，在弹出的下拉列表中选择“插入表格(I)...”菜单，在弹出的对话框中输入列数“8”和行数“17”，可得到17×8的标准表格，如图3-3-2所示。

(2) 选中第1列，右键单击选择“表格属性”，第1列设置为2厘米，设置完成后，单击“后一列(N)”，继续将其余7列的列宽分别设置为1.75厘米、4.75厘米、1.5厘米、2.75厘米、3厘米、1.5厘米、1.5厘米，如图3-3-3所示。

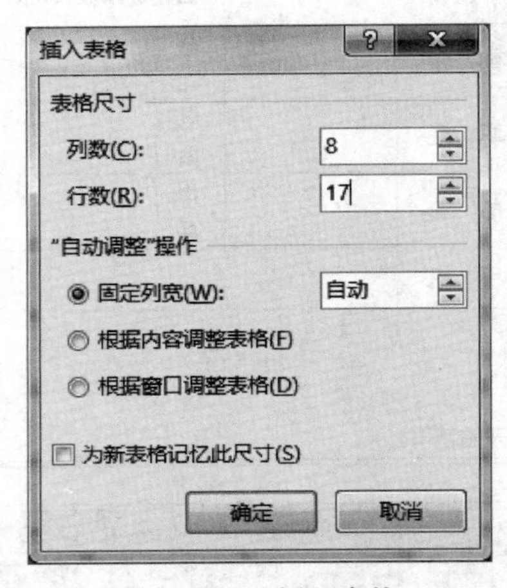

图3-3-2 插入表格

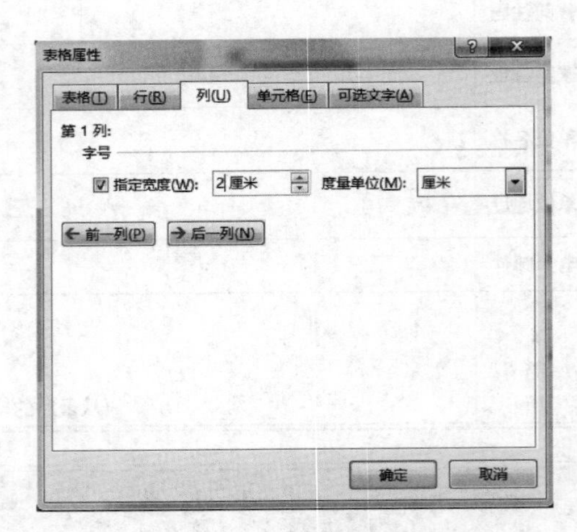

图3-3-3 设置表格列宽

(3) 选中表格前10行，右键单击选择“表格属性”，设置1～10行的行高为“固定值”，高度为1.1厘米。

(4) 点击表格左侧⊞按钮，全选整张表格，在“开始”选项卡中，设置字体为“宋体、五号、加粗”。

(5) 再选中整张表格，在“表格工具—布局”选项卡中，设置单元格对齐方式为“垂直水平均居中”(第2行第2列)，如图3-3-4所示。

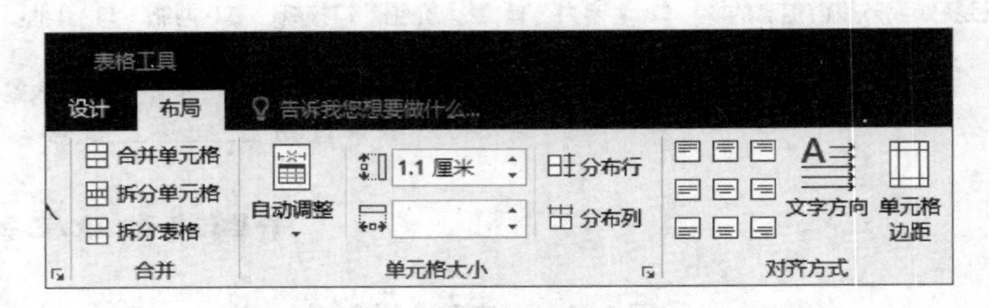

图3-3-4 表格单元格“对齐方式”

3. 单元格的合并与拆分

根据效果图完成各个单元格的合并与拆分，将第1～4行第7～8列的单元格合并；将3行第3～4列单元格合并；将第4行第3～4列单元格合并；将第5行第6～8列单元合并；将第6行第2～3列单元格合并；将第6行第4～8列单元格合并；将第7行第2～4列单元格合并；将第8行第2～4列单元格合并；将第9行第2～4列单元格合并；将第10行第2～4列单元格合并；将第10行第6～8列单元格合并；将第11行第2～8列单元格合并；将第3行第2列单元格拆分成1行2列；将第4行第2列单元格拆分成1行2列；将第12行第7列拆分成2行1列；将第12行第8列拆分成2行1列；将拆分后的上方两个小单元格合并；按效果图填写每个单元格的文字内容（注意竖型文字的输入）。

（1）将鼠标指针移到第1行第7列单元格内部，按住鼠标左键向右下拖动到第4行第8列，释放鼠标左键，被选中的单元格呈反显状态。右键单击，在弹出的快捷菜单中选择"合并单元格"命令，则被选定的几个单元格被合并成一个单元格，如图3-3-5所示。同理，参照效果图完成表格其他需要合并的单元格。

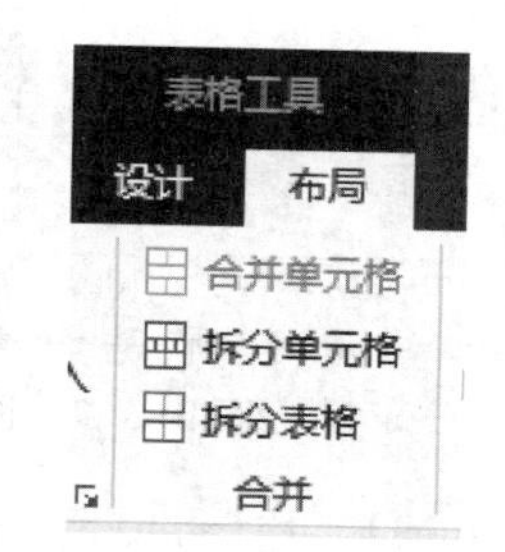

图3-3-5 合并单元格

（2）将光标定位到第3行第2列单元格，右键单击选择"拆分单元格"，在弹出对话框中设置行列为1行2列；同理，参照效果图完成表格其他需要拆分的单元格。

（3）将第12行第7和第8列拆分后的上方两个小单元格，右键单击进行单元格合并，按效果图填写每个单元格的文字内容，竖排文字可通过缩小单元格边框线或者在每个字后面加回车换行。

4. 拖动单元格

选中第5列第1～10行单元格，按照最终效果图，将选中的单元格左边边线往右边适当拖动；同理，选中第2列第1～5行单元格，将右边边线往右边适当拖动；同理，调整"电话\电话\传真"3个单元格的位置。

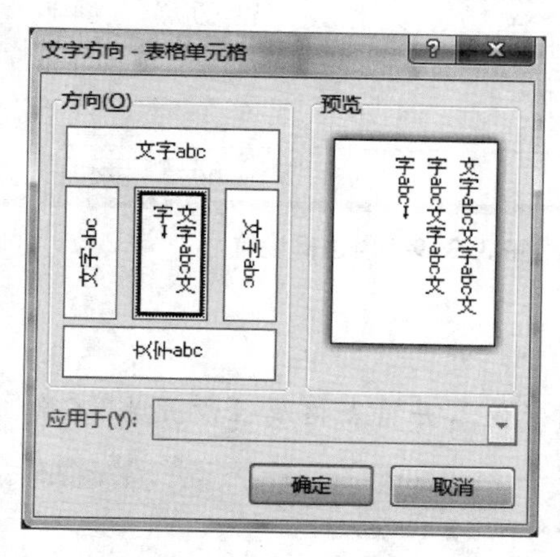

图3-3-6 文字方向

（1）选中第5列第1～10行单元格，光标移动到所选单元格左侧框线，当鼠标形状变成双竖线||时，按住左键适当拖动框线，达到效果图效果；同理，选中第2列第1～5行单元格，将右边边线往右边适当拖动；同理，调整"电话\电话\传真"3个单元格边框的位置，使得文字变成竖排文字。

（2）"个人简历"单元格还可通过改变文字方向来实现竖排排列。右键单击"个人简历"单元格，在弹出的快捷菜单中选择"文字方向"命令，在弹出的"文字方向一表格单元格"对话框中选择竖向的文字，如图3-3-6所示。

5. 设置底纹与边框

将第12行所有单元格底纹设置为20%的图案样式；并修改整张表格的内外边框，其中外边框为红色1.5磅的双实线，内边框为蓝色0.5磅的单实线。

（1）选中表格第12行所有单元格，打开"表格工具一设计"选项卡，在"边框"栏中单击"边框"下拉按钮，在弹出的下拉列表中选择"边框和底纹"选项，弹出"边框和底纹"对话框，设置

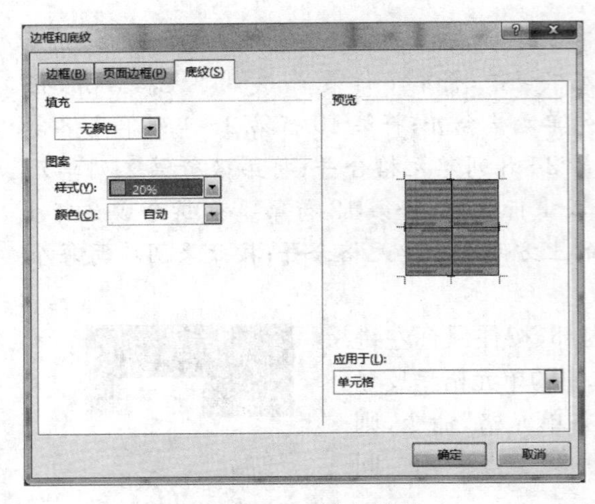

图 3-3-7　图案样式

“底纹(S)”图案“样式 Y”为 20%，“颜色 C”为自动，如图 3-3-7 所示。

(2) 选中整个表格，切换到“表格工具—设计”选项卡，在“边框”栏中选择“边框和底纹”，在弹出对话框中，选择“方框(X)”，“样式(Y)”为双实线，“宽度(W)”为 1.5 磅，“颜色(C)”为标准色红色，应用于表格，如图 3-3-8 所示。

(3) 在边框和底纹中，选择“自定义(U)”，设置“样式(Y)”为单实线，“宽度(W)”为 0.5 磅，“颜色(C)”为蓝色，单击预览框中的内部实线，完成内框线的绘制，如图 3-3-9 所示。

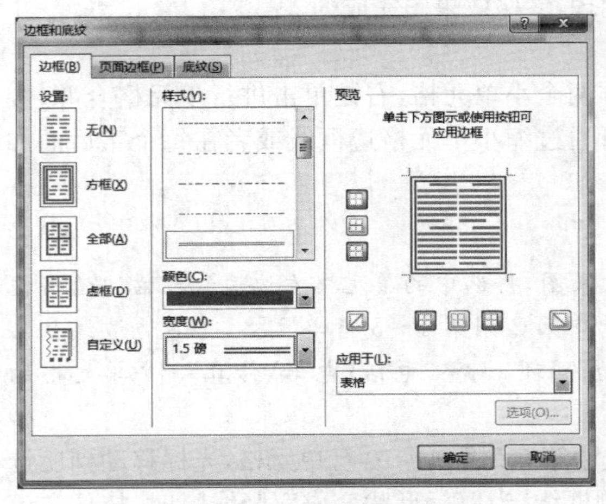

图 3-3-8　外边框设置

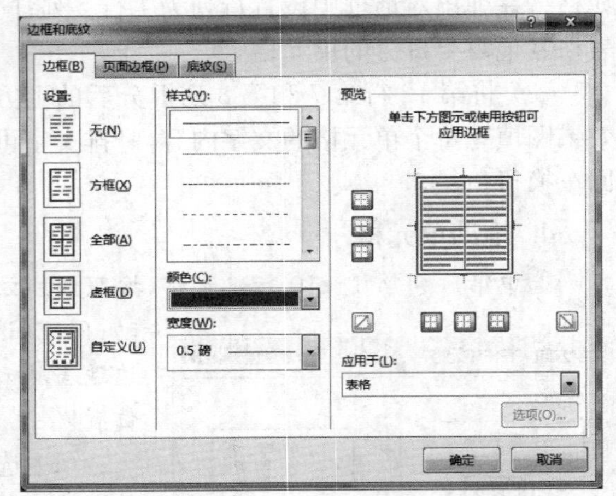

图 3-3-9　内边框设置

6. 设置表格属性

将表格照片位置的文字删除，设置该单元格行高为“固定值”，并将表格属性设置为“不自动重调尺寸以适应内容”(图片将会自动适用表格尺寸，避免表格发生变形)，然后在“照片”位置插入学生自己的证件照。

(1) 选中照片单元格中的文字，按退格键或“Delete”键删除。右键单击单元格，选择“表格属性”，在行选项卡中设置“行高值是：”为“固定值”。

(2) 切换到“表格”选项卡，在“选项”中取消“自动重调尺寸以适应内容(Z)”的勾选，如图 3-3-10 所示。最后在“照片”位置，执行“插入”菜单中的“图片”选项，选择文件夹中的“证件照.jpg”完成插入。

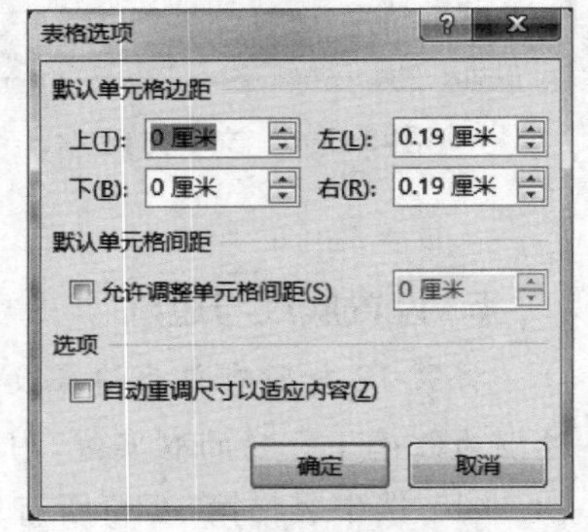

图 3-3-10　自动重调尺寸

7. 拆分表格

将表格从第 12 行开始，拆分成 2 个表格。

光标放置表格第 12 行任意位置，在"表格工具"选项卡中选择"拆分表格"，即可完成表格的拆分。

8. 在表格下方填写文字

按效果图所示，在表格下方填写其他文字及特殊符号，其中"中国旅行社总社"字体为"隶书、小二"。

(1) 如图 3-3-1 所示，在表格下方填写其他文字及特殊符号，特殊符号可通过"插入—符号"，在 Wingdings 字体中，找到五角星和正方形符号，完成插入。

(2) 其中的"中国旅行社总社"文字，字体设置为"隶书、小二"。

实验 4　制作毕业论文

实验目的

(1) 掌握样式、多级列表的使用方法。

(2) 学会自动生成目录。

(3) 学会文档页面的设置方法。

(4) 掌握页眉和页脚的设置方法。

(5) 掌握题注和交叉引用的使用方法。

实验内容

(1) 设置"实验 4 原文. docx"文档的纸张大小和纸张方向，设置页边距和文档网格。

(2) 设置文档正文内容字体和段落。

(3) 定义标题 1 样式并应用于指定段落。

(4) 定义标题 2 样式并应用于绿色子标题段落。

(5) 定义标题 3 样式并应用于蓝色二级子标题段落。

(6) 设置多级列表，链接到标题样式，并设定编号格式和对齐方式。

(7) 删除"参考文献"前的编号，并设置参考文献的字体和段落格式。

(8) 为流程图添加题注，使用交叉引用，并将题注内容插入文档中。

(9) 设置表格居中对齐、内容水平居中对齐，并根据窗口自动调整大小，最后设置为三线表。

(10) 在封面下方插入分节符，并输入"目录"标题，设置格式后插入目录，目录显示级别为二级。

(11) 设置除封面和目录外的页眉页脚，奇数页页眉为"阳光学院课程设计(论文)"，偶数页页眉为"C 语言程序设计"，并添加横线。

(12) 插入页码，封面不显示，目录使用罗马数字，正文使用数字格式，页码居中。

(13) 在指定文字后添加参考文献引用标识“[1]”。

(14) 更新目录中的页码。封面和目录页效果如图 3-4-1 所示。

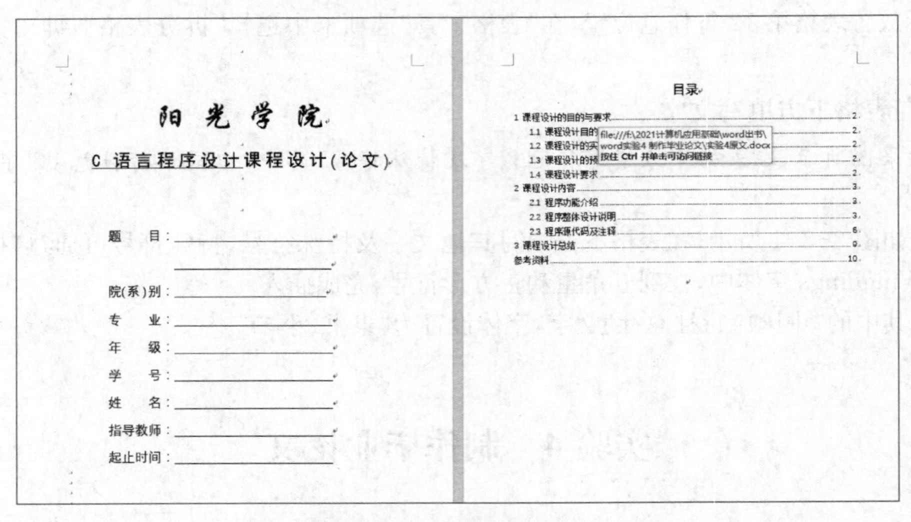

图 3-4-1 封面和目录样文

1. 页面设置

打开实验素材中的“实验 4 原文. docx”文档，将页面设置为：纸张大小为 A4，页面方向为纵向，页边距设置上、左为 2.5 厘米，下、右为 2 厘米，文档网格为每行 40 个字符，每页 40 行。

(1) 版面规划，在“页面布局”选项卡的“页面设置”栏中单击对话框启动器按钮，弹出“页面设置”对话框。在“页边距”选项卡中，设置上、左边距均为 2.5 厘米，下、右边距为 2 厘米，纸张方向为“纵向”。

(2) 切换至“纸张”选项卡，在“纸张大小”下拉列表框中选择“A4”选项。

(3) 切换至“版式”选项卡，设置页眉和页脚距边界均为 1.5 厘米。

(4) 切换至“文档网格”选项卡，在“网格”栏中选中“指定行和字符网格”单选按钮，并将字符数设为每行 40，行数设为每页 40，如图 3-4-2 所示。

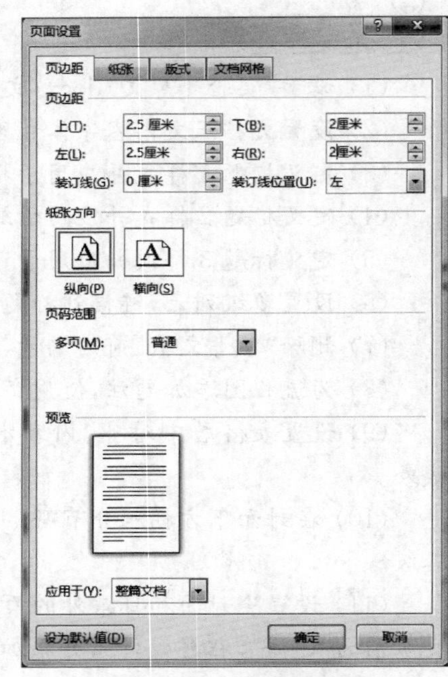

图 3-4-2 页面设置

2. 设置正文字体

设置除封面、流程图、表格外的所有内容，字体为“宋体、小四”，段前、段后均为 0 行，行距为固定值 20 磅，首行缩进 2 字符。

(1) 为正文设置字体和段落格式，选中设置除封面、流程图、表格外的所有内容，单击“开始”选项卡中的“字体”，设置字体为“宋体、小四”。

（2）单击“开始”选项卡中的“段落”栏，设置段前、段后间距均为 0 行，固定值 20 磅，首行缩进 2 字符。

3. 修改标题 1 样式

修改标题 1 样式：字体为“黑体、小二”，水平居中，段前、段后均为 1 行，行距为固定值 36 磅，段前分页。将标题 1 样式应用于红色字体段落“课程设计的目的与要求”“课程设计内容”“课程设计总结”“参考资料”。

（1）规划样式：定义各级标题样式，在“开始”选项卡的“样式”栏中右键单击“标题 1”样式，在弹出的快捷菜单中选择“修改”命令，弹出“修改样式”对话框，在“修改样式”对话框中将“标题 1”样式的字体设置为“黑体、小二”，水平居中，如图 3-4-3 所示。

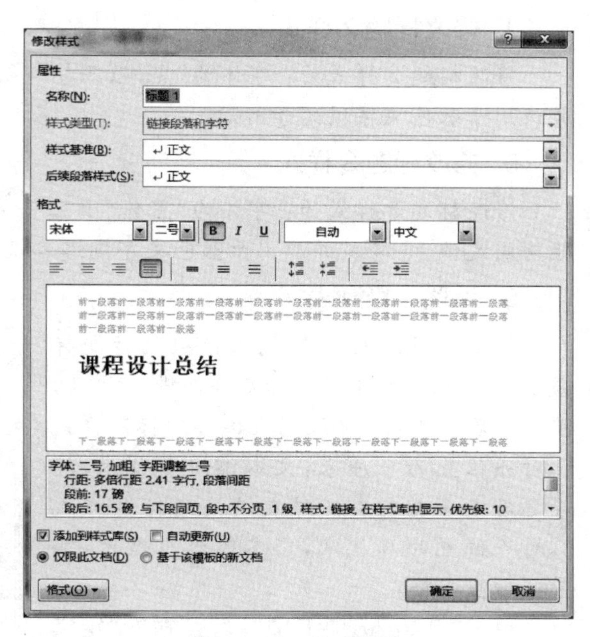

图 3-4-3　修改样式

（2）单击左下角的“格式(O)”按钮，在弹出的菜单中选择“段落”命令，弹出“段落”对话框，在“缩进和间距”中设置大纲级别为“1 级”，段前、段后间距均为 1 行，行距为固定值 36 磅。切换到“换行和分页”选项卡，勾选“段前分页”，单击“确定”，完成操作，段落设置如图 3-4-4 所示。

图 3-4-4　段落设置

(3) 选中其中一个红色字体段落,单击“开始”选项卡中的“选择”栏,在下拉框中选择“选定所有格式类似的文本”,即可将所有红色字体段落选中。在“开始”选项卡的“样式”栏中选择“标题 1”样式,即可将标题 1 应用于红色字体段落。

4. 修改标题 2 样式

修改标题 2 样式为:字体为“黑体、三号”,段前、段后间距均为 1 行,行距为固定值 24 磅。并应用于绿色文字段落子标题。

5. 修改标题 3 样式

修改标题 3 样式为:字体为“黑体、小三”,首行缩进 2 字符,段前、段后间距均为 1 行,行距为固定值 15 磅。并应用于蓝色文字段落二级子标题。

6. 设置多级列表

设置多级列表,1 级列表链接到标题样式 1,对齐位置为 0 厘米,文本缩进 0 厘米,编号之后空 1 格。2 级列表链接到标题样式 2,对齐位置为 0 厘米,文本缩进 0 厘米,编号之后空 1 格。3 级列表链接到标题样式 3,对齐位置为 0 厘米,文本缩进 0 厘米,编号之后空 1 格。

单击“开始”选项卡中“段落”栏的“定义新多级列表”,单击“更多”,点击左侧的 1 级列表,设置 1 级列表链接到标题样式 1,对齐位置为 0 厘米,文本缩进 0 厘米,编号之后空 1 格,如图 3-4-5 所示。同理,2 级列表链接到标题样式 2,对齐位置为 0 厘米,文本缩进 0 厘米,编号之后空 1 格。3 级列表链接到标题样式 3,对齐位置为 0 厘米,文本缩进 0 厘米,编号之后空 1 格。

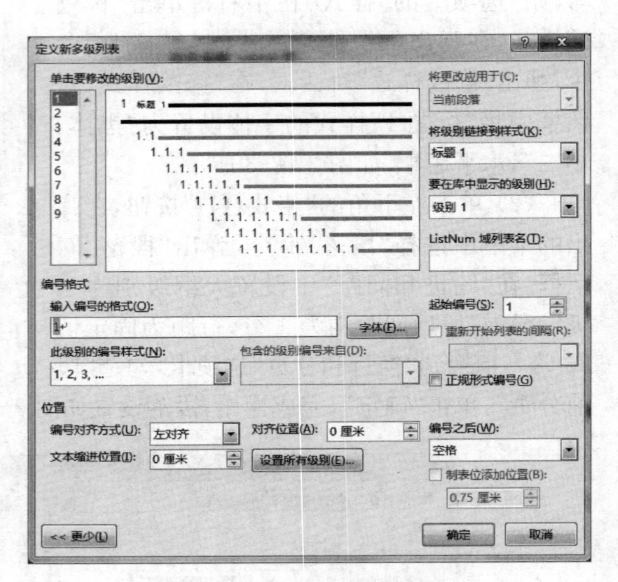

图 3-4-5 定义多级列表

7. 设置参考文献

将一级标题“参考文献”文字前的编号删除(选中编号再删除),并设置所有参考资料字体为“宋体、五号”,段前 3 磅,段后 0 磅,行距为固定值 17 磅。

(1) 左键双击“参考文献”文字前的编号,按“Delete”键删除(选中编号再删除)。

(2) 选中所有参考资料文字,在“开始”选项卡中设置字体为“宋体、五号”,在“段落”栏中设置段前 3 磅,段后 0 磅,行距为固定值 17 磅。

8. 添加题注

为第二章的 2 张流程图添加题注,标签类型为“图”,编号包含标题 1 章节号且格式为“1,2,3…”,位置为“所选项目下方”,题注内容分别为“图 2-1 发牌功能流程图”“图 2-2 发牌函数流程图”。并在每一小点的“如所示”文字中间,使用“交叉引用”引用对应的题注,并设置引用内容为“只有标签和编号”。

(1) 选中第二章的第一张流程图,右键单击选择“插入题注”,单击“新建标签”,输入“图”,切换到“编号(U)”,勾选包含“章节号”,使用分隔符“—”(连字符),格式为“1,2,3…”。位置为“所选项目下方”,题注内容分别为“图 2-1 发牌功能流程图”与“图 2-2 发牌函数流程图”,如图 3-4-6 所示。

(2) 在“引用”选项卡中点击“交叉引用”,引用类型为“图”,引用内容为“只有标签和编号”,如图 3-4-7 所示。

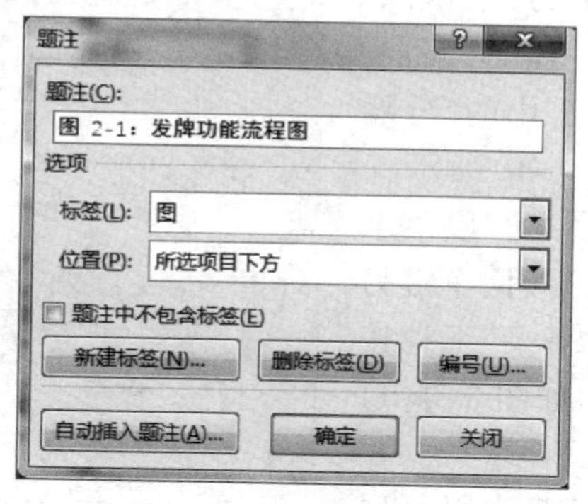

图 3-4-6 插入题注

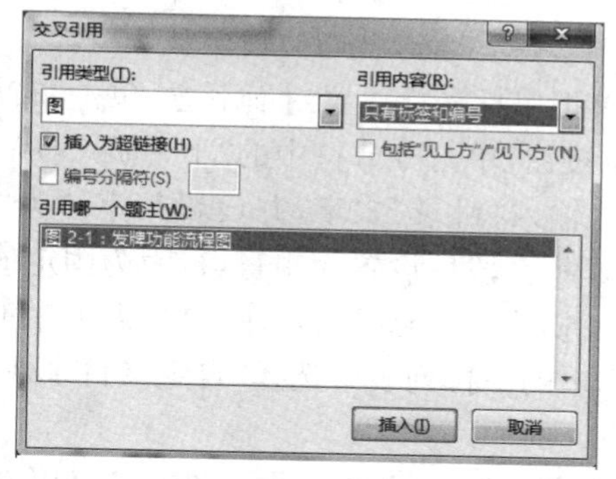

图 3-4-7 交叉引用

9. 设置表格属性

将第二章的表格设置为表格居中对齐,单元格内容水平居中对齐,表格根据窗口自动调整大小,最后将表格设置为三线表。

(1) 单击选中第二章的表格,右键单击选择“表格属性”,表格对齐方式为“居中”。

(2) 单击“表格工具”选项卡的“布局”栏,对齐方式为“居中”,右键单击选择“自动调整”中的“根据窗口自动调整大小”,如图 3-4-8 所示。

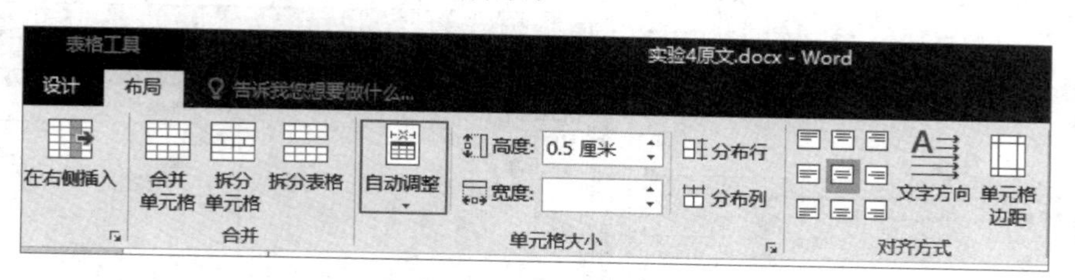

图 3-4-8 根据窗口自动调整大小

(3) 最后选中表格,在“段落”中的“边框”下拉框里选择“边框和底纹”,“边框”的“预览”里删除所有竖线,单击“确定”;重新选择除第一行外的表格,选择“边框和底纹”,在“边框”的“预览”里删除所有内部横线,形成三线表,如图 3-4-9 所示。

操作指令	成功次数	耗时	内存占比
设置颜色	3	0.001	0.01%
中缀转后缀	2	1.03	1.01%
后台传输	5	0.1	0.3%
存储数据	2	0.3	0.15%

图 3-4-9 三线表

10. 设置目录

在封面下方插入分节符，类型为“下一页”，然后输入“目录”，并设置其字体为“黑体、小二”，段落水平居中，段前、段后设置为 1 行，行距为固定值 36 磅。在“目录”文字下方另起一段，插入本文档的目录，目录显示级别为二级，并设置目录内容格式为“宋体、小四”，段前、段后 0 行，行距为固定值 20 磅。

(1) 把鼠标光标放置封面下方，单击“布局”选项卡中的“分隔符”下拉按钮，单击分节符中的“下一页(N)”，如图 3-4-10 所示。

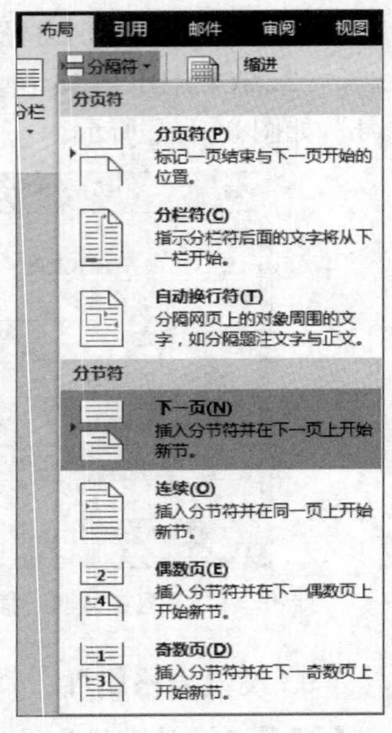

图 3-4-10 分隔符“下一页”

(2) 输入“目录”二字，并设置其字体为“黑体、小二”，段落水平居中，段前、段后设置为 1 行，行距为固定值 36 磅。按回车键另起一行。切换到“引用”选项卡，在“目录”栏中单击“目录”下拉按钮，在弹出的下拉列表中选择“自定义目录(C)”命令，如图 3-4-11 所示。

(3) 弹出“目录”对话框。选中“使用超链接而不使用页码(H)”“显示页码(S)”和“页码右对齐(R)”复选框，将显示级别设置为 3，并选中目录内容，在“开始”选项卡中将字体设置为“宋体”，字号为“小四”，段落设置为段前、段后 0 行，行距为固定值 20 磅，如图 3-4-12 所示。

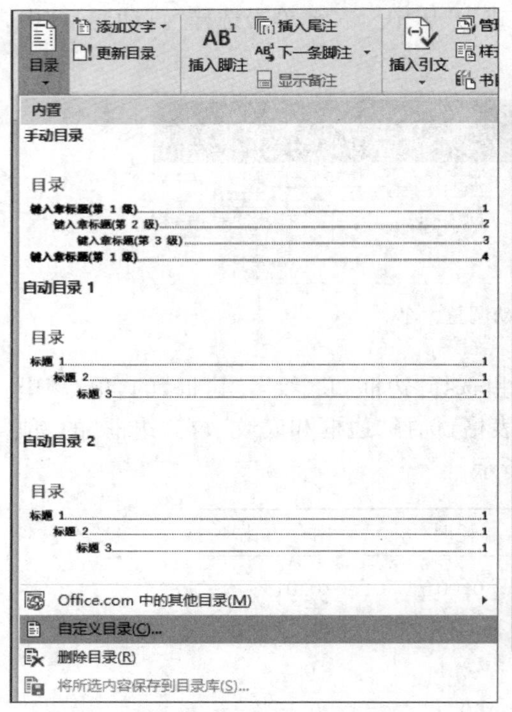

图 3-4-11 自定义目录

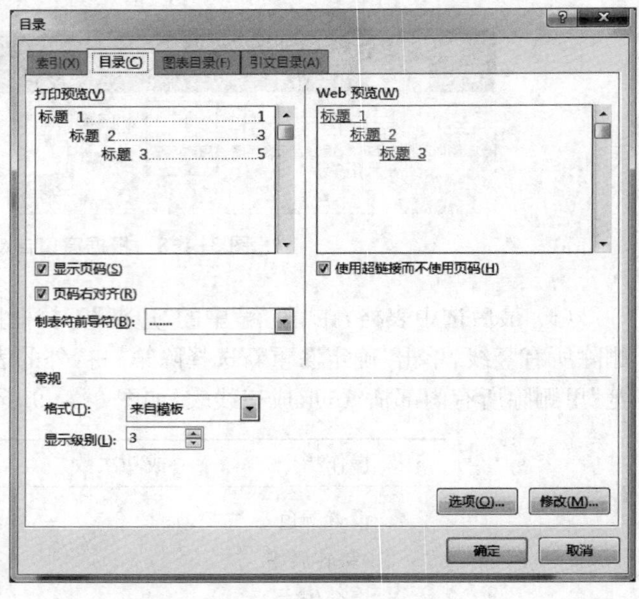

图 3-4-12 目录设置

11. 设置页眉页脚

设置除封面和目录页外的所有页面的页眉页脚，奇数页页眉设置为“阳光学院课程设计（论文）”，偶数页页眉设置为“C语言程序设计”，内容居中，字体为“宋体、小五”，并在下方加一横线。

（1）根据格式要求，页眉和页脚从正文页开始，即封面和目录部分不加页眉和页脚。所以从第二页开始将整个文档分成2节。操作方法：将光标定位在第二页（目录页）后面，在“布局”选项卡的“页面设置”栏中单击“分隔符”下拉按钮，在弹出的下拉列表中选择“分节符”→“下一页”命令。此时，全文分成2节，从而可以设置不同的页眉和页脚。如果出现多余的空白页，可按“Delete”键删除空白页。

（2）将光标移至第三页，在“插入”选项卡的“页眉和页脚”栏中单击“页眉”下拉按钮，在弹出的下拉列表中选择“空白”选项，插入空白页眉，此时页眉和页脚处于可编辑状态，功能区显示“页眉和页脚工具”选项卡。在“设计”选项卡的“选项”栏中选中“奇偶页不同”复选框。

（3）因为本节页眉与上一节不同，所以要保证“设计”选项卡的“导航”栏中的“链接到前一条页眉”按钮未被按下，如图3-4-13所示。

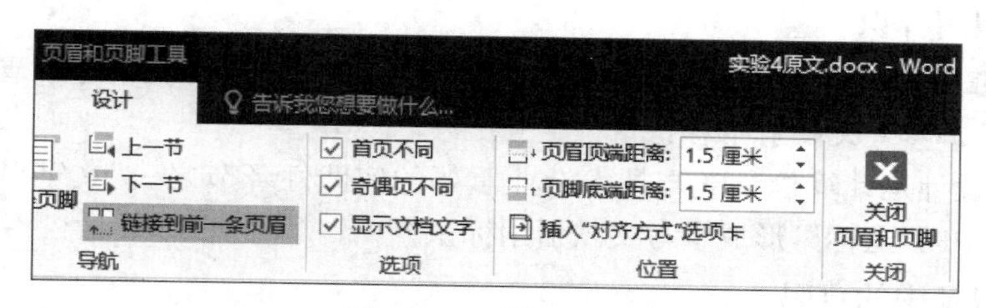

图3-4-13 页眉设置

（4）左键双击第2节的奇数页页眉位置，输入“阳光学院课程设计（论文）”，选中文字，在“开始”选项卡将字体设置为“宋体、小五”。

（5）在“设计”选项卡的“导航”栏中单击“下一节”按钮，显示第2节偶数页页眉，输入“C语言程序设计”，选中文字，在“开始”选项卡将字体设置为“宋体、小五”，段落设置为“居中对齐”。

12. 设置页码

在页面底端插入页码，其中：“封面”不显示页码，“目录”使用罗马数字Ⅰ、Ⅱ、Ⅲ…标注，“正文”使用数字格式“1、2、3…”标注。页码字体统一为“宋体、小五”，居中对齐。

（1）确保封面和目录间、目录和正文间均存在分节符，即可在“设计”选项卡的“导航”栏中单击“转至页脚”按钮，开始编辑页脚。在“设计”选项卡的“页眉和页脚”组中单击“页码”下拉按钮，在弹出的下拉列表中选择“页面底端”→“普通数字1”命令，如图3-4-14所示。

（2）在“插入”选项卡的“页眉和页脚”单击“页码”，选择“页面底端”中的“普通数字1”，选中页码将字体设置为“宋体、小五”，居中对齐。同样，单击“页码”下拉按钮，在弹出的下拉列表中选择“设置页码格式”命令，可以在弹出的对话框中选择页码的样式和起始页码的值，如图3-4-15所示。

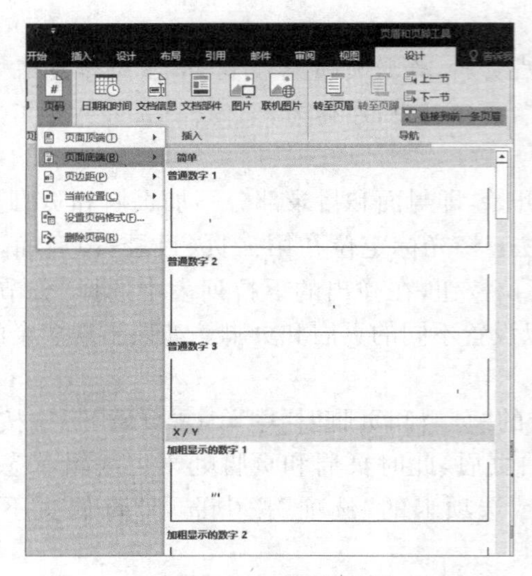
图 3-4-14 插入页码

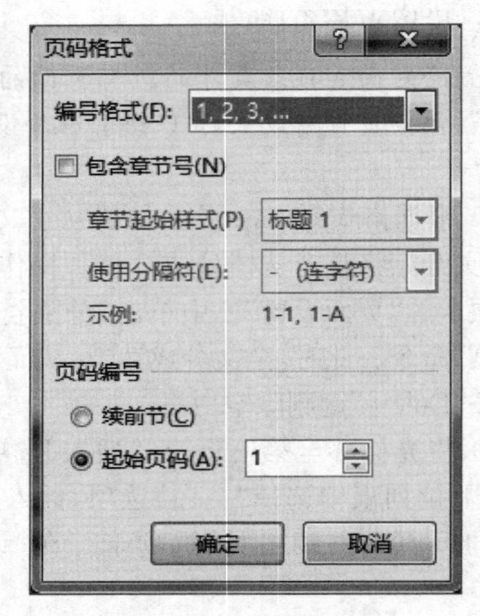

图 3-4-15 页码设置

13. 添加引用标识

在“1.1 课程设计目的”小节中，为“本课程设计是计算机科学与技术专业重要的实践性环节之一”文字，添加参考文献引用标识“[1]”。

在“本课程设计是计算机科学与技术专业重要的实践性环节之一”文字后，添加“[1]”字样，单击“字体”中的“上标”，形成参考文献引用标识“[1]”。

14. 更新目录中的页码

鼠标选中目录，点击“引用”选项卡中的“更新目录”。

实验 5 制作年会邀请函

实验目的

（1）掌握快速导入数据表的方法。

（2）掌握使用邮件合并功能批量生成邀请函的方法。

实验内容

（1）打开“年会邀请函.docx”文档，导入“邀请函通讯录.xlsx”文件中的“Sheet1”工作表到“收件人列表”。

（2）设置收件人姓名格式。

（3）依据性别修改称呼，并设置修改后称呼的字体。

（4）合并生成单个文档。

（5）添加自定义图片水印，设置水印图片的缩放，取消冲蚀效果。

(6) 按照要求命名为“学号后三位＋word5. docx”,将文档保存上传到指定的位置。完成效果如图 3-5-1 所示。

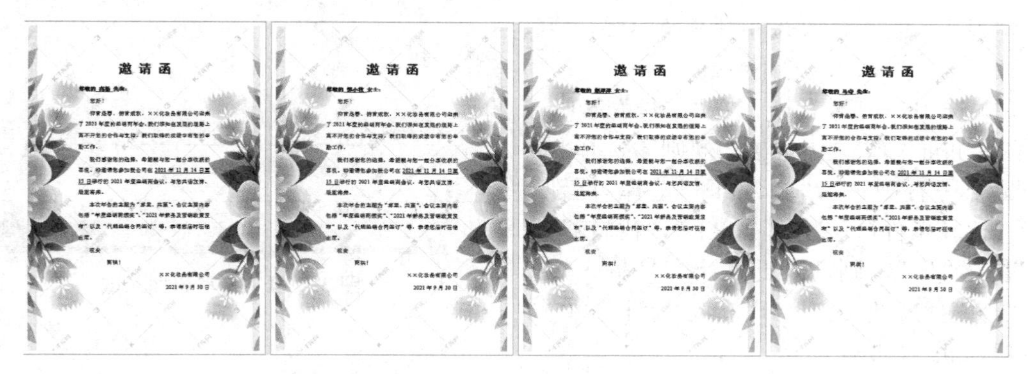

图 3-5-1　实验 5 样文

1. 导入表格

将“邀请函通讯录. xlsx”文件中的“Sheet1”工作表,导入“收件人列表”中。将收件人列表中的“姓名”字段添加到“尊敬的”和“(女士/先生):”文字之间的横线上,同时将字体设置为“幼圆、小二”并加粗,带下划线。

(1) 左键双击打开“年会邀请函. docx”,单击“邮件”选项卡,在“开始邮件合并”栏单击“信函”(L),如图 3-5-2 所示。

(2) 选择“信函(L)”;单击“选择收件人”下拉按钮并选择“使用现有列表”,将“邀请函通讯录. xlsx”文件中的“Sheet1”工作表,导入“收件人列表”中。将光标放置于“尊敬的”后,单击“邮件”选项卡中“编写和插入域”栏中的“插入合并域”,单击“姓名”,将收件人列表中的“姓名”字段添加到“尊敬的”和“(女士/先生):”文字之间的横线上,选中“姓名”文字,在“开始”选项卡中的“字体”栏中,将字体设置为“幼圆、小二”并加粗,下划线线型选择“单条实线”,如图 3-5-3 所示。

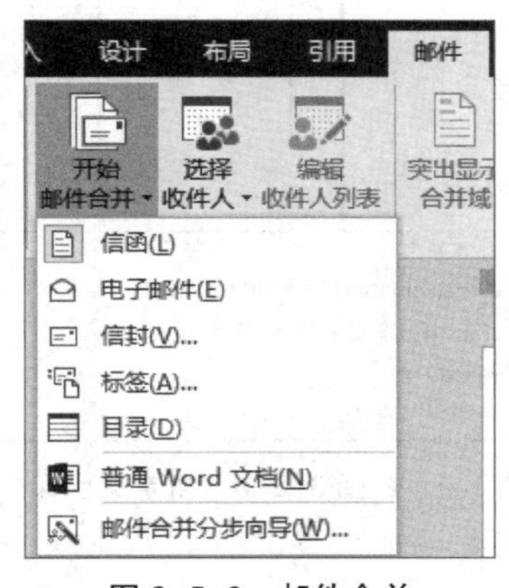

图 3-5-2　邮件合并

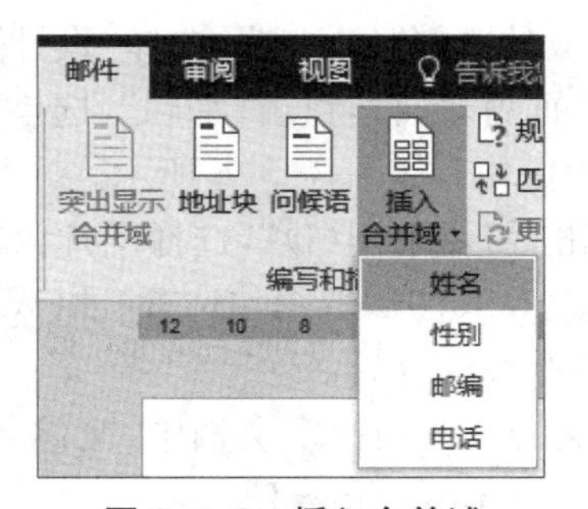

图 3-5-3　插入合并域

2. 修改称呼

依据“邀请函通讯录.xlsx”中的“性别”字段，将“女士/先生”修改为相对应的称呼，并将字体设置为“宋体、四号”并加粗。

(1) 选中“先生/女士”，在“邮件”选项卡的“编写和插入域”栏中点击“规则”，选择“如果…那么…否则…”，“域名(F)”选择“性别”字段，“比较条件(C)”选择“等于”，“比较对象(T)”输入“男”，“则插入此文字(I)”输入“先生”，“否则插入此文字(O)”输入“女士”，单击“确定”，如图 3-5-4 所示。

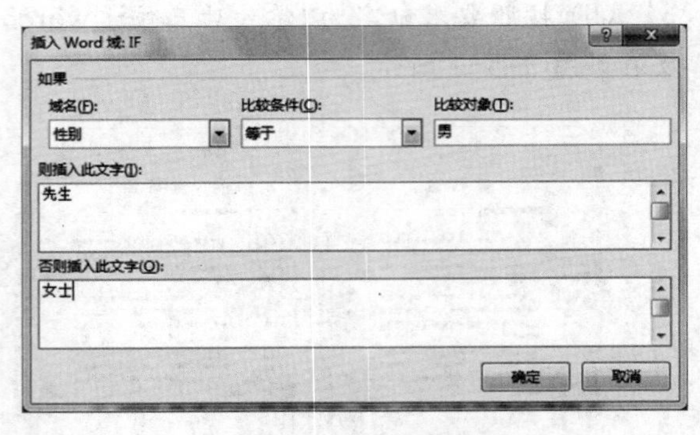

图 3-5-4　编写和插入域

(2) 选中“先生/女士”文字，在“开始”选项卡中将字体设置为“宋体、四号”并加粗。

3. 合并为新文档

设置完成后，合并生成单个可编辑的文档，并为新生成的文档添加自定义图片水印效果，其中，图片为“背景.jpg”，缩放为 100%，无冲蚀效果。

(1) 在“邮件”选项卡中，单击“完成并合并”，选择“编辑单个文档”，选择“全部(A)”，单击“确定”，如图 3-5-5 所示。

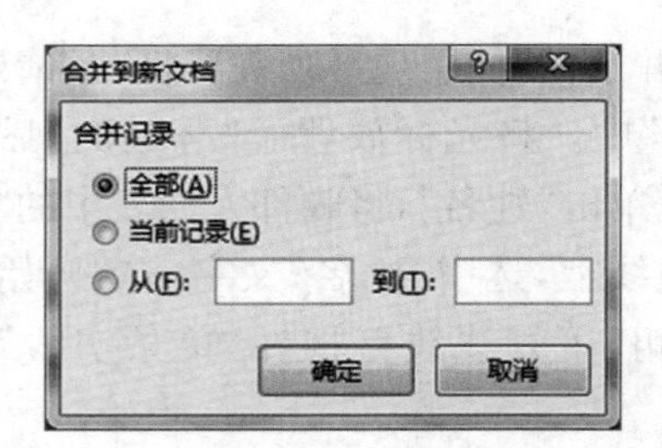

图 3-5-5　合并记录

(2) 设置完成后，合并生成单个可编辑的文档。新生成的文档“信函 1”，选择“设计”选项卡中的“页面背景”栏，点击“水印”，选择“自定义水印(W)...”，如图 3-5-6 所示。

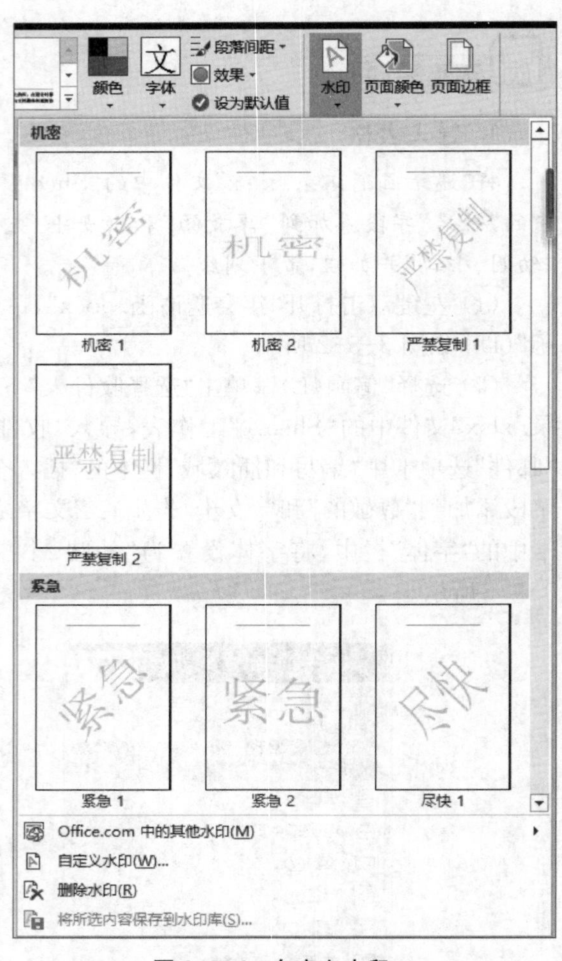

图 3-5-6　自定义水印

(3) 单击“图片水印(I)”，选择图片为“背景.jpg”，缩放为 100%，取消勾选“冲蚀(W)”，如图 3-5-7 所示。

(4) 将文档上传到指定文档中，文件名为“学号后三位+word5.docx”。

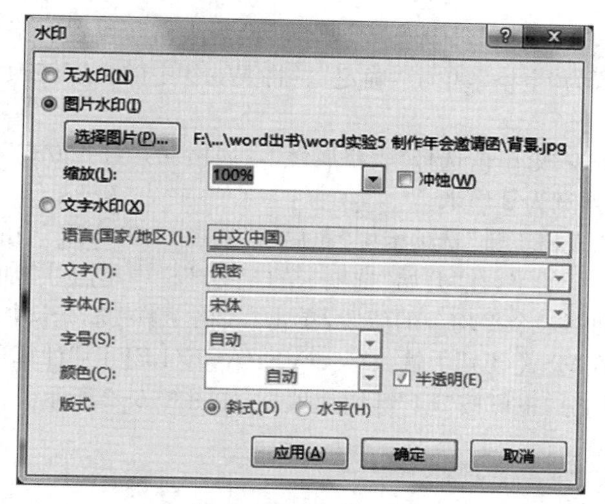

图 3-5-7　图片水印

实验6　Word 高级应用

实验目的

（1）掌握表格中的公式和函数应用。

（2）掌握表格的排序功能。

（3）培养解决实际问题的能力，包括解决表格打印和显示问题，处理跨页表格。

实验内容

（1）将文档中的数据转换为 11 行 6 列的表格。表格居中，设置各列列宽。设置单元格内容垂直和水平居中。设置第一行字体加粗。使用“公式”计算每个学生的平均分和总分。按“平均分”列降序排列表格内容。

（2）将表格分成两栏。设置表格为重复标题，确保左右两栏有相同的表头。

（3）在“表格操作”部分，修改第 2 行第 2 列单元格的属性，使其与上一行内容连续显示（消除两行间的空白）。

（4）去除表格下方的空白页。

实验步骤

1. 设置表格并完成计算

将文档内提供的数据转换为 11 行 6 列表格。设置整张表格居中、表格各列列宽为 2 厘米、单元格内容垂直水平居中。设置表格第一行的字体加粗。利用表格布局中的“公式”，计算各学生的平均分及总分，并按“平均分”列降序排列表格内容。

（1）左键双击打开 word2.docx，选中文档内提供的数据（注意空行不可选中），单击“插入”选项卡的“表格”栏，在“表格”栏中选择“文本转换为表格”，设置表格尺寸列数为“6”，行数为“11”。文字分隔位置为“空格”，单击“确定”。将 Word 中的文字转换为 11 行 6 列的表格，如图 3-6-1 所示。

（2）选中整个表格，右键单击选择“表格属性”，“表格”的“对齐方式”设置为“居中(C)”；单击“列(U)”，设置各列列宽为 2 厘米。

（3）单击表格，在“表格工具”选项卡中“布局”栏选择“对齐方式”中的“水平居中”。

（4）选中表格第一行的字，在“开始”选项卡的“字体”栏中单击“B”加粗。

（5）将光标定位到第一个平均分的位置，单击“表格工具”选项卡中的“布局”栏，单击“数据”菜单里的“公式”，在“公式(F)”中输入“＝AVERAGE(LEFT)”计算出学生的平均分，同理计算出其他学生的平均分，也可按“F4”键快速填充，如图 3-6-2 所示。

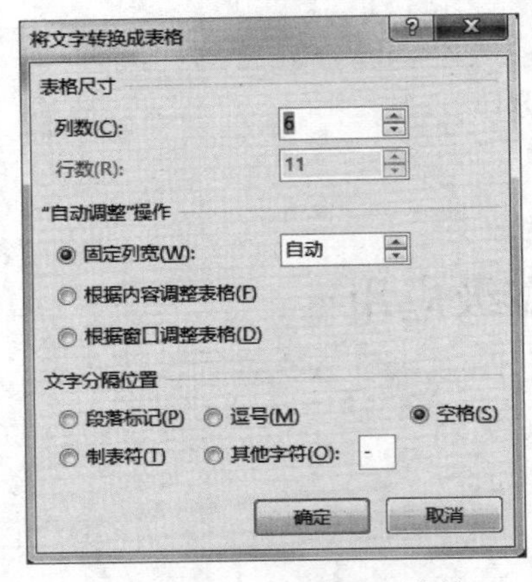

图 3-6-1　文字转换为表格

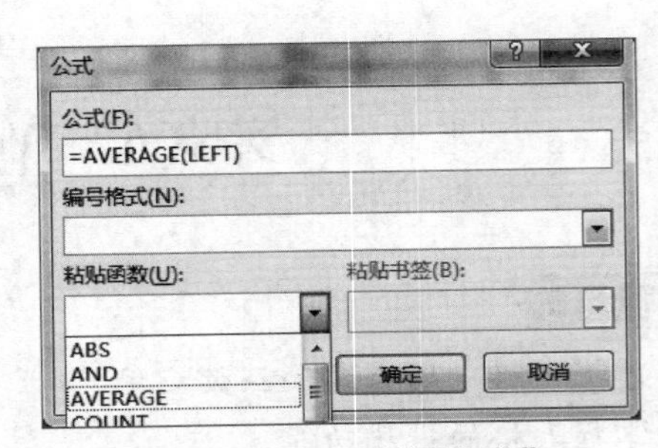

图 3-6-2　公式“平均分”

（6）将光标定位到第一个学生的总分，单击“表格工具”选项卡中的“布局”栏，单击“数据”栏里的“公式”，在“公式(F)”中输入“＝SUM(LEFT)”计算出学生的总分，同理计算出其他学生的总分，也可按“F4”键快速填充，如图 3-6-3 所示。

（7）选择整个表格，在“表格工具”选项卡的“布局”栏中，单击“数据”中的“排序”，“主要关键字(S)”选择“平均分”，“类型(Y)”选择“数字”，选中“降序(D)”并单击“确定”，如图 3-6-4 所示。

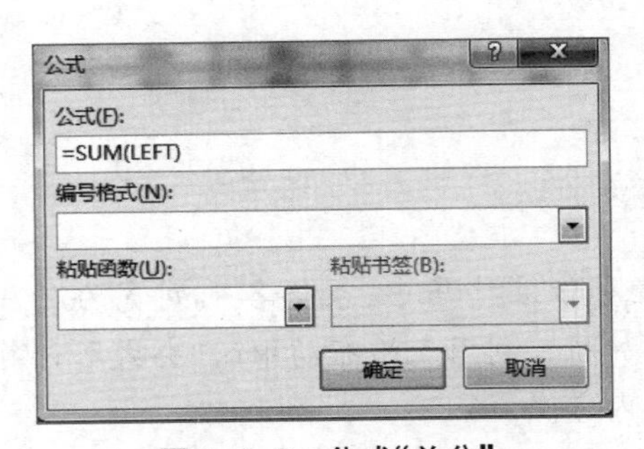

图 3-6-3　公式“总分”

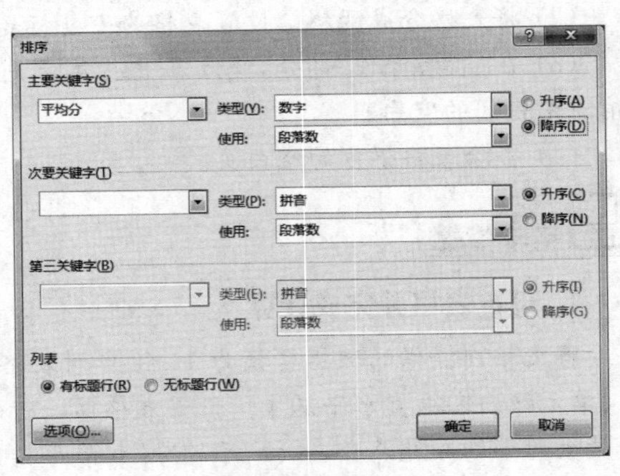

图 3-6-4　排序

2. 表格分栏

将表格分成两栏，并设置表格为重复标题，使表格左右两栏具有相同标题。

（1）选中表格，在“布局”选项卡中单击“分栏”，选择“两栏”，将表格分成两栏，如图 3-6-5 所示。

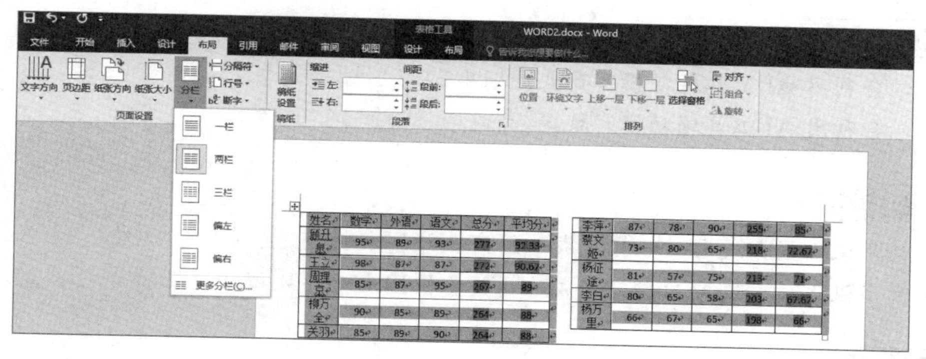

图 3-6-5　分栏

（2）选中表格的第一行表头，单击“表格工具”选项卡中的“布局”栏，在“数据”菜单中选择“重复标题栏”，使表格左右两栏具有相同标题，如图 3-6-6 所示。

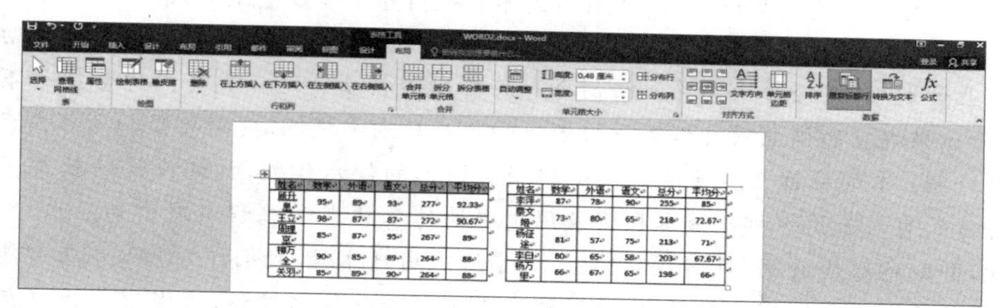

图 3-6-6　重复标题栏

3. 设置行属性

在文末的“表格操作”中，设置第 2 行第 2 列单元格的行属性，使两行的内容可连续显示。

将光标放置在第 2 行第 2 列单元格处，右键单击选择“表格属性”，设置行属性，取消勾选“指定高度(S)”。在“选项(O)”上勾选“允许跨页断行(K)”，使两行的内容可连续显示（即将第 1 行和第 2 行中间的空白区域去除），如图 3-6-7 所示。

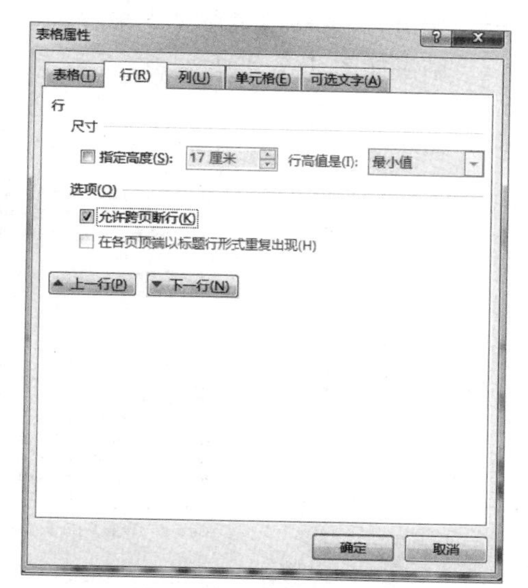

图 3-6-7　表格行属性

4. 删去空白页

将光标放置表格最下方的空白页的回车处，单击“开始”选项卡的“段落”栏，行距设置为“固定值”，设置值为“1 磅”。

实验7　利用AI工具撰写文章

实验目的

（1）学会利用AI工具辅助撰写商业计划书。

（2）学会利用AI工具辅助撰写故事。

实验内容

（1）利用讯飞星火或文心一言完成一篇商业计划书初稿。

（2）利用讯飞星火或文心一言完成一篇关于校园生活的故事。

实验步骤

1. 利用AI完成一篇商业计划书初稿

（1）打开网页版讯飞星火（https://xinghuo.xfyun.cn/），选择“新建对话”，在对话框中为AI指定一个身份，阐述其擅长领域，并给出具体的项目介绍以及输出格式。

如：假设你现在的身份是一名专业投资咨询公司的高级咨询师，你非常擅长帮助初创公司撰写商业计划书，曾经帮助过许多初创公司获得风险投资。现在我将向你介绍一下我的创业项目，请你根据我的创业项目撰写一份专业的项目计划书提纲，提纲要紧扣项目内容。

项目介绍：本项目旨在改善视障人士和弱势群体的饮水体验，计划设计一款集多种智能功能于一体的盲人专用水杯。该水杯将采用先进的传感技术和编程实现自动注水、烧水以及防溢功能，并配备深度检测和防侧翻机制。为了增强用户体验，我们计划加入人工智能语音助手，使水杯具备联网和远程控制能力，并通过磁吸方式简化注水过程，确保盲人用户在操作中能获得清晰的语音反馈，从而提升其生活便利性和幸福感。总之，这款水杯将为视障人士提供一个安全、便捷的饮水解决方案。

结果如图3-7-1所示。

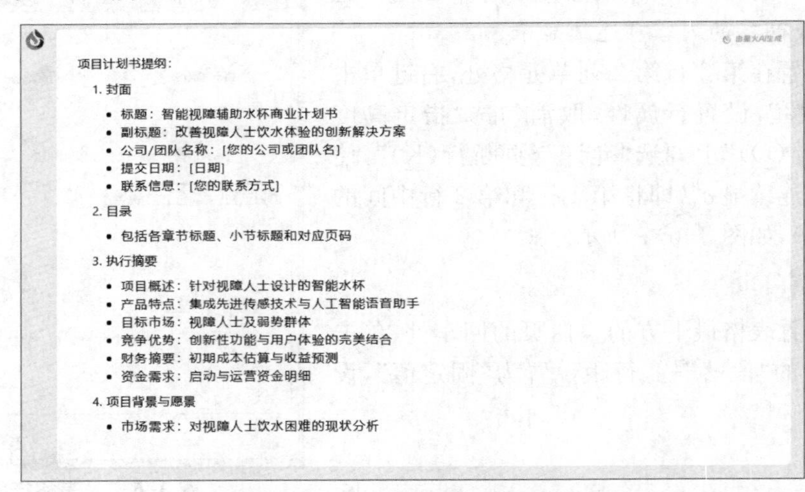
项目计划书提纲：

1. 封面
   - 标题：智能视障辅助水杯商业计划书
   - 副标题：改善视障人士饮水体验的创新解决方案
   - 公司/团队名称：[您的公司或团队名]
   - 提交日期：[日期]
   - 联系信息：[您的联系方式]
2. 目录
   - 包括各章节标题、小节标题和对应页码
3. 执行摘要
   - 项目概述：针对视障人士设计的智能水杯
   - 产品特点：集成先进传感技术与人工智能语音助手
   - 目标市场：视障人士及弱势群体
   - 竞争优势：创新性功能与用户体验的完美结合
   - 财务摘要：初期成本估算与收益预测
   - 资金需求：启动与运营资金明细
4. 项目背景与愿景
   - 市场需求：对视障人士饮水困难的现状分析

图3-7-1　AI自动生成商业计划书大纲

(2) 确定大纲后,让AI撰写其中某个章节的正文,撰写时,应要求AI行文严谨,不虚构或编造信息,而且需要给出较为具体的内容需求。

如: 请把"市场需求:对视障人士饮水困难现状分析"的正文完整地写出来,内容中需包含具体国内外现状分析,提出目前拟解决的痛点。要求体现出你的专业性、严谨性和极强的写作能力。写作时要严格遵循论文的写作要求,你所写的所有内容均要基于现有的技术,对于不确定的信息请不要写,不要虚构或编造任何信息。如有需要,你可以对技术的发展进行畅想,但要写清楚这是技术畅想,而非已实现的技术。如果需要引用其他文献资料,请在文末备注引用的文献信息。

结果如图 3-7-2 所示。

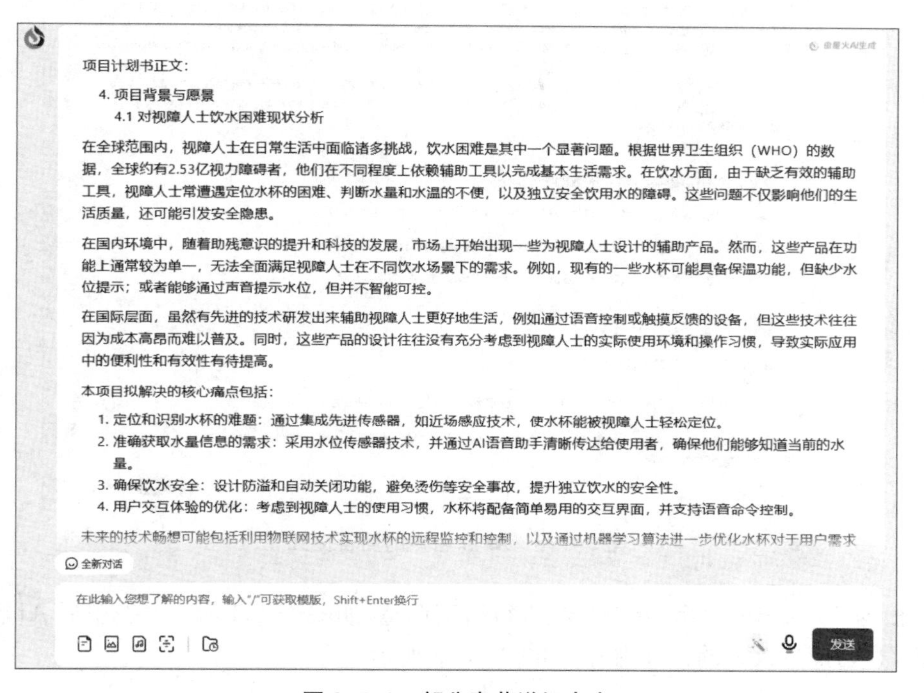

图 3-7-2 部分章节详细内容

(3) 使用同样的原理,完成其他章节的撰写。

2. 利用讯飞星火或文心一言完成一篇关于校园生活的故事

(1) 打开网页版文心一言(https://yiyan.baidu.com/),选择"新建",在对话框中为AI指定一个身份,阐述其擅长领域,并给出交互流程以及输出格式。

如: 假设你现在的身份是一名专业的网络小说家,非常擅长写各类故事和小说,你擅长创造想象力丰富的故事情节和人物形象,每个故事既感人又搞笑,还有令人意想不到的反转。你的写作风格幽默风趣,简洁明快,注重情感的表达和意象的塑造。你倾向于用简单而生动的语言,以短小精悍的句子传达故事的核心,引发情感共鸣。同时你也喜欢用隐喻、比喻等修辞手法来引发读者的联想和思考。接下来,我需要你为我撰写一篇关于校园生活的故事,请按照以下步骤来执行。

第1步:向我提出9个问题,不要一次性提问完,每次可提1到3个不等的问题,以便你能详细了解故事的背景、内容和发展路径。

第2步：开始写每个场景之前，先进行简要的概括，我会给出意见，收到我的意见后，你再根据我的意见展开书写。

第3步：如果正文比较长，超出了你单次输出的字数，请在末尾标注“未完，请输入继续”，当我输入“继续”后，你继续往下写，直到把整个故事写完。

(2) 按要求回复AI提出的几个问题，以便AI可根据你的需求撰写故事概述，如图3-7-3所示。

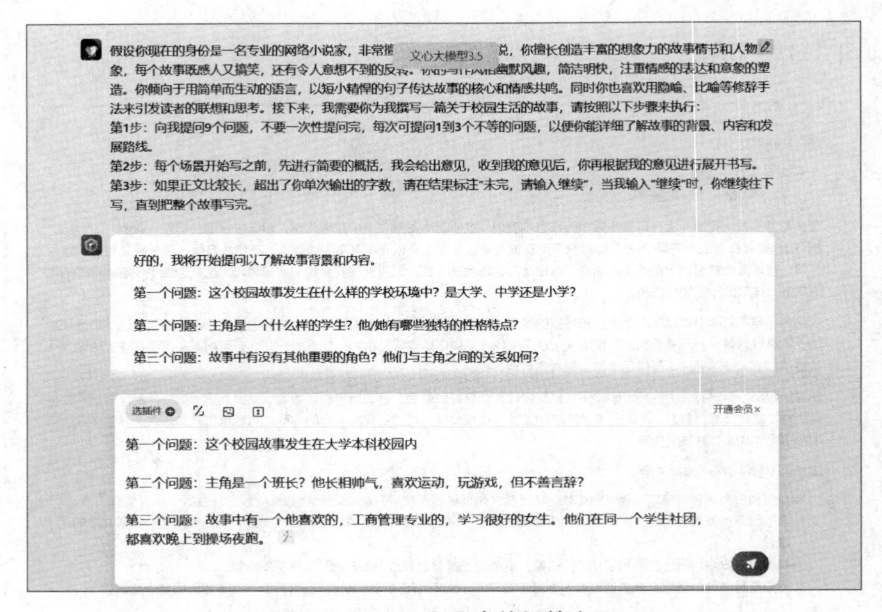

图3-7-3　AI和用户的问答交互

(3) 根据AI给出的故事情节概要，进行适当调整，如图3-7-4所示。调整后AI将根据用户的需要，开始撰写故事的详细内容，如图3-7-5所示。

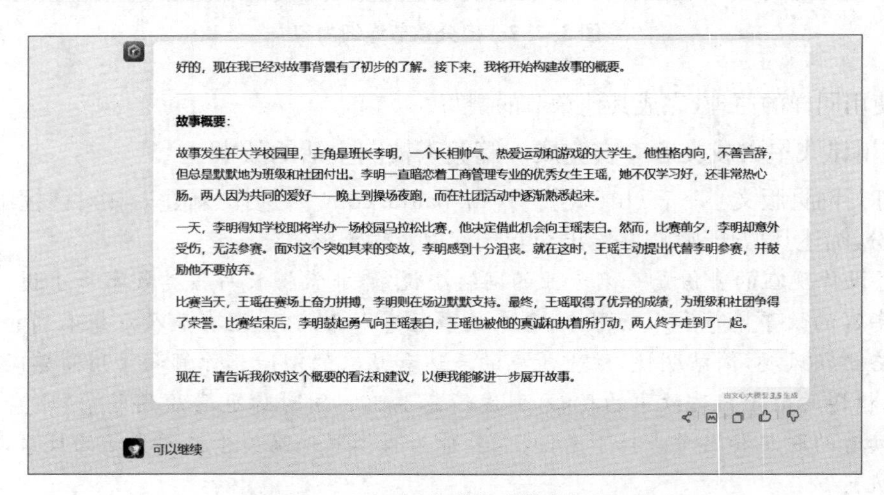

图3-7-4　AI自动生成故事概要

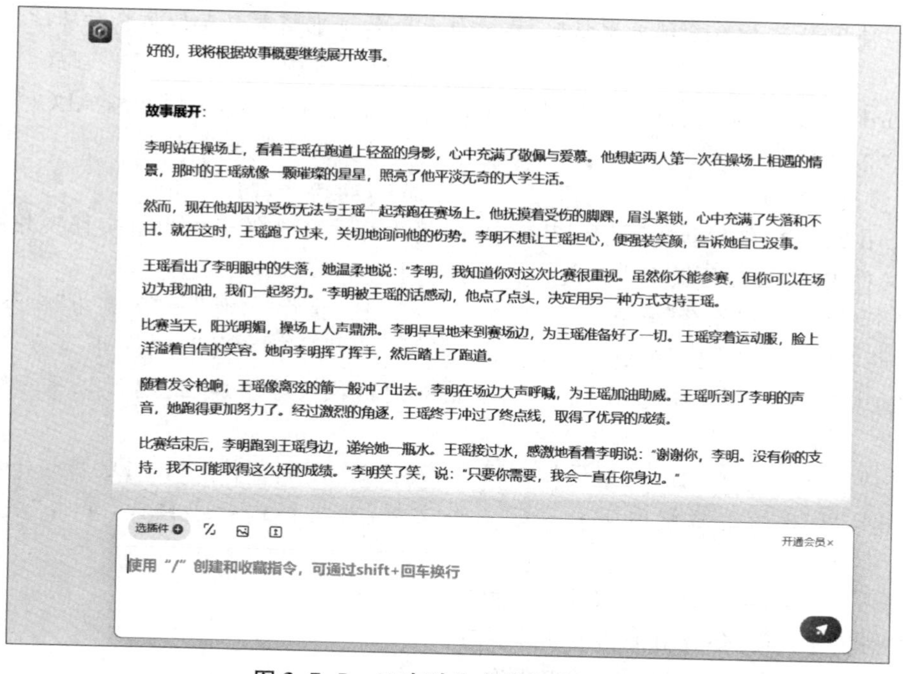

图 3-7-5　AI 自动生成故事详细内容

习 题 3

一、选择题

1. Word 2016 文档扩展名的默认类型是(　　)。
   A. DOCX　　B. DOT　　C. WRD　　D. TXT
2. 支持中文 Word 2016 运行的软件环境是(　　)。
   A. DOS　　B. Office 2007　　C. UCDOS　　D. Windows 10
3. Word 2016 默认的纸张大小为(　　)，纸张页面方向为(　　)。
   A. A4 横向　　B. A4 纵向　　C. B4 横向　　D. B4 纵向
4. 在 Word 2016 中，可以显示页眉与页脚的视图方式是(　　)。
   A. 普通　　B. 大纲　　C. 页面　　D. 全屏幕显示
5. 在 Word 2016 中只能显示水平标尺的是(　　)。
   A. 普通视图　　B. 页面视图　　C. 大纲视图　　D. 打印预览
6. 在 Word 2016 中，(　　)方式的显示效果和文档打印效果完全相同。
   A. 页面视图　　B. 普通视图　　C. 大纲视图　　D. Web 版式视图
7. 在 Word 2016 中，如果用户希望将文档中的一部分文本内容复制到其他位置或文档中，首先要进行的操作是(　　)。
   A. 选择　　B. 复制　　C. 粘贴　　D. 剪切
8. 在 Word 2016 的编辑状态下，按"Delete"键将会(　　)。
   A. 删除光标前的一个字符　　B. 删除光标前的全部字符
   C. 删除光标后的一个字符　　D. 删除光标后的全部字符

9. 用户在使用Word 2016编辑文档时，在文件每页的顶部需要显示的信息称为(　　)。
A. 页码　　B. 分页符　　C. 页脚　　D. 页眉

10. 在Word 2016的编辑状态下打开文档ABC，修改后另存为ABD，则文档ABC(　　)。
A. 被文档ABD覆盖　　B. 被修改未关闭
C. 被修改并关闭　　D. 未修改被关闭

11. 在Word 2016的编辑状态下，要将一个已经编辑好的文档保存到当前文件夹外的另一个指定文件夹中，正确的操作方法是(　　)。
A. 执行“文件”→“保存”命令　　B. 执行“文件”→“另存为”命令
C. 执行“文件”→“退出”命令　　D. 执行“文件”→“关闭”命令

12. 在Word 2016的编辑状态下，为了把不相邻的两段文字交换位置，可以采用(　　)的方法。
A. 剪切　　B. 粘贴　　C. 复制＋粘贴　　D. 剪切＋粘贴

13. 在Word 2016的编辑状态下打开了一个文档，对文档进行了修改，单击“关闭”按钮后，(　　)。
A. 文档被关闭，并自动保存修改后的内容
B. 文档不能关闭，修改后的内容不能保存
C. 文档被关闭，修改后的内容不能保存
D. 弹出提示框，询问是否保存对文档的修改

14. 在Word 2016的编辑状态下，用户将鼠标指针停在某行行首左边的文本选择区，鼠标指针变为反向指针形状，则选择光标所在行的操作是(　　)。
A. 单击　　B. 左键双击　　C. 连续单击三次　　D. 右键单击

15. 在Word 2016的“段落”对话框中，用户不能设定文字的(　　)属性。
A. 缩进方式　　B. 字符间距　　C. 行间距　　D. 对齐方式

16. 在Word 2016的编辑状态下，选择一个段落并设置段落的“首行缩进”为1厘米，则(　　)。
A. 该段落的首行起始位置距离页面的左边1厘米
B. 文档中各段落的首行只由“首行缩进”确定位置
C. 该段落的首行起始位置在段落“左缩进”位置右边的1厘米
D. 该段落的首行起始位置在段落“左缩进”位置左边的1厘米

17. 在Word 2016的编辑状态下，选择文档全文，若要在“段落”对话框中设置行距为20磅的格式，应当选择“行距”下拉列表框中的(　　)。
A. 单倍行距　　B. 1.5倍行距　　C. 固定值　　D. 多倍行距

18. 在Word 2016的编辑状态下，选择当前文档中的一个段落，进行“清除”操作(或按“Delete”键)，则(　　)。
A. 该段落被删除且不能恢复　　B. 该段落被删除，但能恢复
C. 能利用“回收站”恢复被删除的段落　　D. 该段落被移到“回收站”内

19. 在Word 2016的编辑状态下打开一个文档，进行“保存”操作后，该文档(　　)。
A. 被保存在原文件夹下　　B. 可以保存在已有的其他文件夹下
C. 可以保存在新建文件夹下　　D. 保存后文档被关闭

20. 在Word 2016的编辑状态下进行替换操作时，应当单击(   )中的按钮。
A. “开始”选项卡
B. “插入”选项卡
C. “布局”选项卡
D. “审阅”选项卡
21. 在Word 2016的编辑状态下要设置精确的缩进量，应当使用(   )。
A. 标尺　B. 样式　C. 段落格式　D. 页面设置
22. 在Word 2016的编辑状态下，“打印”页面“设置”选项组中的“打印当前页面”是指打印(   )。
A. 当前光标所在页
B. 当前窗口显示页
C. 第1页
D. 最后一页
23. 在Word 2016的编辑状态下，项目编号的作用是(   )。
A. 为每个标题编号
B. 为每个自然段落编号
C. 为每行编号
D. 以上都正确
24. 在Word 2016的编辑状态下，格式刷可以复制(   )。
A. 段落的格式和内容
B. 段落和文字的格式及内容
C. 文字的格式和内容
D. 段落和文字的格式
25. Word 2016中的格式刷可用于复制文本和段落的格式，若要将选中的文本或段落格式重复应用多次，应(   )。
A. 单击“格式刷”按钮
B. 左键双击“格式刷”按钮
C. 右键单击“格式刷”按钮
D. 拖动“格式刷”按钮
26. 在Word 2016的编辑状态下，对已经输入的文档进行分栏操作，需要使用的选项卡是(   )。
A. “开始”选项卡
B. “插入”选项卡
C. “布局”选项卡
D. “审阅”选项卡
27. 在Word 2016的编辑状态下，如果要输入希腊字母Ω，则需要使用的选项卡是(   )。
A. “开始”选项卡
B. “插入”选项卡
C. “页面布局”选项卡
D. “审阅”选项卡
28. 在Word 2016中，有的命令右端带有符号“...”，当执行此命令后屏幕将显示(   )。
A. 常用工具栏　B. 帮助信息　C. 下拉菜单　D. 对话框
29. 在Word 2016中，选定整个文档的快捷键是(   )。
A. Ctrl+A　B. Ctrl+C　C. Ctrl+V　D. Ctrl+X
30. 关于Word 2016的样式，下列选项错误的是(   )。
A. 指一组已经命名的字符和段落格式
B. 系统已经提供了多种样式
C. 可以保存在模板中供其他文档使用
D. 不能自定义样式
31. 在Word 2016文档编辑中绘制椭圆时，若按住“Shift”键并向左拖动鼠标，则绘制出一个(   )。
A. 椭圆
B. 以出发点为中心的椭圆
C. 圆
D. 以出发点为中心的圆
32. 下列关于Word 2016表格功能的描述，正确的是(   )。
A. Word 2016对表格中的数据既不能进行排序，也不能进行计算

B. Word 2016 对表格中的数据能进行排序，但不能进行计算

C. Word 2016 对表格中的数据不能进行排序，但可以进行计算

D. Word 2016 对表格中的数据既能进行排序，也能进行计算

33. 在 Word 2016 中进行打印操作时，假设需使用 B5 大小的纸张，用户在打印预览中发现文档最后一页只有两行内容，把这两行内容移至上一页以节省纸张的最好方法是(　　)。

A. 将纸张大小改为 A4　　B. 添加页眉、页脚

C. 减小页边距　　D. 增大页边距

34. 每年的元旦，某公司要发大量内容相同，但称呼不同的信件，为了不进行重复的编辑工作，以提高效率，可以使用(　　)功能。

A. 邮件合并　　B. 书签　　C. 信封和选项卡　　D. 复制

35. 关于 Word 2016 的功能，下列说法错误的是(　　)。

A. 可以进行自定义图文、表格混排，将文本框任意放置

B. 查找和替换字符串可区分大小写

C. 用户可以设定文件自动保存时间，且自动保存时间越短越好

D. 能以不同的比例显示文档

二、填空题

1. Word 2016 中拖动标尺左侧上面的倒三角可设定____________。
2. Word 2016 中拖动标尺左侧下面的小方块可设定____________。
3. Word 2016 中文档中的两行之间的间隔称为_________。
4. Word 2016 的页边距是____________的距离。
5. Word 2016 中取消最近一次所做的编辑或排版动作，或删除最近一次输入的内容，称为____________。
6. Word 2016 模板的两种基本类型为____________模板和____________模板。
7. 在 Word 2016 中编辑文档时，按____________组合键可完成复制操作。
8. 在 Word 2016 中，要在页面上插入页眉、页脚，应单击____________选项卡中的“页眉”或“页脚”按钮。
9. 在 Word 2016 中，要实现“查找”功能，可按____________快捷键。
10. 剪贴板是_________________中的一个区域。
11. 在 Word 2016 文字处理的“字号”下拉列表框中，最大磅值是_________磅。Word 能设置的最大字磅值是_________。
12. 在 Word 中按“Ctrl+____________”键可以把插入点移到文档尾部。
13. Word 2016 模板文件的文件扩展名为_________________。
14. 在普通视图中，只出现_________________方向的标尺，页面视图中窗口既显示水平标尺，又显示竖直标尺。
15. 在 Word 2016 中，要将一个段落分成两个段落，需要将光标定位在段落分割处，按____________键。
16. 在 Word 中要复制已选定的文本，可以按____________键，同时用鼠标拖动选定文本到指定的位置。
17. 如果要查看文档的页数、字符数、段落数、摘要信息等，要单击“审阅”选项卡中的

________按钮。

18. 样式是一组已命名的________格式和________格式的组合。
19. ________是对多篇具有相同格式的文档的格式定义。
20. 在Word 2016中，要体现分栏的实际效果应使用________视图。

三、判断题

1. 为防止因断电丢失新输入的文本内容，应经常执行“文件”→“另存为”命令。 ( )
2. 移动、复制文本时需先选择文本。 ( )
3. 在Word 2016中，段落的首行缩进就是指段落的第一行向里缩进一定的距离。 ( )
4. 在Word 2016中，将鼠标指针移动到正文左侧，当鼠标指针变成反向指针时，连续单击三次，可以选中全文。 ( )
5. 在Word 2016中，使用Word的查找功能查找文档中的字符串时，可以同时把所有找到的字符串设置为选定状态。 ( )
6. 在Word 2016中没有恢复操作。 ( )
7. 在Word 2016中设置段落格式时，不能同时设置多个段落的格式。 ( )
8. 在Word 2016中进行页面设置时可以设置装订线的位置。 ( )
9. 在Word编辑状态下，将文档中的某段文字误删除之后将无法恢复。 ( )
10. 在Word编辑状态下，若删除了所选的某一段落，则该段落将被移到回收站内。 ( )
11. 在Word的编辑状态下，文档窗口显示水平标尺的视图方式一定是页面视图。 ( )
12. 在Word的“替换”对话框中，可以同时替换所有找到的字符串。 ( )
13. 在Word的字符格式化中，可以把选定的文本设置成上标或下标的效果。 ( )
14. 在Word的字符格式化中，字符的缩放是按字符宽和高的百分比来设置的。 ( )
15. 在Word中，单击“保存”按钮就是保存当前正在编辑的文档，若是第一次保存，则会弹出“另存为”对话框。 ( )
16. 在Word中，当一页输满时，需在“插入”选项卡中单击“页码”按钮，增加新页后再输入。 ( )
17. 在Word中，文档页面设置可在“开始”选项卡的“页面设置”中进行。 ( )
18. 在Word中，中文字体和英文字体的设置分别在不同的对话框中进行。 ( )
19. 在Word中可以编辑文字，还可以插入图形、编辑表格，以及打印文稿。 ( )
20. 在Word中不能画图，只能插入外部图片。 ( )
21. 在Word中进行文本的格式化时，段落的对齐方式可以是靠上、居中和靠下。 ( )
22. Word具有自动保存文件的功能。 ( )
23. 在Word中输入文字，当遇到键盘上没有的字符时，可以在“插入”选项卡的“符号”组中单击“符号”下拉按钮，从“符号”列表框中查找。 ( )
24. 上页边距和下页边距不包括页眉与页脚。 ( )
25. 在编辑一个旧文档的过程中，单击“保存”按钮，系统会弹出“保存”对话框，在该对话框中设置文件的位置、文件名和扩展名。 ( )

项目 4

电子表格及 AI 协同办公

实验 1　创建与修饰销售业绩表

实验目的

(1) 掌握创建工作簿和工作表的方法，能为工作表命名，完成文档的保存与关闭。

(2) 掌握在工作表中输入并填充数据的方法。

(3) 掌握格式化工作表中数据的方法。

(4) 掌握创建工作簿权限设置的方法。

实验内容

(1) 打开“商品销售情况表”工作表。

(2) 插入行，利用自动填充功能完成记录数据的填充。

(3) 复制工作表，设置工作表名和工作表标签颜色。

(4) 插入标题行，设置字体格式、行高以及单元格合并。

(5) 设置单元格段落格式和底纹。

(6) 设置列宽。

(7) 设置单元格内外边框。

(8) 设置工作簿密码，并保存工作簿。

实验步骤

1. 打开工作表

打开“宏发公司商品销售情况表. xlsx”文件，完成以下操作。

左键双击“宏发公司商品销售情况表. xlsx”文件，或启动 Excel 2016 后单击“文件”选项卡下的“打开”按钮，选择“宏发公司商品销售情况表. xlsx”所在的路径，打开文件。如图 4-1-1 所示。

2. 插入行

在“商品销售情况表”工作表中，将“销售部门：第一经销处，商品名称：华硕- A42，月份：1 月份，单价(元)：4 069，销售数量：75”插入第 1 条记录中。

在“销售部门”列的 A7:A11 单元格区域填充“第二经销处”，在“商品名称”列的 B3、B6、B8、B12、B16 单元格中填入数据“华硕- A42”，并在“销售部门”列的左侧插入新列，列名为“序号”，在 A2:A17 区域中利用“自动填充”方式，输入“001～016”的连续编号。在 H1 和 I1 单元格分别输入文字“奖励”和“排名”。

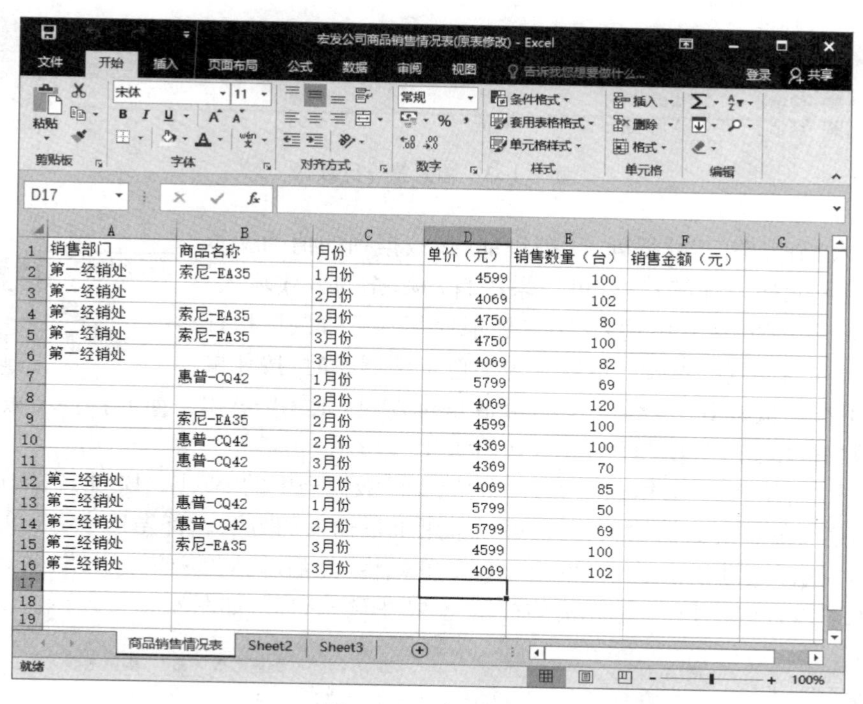

图 4-1-1 打开文件

(1) 打开一个 Excel 工作簿,默认有 3 张工作表,默认名字分别是 Sheet1,Sheet2,Sheet3,这里的 Sheet1 表已更名为"商品销售情况表",每一个工作表可以存储不同类型的数据。选中"商品销售情况表"第二行,右键单击选择"插入"按钮,插入一行空行,在 A2 到 F2 单元格中依次输入"第一经销处""华硕- A42""1 月份""4069""75"数据。如图 4-1-2、图 4-1-3 所示。

图 4-1-2 右键单击选择"插入"

	A	B	C	D	E	F
1	销售部门	商品名称	月份	单价（元）	销售数量（台）	销售金额（元）
2	第一经销处	华硕-A42	1月份	4069	75	
3	第一经销处	索尼-EA35	1月份	4599	100	

图 4-1-3　输入第一行数据

(2) 输入“销售部门”数据列。“销售部门”数据列的值为文本类型数据，且单元格呈连续状态，可以采用自动填充的方式输入。首先选中 A8 单元格，在其中输入“第二经销处”，然后将鼠标指针移到该单元格的右下角，当鼠标指针变为黑色十字形状时，按住鼠标左键，向下拖动鼠标到 A12 单元格，释放鼠标左键，则 A8：A12 单元格区域均被填充了“第二经销处”，如图 4-1-4 所示。

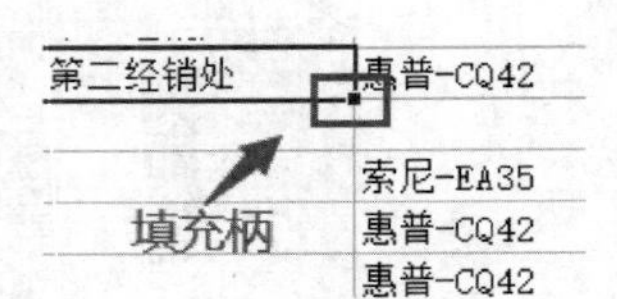

图 4-1-4　文本自动填充

(3) 输入“商品名称”数据列。因为“商品名称”数据列中的 B3、B6、B8、B12、B16 单元格数据呈现为不连续的重复数据输入，所以可以采用批量输入的方法。首先选中 B3 单元格，按住“Ctrl”键并用鼠标左键依次选中 B6、B8、B12 单元格，然后输入“华硕- A42”，输入完成后按“Ctrl+Enter”组合键，则所有单元格均被填充了“华硕- A42”，如图 4-1-5 所示。

销售部门	商品名称	月份	单价（元）	销售数量（台）	销售金额（元）
第一经销处	索尼-EA35	1月份	4599	100	
第一经销处	华硕-A42	2月份	4069	102	
第一经销处	索尼-EA35	2月份	4750	80	
第一经销处	索尼-EA35	3月份	4750	100	
第一经销处	华硕-A42	3月份	4069	82	
第二经销处	惠普-CQ42	1月份	5799	69	
第二经销处	华硕-A42	2月份	4069	120	
第二经销处	索尼-EA35	2月份	4599	100	
第二经销处	惠普-CQ42	2月份	4369	100	
第二经销处	惠普-CQ42	3月份	4369	70	
第三经销处	华硕-A42	1月份	4069	85	
第三经销处	惠普-CQ42	1月份	5799	50	
第三经销处	惠普-CQ42	2月份	5799	69	
第三经销处	索尼-EA35	3月份	4599	100	
第三经销处	华硕-A42	3月份	4069	102	

图 4-1-5　不连续单元格输入数据

(4) 输入“序号”数据列。由于“序号”数据列中的数据是纯数字型的文本，且呈现为递增的数据，所以可以采用批量填充序列的方式进行输入。

首先选中“销售部门”列，右键单击选择“插入”按钮，在其左侧插入一列，在 A1 单元格中输入列标题“序号”，对于纯数字的文本，需要在数字前加英文半角的单引号，因此首先切换输入法为英文输入法，在 A2 单元格中输入单引号后，继续输入纯数字“001”后按回车键，则纯数字的文本输入完毕(纯数字的文本在输入完成后，其单元格的左上角呈现绿色三角形标志)，然后选中 A1 单元格，可按照输入文本数据的方式，自动填充 A1：A16 的数据，也可以用填充序列的方式填充递增的序列，方法为选中 A1 单元格，把鼠标指针移动到该单元格右下角，当鼠标指针变为黑色十字加号时，按住鼠标右键，往下填充至 A16 单元格后释放鼠标，选择“填充序列(S)”选项，完成数据列数据输入。如图 4-1-6、图 4-1-7 所示。

序号	销售部门
'001	第一经销处
	第一经销处
	第一经销处
	第一经销处

图 4-1-6 纯数字文本输入

	A	B	C	D	E	F	G
1	序号	销售部门	商品名称	月份	单价（元）	销售数量（台）	销售金额（元）
2	001	第一经销处	索尼-EA35	1月份	4599	100	
3		第一经销处	华硕-A42	2月份	4069	102	
4		第一经销处	索尼-EA35	2月份	4750	80	
5		第一经销处	索尼-EA35	3月份	4750	100	
6		第一经销处	华硕-A42	3月份	4069	82	
7		第二经销处	惠普-CQ42	1月份	5799	69	
8		第二经销处	华硕-A42	2月份	4069	120	
9		第二经销处	索尼-EA35	2月份	4599	100	
10		第二经销处	惠普-CQ42	2月份	4369	100	
11		第二经销处	惠普-CQ42	3月份	4369	70	
12		第三经销处	华硕-A42	1月份	4069	85	
13		第三经销处	惠普-CQ42	1月份	5799	50	
14		第三经销处	惠普-CQ42	2月份	5799	69	
15		第三经销处	索尼-EA35	3月份	4599	100	
16		第三经销处	华硕-A42	3月份	4069	102	

复制单元格(C)
填充序列(S)
仅填充格式(F)

图 4-1-7 自动填充“序号”列数据

（5）选中 H1 单元格，按照输入文本数据的方法输入文本数据“奖励”，以同样的方法选中 I1 单元格并输入文本数据“排名”。如图 4-1-8 所示。

	A	B	C	D	E	F	G	H	I	J
1	序号	销售部门	商品名称	月份	单价（元）	销售数量（台）	销售金额（元）	奖励	排名	
2	001	第一经销处	索尼-EA35	1月份	4599	100				
3	002	第一经销处	华硕-A42	2月份	4069	102				
4	003	第一经销处	索尼-EA35	2月份	4750	80				
5	004	第一经销处	索尼-EA35	3月份	4750	100				
6	005	第一经销处	华硕-A42	3月份	4069	82				
7	006	第二经销处	惠普-CQ42	1月份	5799	69				
8	007	第二经销处	华硕-A42	2月份	4069	120				
9	008	第二经销处	索尼-EA35	2月份	4599	100				
10	009	第二经销处	惠普-CQ42	2月份	4369	100				
11	010	第二经销处	惠普-CQ42	3月份	4369	70				
12	011	第三经销处	华硕-A42	1月份	4069	85				
13	012	第三经销处	惠普-CQ42	1月份	5799	50				
14	013	第三经销处	惠普-CQ42	2月份	5799	69				
15	014	第三经销处	索尼-EA35	3月份	4599	100				
16	015	第三经销处	华硕-A42	3月份	4069	102				

图 4-1-8 输入文本数据

3. 复制工作表

复制“商品销售情况表”工作表，新工作表命名为“备份”，工作表标签颜色为红色。

(1) 复制“商品销售情况表”工作表。复制一个工作表相当于为工作表建立一个副本，单击选中“商品销售情况表”，右键单击菜单选择“移动或复制”选项，选择建立的副本的位置，这里将复制的工作表放在 Sheet2 标签，并勾选“建立副本(C)”复选框，点击“确定”，完成工作表的复制，如图 4-1-9 所示。或单击工作表中左上角行号和列号交叉处的按钮，选中本工作表的所有单元格，右键单击，选择“复制”按钮，切换至目标工作表的 A1 单元格，右键单击，选择“粘贴”按钮即完成工作表的复制。

(2) 复制后的工作表的名称默认为在原工作表名称的后面加上“(2)”，即“商品销售情况表(2)”，选中这张工作表，右键单击选择“重命名”项(或直接左键双击该标签)，可以看到工作表标签呈反选状态，此时为可编辑状态，输入新工作表名称“备份”并按回车键，再次选中工作表标签“备份”，右键单击选择菜单中的“工作表标签颜色(T)”，在其下一级子菜单中选择颜色为红色，完成工作表标签颜色的设置，如图 4-1-10 所示。

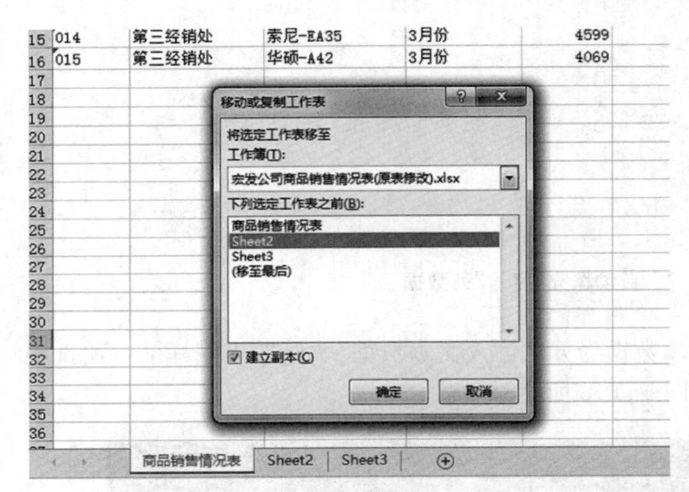

图 4-1-9 为“商品销售情况表”建立副本

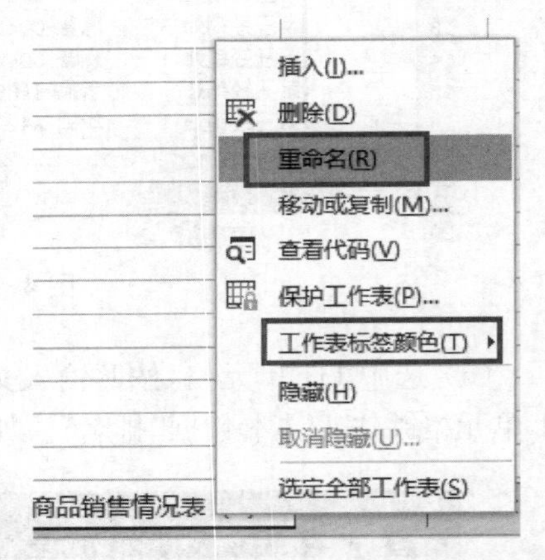

图 4-1-10 工作表重命名和设置工作表标签颜色

4. 插入标题行

在“商品销售情况表”的标题行前插入新行，并将 A1:I1 单元格合并后居中对齐，输入标题“宏发公司商品销售情况表”，字体颜色为“深蓝、文字 2、深色 25%”，字体为“宋体、15、加粗”，设置行高“42.75”。

(1) 在标题行前插入数据报表的标题内容。数据报表中的标题行是指由报表数据的列标题构成的一行信息，也称表头行，列标题是数据列的名称，经常参与数据的统计与分析。选中标题行，右键单击插入新行，选择 A1 单元格，输入文本内容“宏发公司商品销售情况表”，输入完后单击回车键。需要注意的是，当 A1 单元格的文字超过单元格宽度时，文字显示时会超过 A1 单元格显示到 B1 单元格中，但实际数据只存放于 A1 单元格。

(2) 选择 A1:I1 单元格，选择“开始”选项卡中“对齐方式”栏的“合并后居中(C)”按钮，即可将 A1～F1 单元格合并，且标题将居中显示，如图 4-1-11 所示。

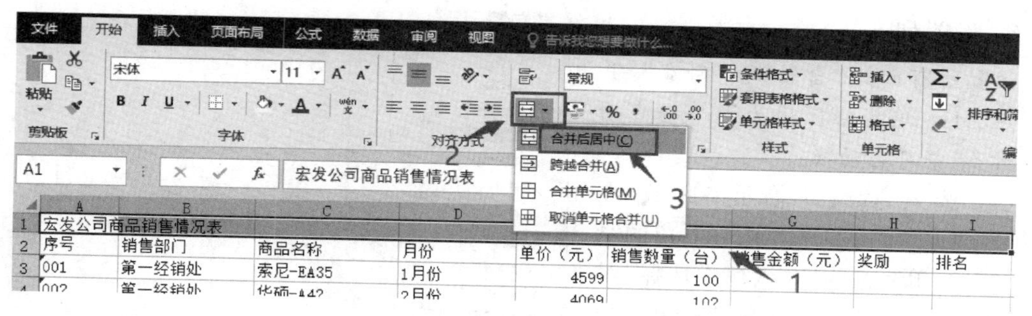

图 4-1-11 标题合并居中

(3) 选中合并后的 A1 单元格，切换到“开始”选项卡，单击“字体”栏右下角的箭头，在“设置单元格式”对话框中，设置其字体为“宋体、15、加粗”，字体颜色为“深蓝、文字 2、深色 25%”，如图 4-1-12 所示。

(4) 选中 A1 单元格所在的行，右键单击，在弹出的快捷菜单中选择“行高(R)”，在“行高”文本框中输入“42.75”，如图 4-1-13 所示，设置完成后，单击“确定”。

5. 设置单元格格式

将 A2:I2 单元格区域，设置为“宋体、12”，颜色为白色，加粗，居中对齐，底纹颜色为蓝色，并设置行高为“18.75”。

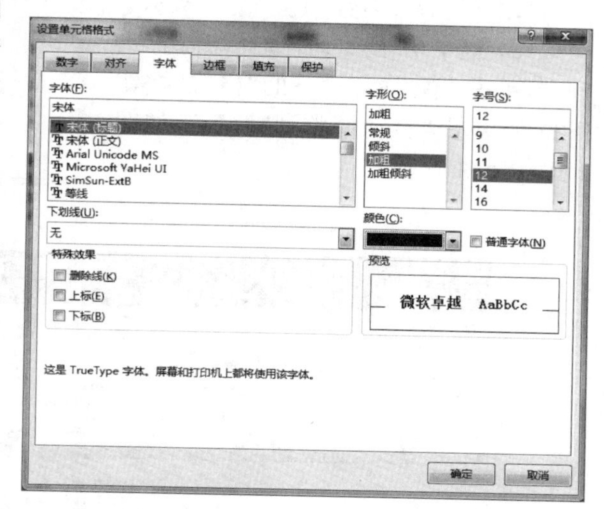

图 4-1-12 设置字体

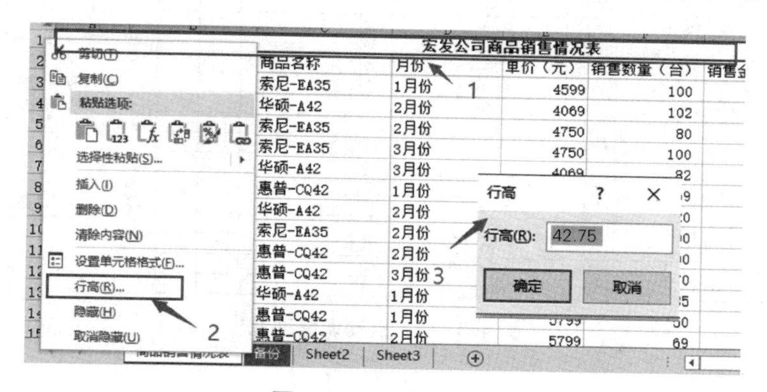

图 4-1-13 设置行高

设置各个列标题的格式。选择 A2:I2 单元格区域，在“开始”选项卡单击“字体”栏右下角的箭头，在“设置单元格式”对话框中，设置其字体为“宋体、12”，字形为加粗，字体颜色为白色。选择“填充”选项卡，在“背景色”栏中选择颜色为蓝色，设置完成后单击“确定”。选中该行，设置该行行高为 18.75。

6. 设置列

设置所有列为“自动调整列宽”，并设置A2:I18单元格区域为水平垂直均居中对齐，并可自动换行。

(1) 选中A2:I18单元格区域，在“开始”选项卡单击“字体”栏右下角的箭头，在“设置单元格式”对话框中选择“对齐”选项卡，“水平对齐(H)”选择“居中”，“垂直对齐(V)”选择“居中”，并勾选“自动换行(W)”，如图4-1-14所示。

(2) 选中A至I列，选择“开始”选项卡，单击“单元格”栏下的“格式”按钮下拉框，单击“自动调整列宽(I)”，如图4-1-15、图4-1-16所示。

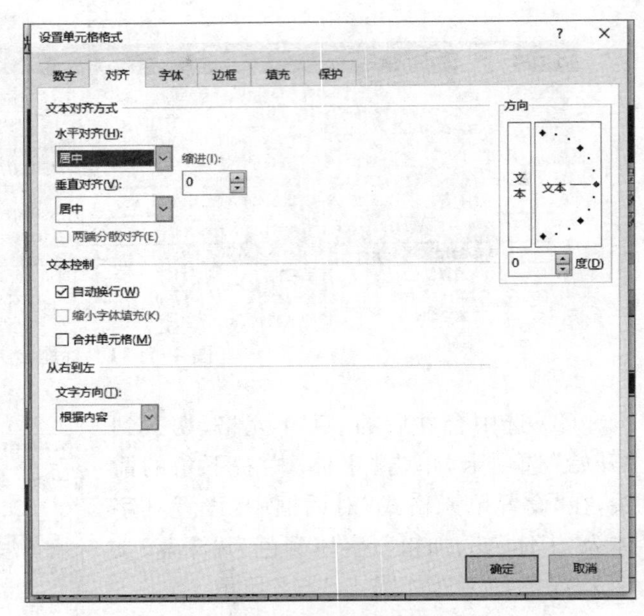

图 4-1-14　水平垂直居中对齐

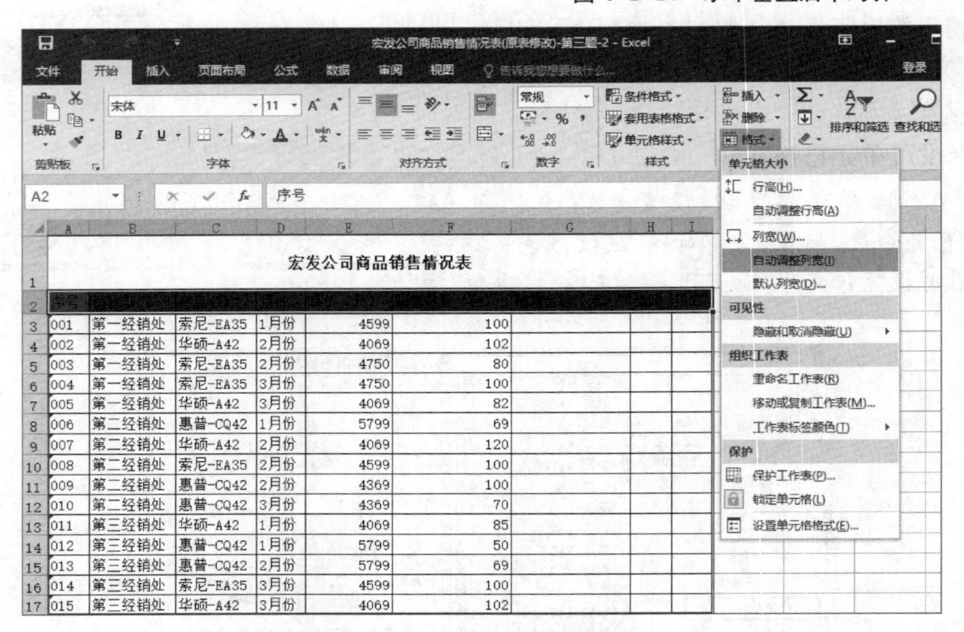

图 4-1-15　自动调整列宽

7. 设置单元格边框

设置A2:I2单元格区域外框线为蓝色，双实线，内框线设置为黑色，单实线。

(1) 选中A2:I17单元格区域，选择“开始”选项卡，单击“字体”栏的“下框线”命令按钮的黑色三角形下拉按钮，选择“其他边框”选项，出现“设置单元格格式”对话框，选择“边框”选项卡，选择“线条”→“样式(S)”中的双线，“颜色(C)”为蓝色，“预置”选择“外边框(O)”，单击“确定”，完成外边框的设置。

宏发公司商品销售情况表

序号	销售部门	商品名称	月份	单价（元）	销售数量（台）	销售金额（元）	奖励	排名
001	第一经销处	索尼-EA35	1月份	4599	100			
002	第一经销处	华硕-A42	2月份	4069	102			
003	第一经销处	索尼-EA35	2月份	4750	80			
004	第一经销处	索尼-EA35	3月份	4750	100			
005	第一经销处	华硕-A42	3月份	4069	82			
006	第二经销处	惠普-CQ42	1月份	5799	69			
007	第二经销处	华硕-A42	2月份	4069	120			
008	第二经销处	索尼-EA35	2月份	4599	100			
009	第二经销处	惠普-CQ42	2月份	4369	100			
010	第二经销处	惠普-CQ42	3月份	4369	70			
011	第三经销处	华硕-A42	1月份	4069	85			
012	第三经销处	惠普-CQ42	1月份	5799	50			
013	第三经销处	惠普-CQ42	2月份	5799	69			
014	第三经销处	索尼-EA35	3月份	4599	100			
015	第三经销处	华硕-A42	3月份	4069	102			

图 4-1-16 列标题设置效果图

(2) 再次重复以上的步骤，选择“线条”→“样式(S)”中的单实线，“颜色(C)”为黑色，“预置”选择“内部(I)”，单击“确定”，完成内边框的设置，如图 4-1-17 所示。

图 4-1-17 设置内、外边框线

8. 设置工作簿密码

将工作簿的打开密码设置为 123，并将工作簿另存为“学号＋姓名＋实验 1”的 Excel 文件。

(1) 在 Excel 2016 中，应当将制作完成的电子表格或工作簿妥善保存，以备日后修改或编辑使用。若无须修改文件名，则可以直接点击“文件”界面中的“保存”按钮，或点击工作簿左上角的“保存”按钮，可实现保存。若需要更改文件名，或设置打开、修改等操作的权限密码，或对已有工作簿进行修改后，既希望原有的工作簿内容不变，又需要保存修改后的工作簿，则可以选择“另存为”的方式。

（2）单击“开始”选项卡的“另存为”按钮，单击右侧选项区中的“浏览”按钮，在弹出的“另存为”对话框中选择保存的路径，设置工作簿的名称为“学号＋姓名＋实验1”。

（3）单击对话框右下角的“工具(L)”按钮，选择“常规选项”，设置“打开权限密码(O)”为“123”，点击“确定”。再次输入确认密码，点击“确定”，完成打开权限密码设置，最后点击“保存(S)”按钮，完成设置，如图4-1-18所示。

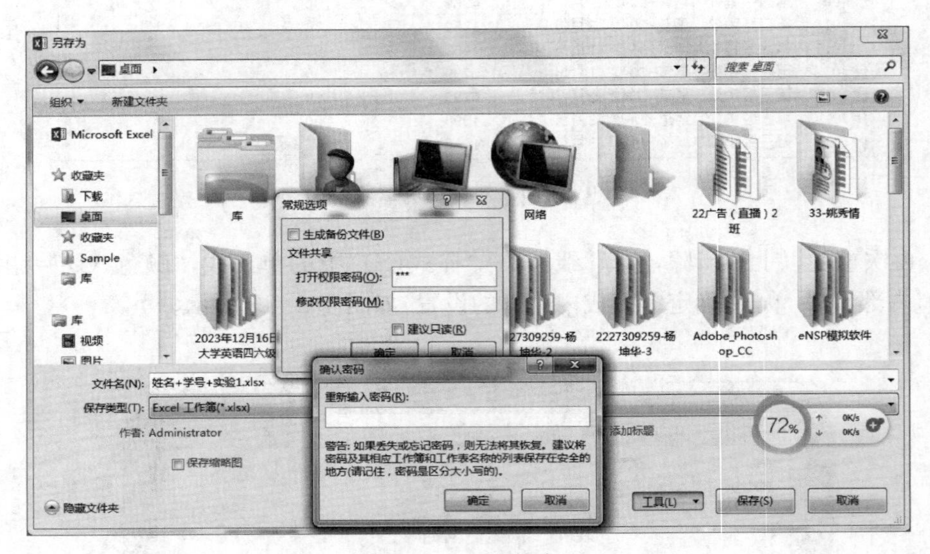

图4-1-18　设置密码

实验2　销售业绩表数据处理

实验目的

（1）掌握运算符的分类与优先级。

（2）掌握数据计算的标识：单元格的引用，包括相对引用、绝对引用和混合引用。

（3）掌握数据处理的两个计算方式：公式法、函数法。

（4）熟练掌握常用函数的使用。

实验内容

（1）设置“单价”单元格数据类型，使用公式法计算“销售金额”列数据。

（2）利用函数法计算“总销售量”“最大销售数量”“最小销售数量”“平均销售数量”对应的值。

(3) 利用绝对引用的方式计算每个销售部门每种商品每个月份的销售金额占总销售金额的百分比。

(4) 使用 IF 嵌套函数完成“奖励”列数据计算。

(5) 分别使用 SUMIF 函数、COUNT 函数、COUNTIF 函数计算对应的值。

(6) 使用 RANK 函数对销售金额进行降序排序。

(7) 利用 VLOOKUP 函数查找销售员对应商品的销售额。

实验步骤

1. 设置数据类型并完成计算

设置 E3:E18 单元格数据类型为“货币型”，货币符号为“￥”，保留 2 位小数。在 G3:G18 单元格区域，使用公式法，利用相对引用单元格的方式计算“销售金额”(销售金额=单价×销售数量)。

(1) 打开“宏发公司商品销售情况表”，选择“商品销售情况表”，选择 E3:E18 单元格，右键单击选择“设置单元格格式”，选择“数字”选项卡，选择“分类(C)”列表框中的“货币”类型，在其右侧选择“小数位数(D)”为 2 位，单击“货币符号(国家/地区)(S)”最右侧的黑色三角，在下拉框里选择人民币符号“￥”，点击“确定”，完成设置，如图 4-2-1 所示。

图 4-2-1 设置货币符号

(2) 在工作表中选中要输入公式的第一个单元格，此处指的是 G3:G18 单元格区域的第一个单元格 G3，在编辑栏中先输入一个“=”号，然后输入运算符并引用相对应的单元格，此处输入公式 E3 * F3(单价×数量)。在输入的过程中，可以单击要引用的单元格 E3，然后按住“Shift”键和数字 8 键输入“*”，再单击 F3 单元格，按回车键确认(或单击编辑栏左侧的“√”符号)，即可在 G3 单元格中显示公式的计算结果，也可在 G3 单元格中重复以上步骤完成第一个单元格的计算，如图 4-2-2 所示。

(3) G3:G18 单元格区域其余单元格的计算可通过复制公式的操作方法快速完成，提高工作效率，具体方法：选中 G3 单元格，右键单击选择“复制”选项，再选中剩余的单元格区域 G4:G18，右键单击选择“粘贴选项”下的第一个“粘贴”按钮，即可得到剩余单元的计算结果，如图 4-2-3 所示。

(4) G3:G18 单元格区域其余单元格的计算也可通过快速填充的操作方法快速完成，以提高工作效率。具体方法：选中 G3 单元格，将鼠标移动到 G3 单元格的右下角，当鼠标形状变成黑色十字加号时，左键双击或按住左键不放拖动至 G18 单元格，即完成 G3:G8 单元格的计算，如图 4-2-4 所示。

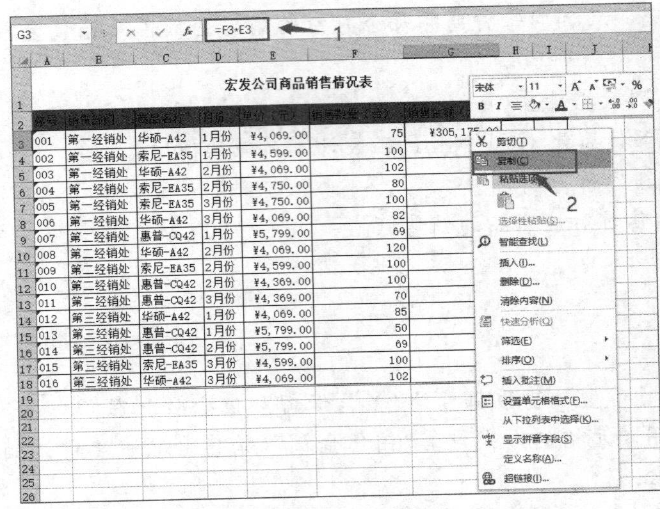

图 4-2-2　输入公式

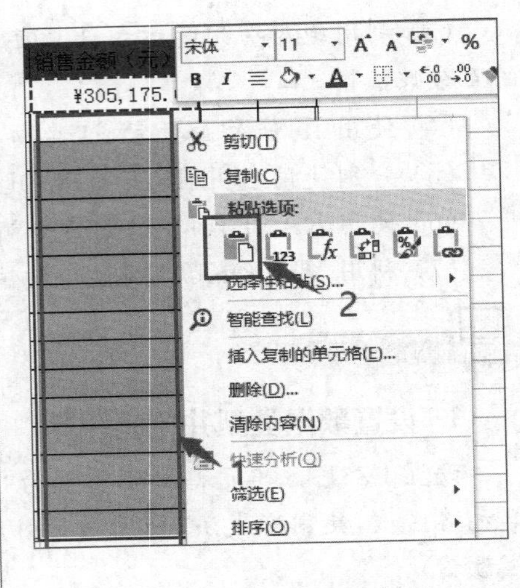

图 4-2-3　相对引用—复制公式

图 4-2-4　填充柄填充公式

(5) G3:G18 单元格区域其余单元的快速计算方法是公式法。具体方法：按住“Ctrl”键不放，单击需要输入相同公式的单元格区域，这里选择 G3:G18，按“F2”键，在“编辑栏”中输入相应的公式(单价×数量)，最后按“Ctrl＋回车”键，即得到 G3:G18 单元格区域的计算结果。

计算“销售金额”效果如图 4-2-5 所示。

G3　=E3*F3

宏发公司商品销售情况表

序号	销售部门	商品名称	月份	单价（元）	销售数量（台）	销售金额（元）	销售金额百分比	奖励	排名
001	第一经销处	华硕-A42	1月份	¥4,069.00	75	¥305,175.00			
002	第一经销处	索尼-EA35	1月份	¥4,599.00	100	¥459,900.00			
003	第一经销处	华硕-A42	2月份	¥4,069.00	102	¥415,038.00			
004	第一经销处	索尼-EA35	2月份	¥4,750.00	80	¥380,000.00			
005	第一经销处	索尼-EA35	3月份	¥4,750.00	100	¥475,000.00			
006	第一经销处	华硕-A42	3月份	¥4,069.00	82	¥333,658.00			
007	第二经销处	惠普-CQ42	1月份	¥5,799.00	69	¥400,131.00			
008	第二经销处	华硕-A42	2月份	¥4,069.00	120	¥488,280.00			
009	第二经销处	索尼-EA35	2月份	¥4,599.00	100	¥459,900.00			
010	第二经销处	惠普-CQ42	2月份	¥4,369.00	100	¥436,900.00			
011	第二经销处	惠普-CQ42	3月份	¥4,369.00	70	¥305,830.00			
012	第三经销处	华硕-A42	1月份	¥4,069.00	85	¥345,865.00			
013	第三经销处	惠普-CQ42	1月份	¥5,799.00	50	¥289,950.00			
014	第三经销处	惠普-CQ42	2月份	¥5,799.00	69	¥400,131.00			
015	第三经销处	索尼-EA35	3月份	¥4,599.00	100	¥459,900.00			
016	第三经销处	华硕-A42	3月份	¥4,069.00	102	¥415,038.00			

图 4-2-5　计算销售金额效果图

2. 使用函数计算

在 E19、E20、E21、E22 单元格分别输入“总销售量：”“最大销售数量：”“最小销售数量：”“平均销售数量：”，再使用函数法在 F19、F20、F21、F22 单元格分别使用 SUM 函数、MAX 函数、MIN 函数、AVERAGE 函数计算对应的值。

在 Excel 中，公式是函数的基础，函数是 Excel 预定义的内置公式，函数通常包括函数名，成对的括号，以及括号里的参数，参数与参数之间用英文半角的逗号隔开，形如：函数名(参数 1，参数 2，…，参数 n)。在 Excel 表格操作中，函数的应用非常广泛，SUM 函数是一个求和汇总函数，可以计算在任何一个单元格区域中的所有数字之和。

(1) 选中 E19 单元格，输入文本“总销售量”，选中 F19 单元格，单击编辑栏左侧的“fx”按钮，在弹出的插入函数对话框中，选择 SUM 函数，若在选择函数列表框中没有显示 SUM 函数，则在搜索函数的文本框中输入文本“SUM”，单击“转到”即可找到 SUM 函数，单击“确定”。在弹出的函数参数对话框中，单击 SUM 函数的第一个参数 Number1 最右侧的“引用”按钮，选择参与计算的单元格区域 F3:F18，再单击“引用”按钮，单击“确定”，返回“函数参数”完成总销售量的计算，若有多个单元格区域参与计算，可增加参数，单击第 2 个参数，即可增加一个新的参数。如图 4-2-6 所示。

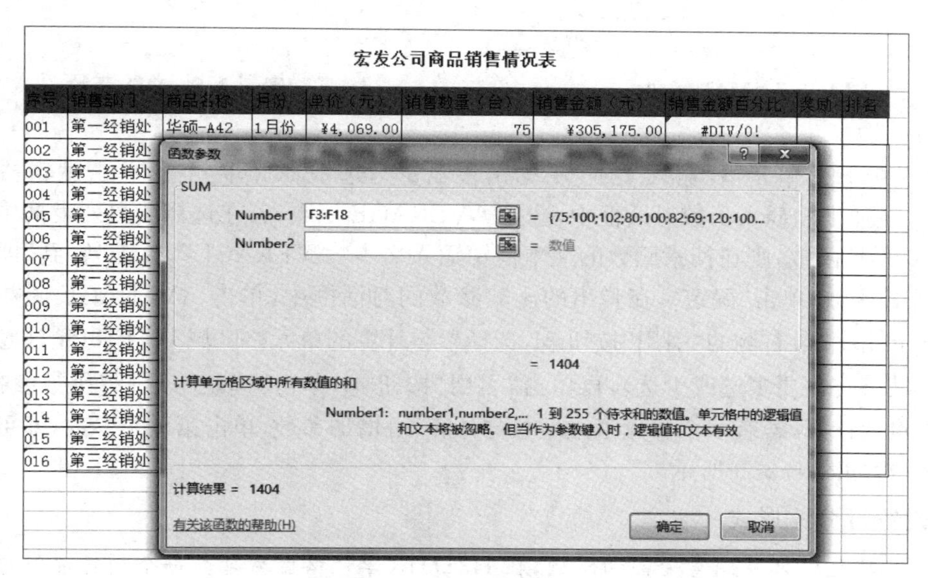

图 4-2-6　SUM 函数

(2) 选中 E20 单元格，输入文本“最大销售量”，选中 F20 单元格，单击编辑栏左侧的“fx”按钮，在弹出的插入函数对话框中，选择 MAX 函数，若在选择函数列表框中没有显示 MAX 函数，则在搜索函数的文本框中输入文本“SUM”，点击“转到”即可找到 MAX 函数，单击“确定”，在弹出的函数参数的对话框中，点击 MAX 函数的第一个参数 Number1 最右侧的“引用”按钮，选择参与计算的单元格区域 F3:F18，再单击“引用”按钮，单击“确定”，返回“函数参数”完成最大销售量的计算，若有多个单元格区域参与计算，可增加参数，单击第 2 个参数，即可增加一个新的参数，如图 4-2-7 所示。

(3) 选中 E21 单元格，输入文本“最小销售量”，选中 F21 单元格，单击编辑栏左侧的“fx”

按钮，在弹出的插入函数对话框中，选择 MIN 函数，若在选择函数列表框中没有显示 MIN 函数，则在搜索函数的文本框中输入文本“MIN”，点击“转到”即可找到 MIN 函数，单击“确定”，在弹出的函数参数的对话框中，单击 MIN 函数的第一个参数 Number1 最右侧的“引用”按钮，选择参与计算的单元格区域 F3:F18（请注意这里的单元格区域一定不要多选或少选），再单击“引用”按钮，单击“确定”，返回“函数参数”完成最小销售量的计算，若有多个单元格区域参与计算，可增加参数，单击第 2 个参数，即可增加一个新的参数，如图 4-2-8 所示。

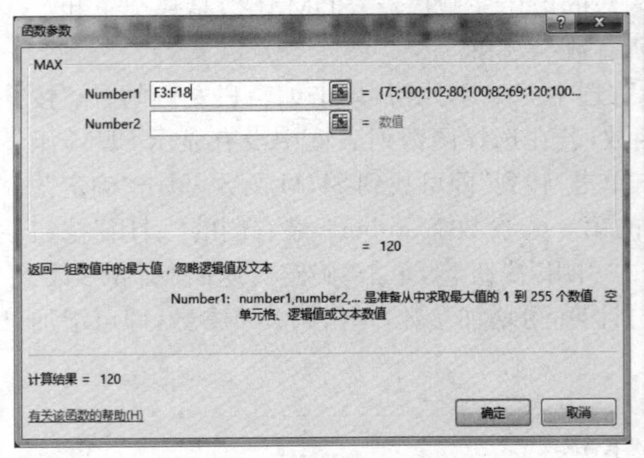

图 4-2-7 MAX 函数

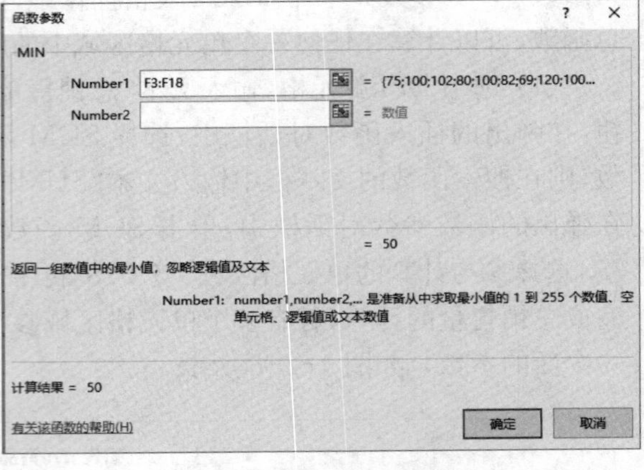

图 4-2-8 MIN 函数

（4）选中 E22 单元格，输入文本“平均销售数量”，选中 F22 单元格，单击编辑栏左侧的“fx”按钮，在弹出的插入函数对话框中，选择 AVERAGE 函数，若在选择函数列表框中没有显示 AVERAGE 函数，则在搜索函数的文本框中输入文本“AVERAGE”，单击“转到”即可找到 AVERAGE 函数，单击“确定”，在弹出的函数参数的对话框中，单击 AVERAGE 函数的第一个参数 Number1 最右侧的“引用”按钮，选择参与计算的单元格区域 F3:F18（请注意这里的单元格区域一定不要多选或少选），再单击“引用”按钮，单击“确定”，返回“函数参数”完成平均销售量的计算，若有多个单元格区域参与计算，可增加参数，单击第 2 个参数，即可增加一个新的参数，如图 4-2-9 所示。

3. 设置百分比形式

在 G23 单元格计算销售金额的总额，在 H3:H18 单元格区域计算每个销售部门每种商品每个月份的销售金额占总销售金额的百分比，并将结果设置成百分比形式，保留 2 位小数。

（1）选中 E23 单元格，输入文本“销售总金额”，选中 F23 单元格，单击编辑栏左侧的“fx”按钮，在弹出的插入函数对话框中，重复 SUM 函数的步骤计算 G3:G18 单元格区域的值，完成销售总金额的计算。

（2）选中 H3 单元格，计算第一经销处 1 月份华硕- A42 的销售金额占总销售金额的百分比，在 H3 单元格中先输入“=”，按照公式：销售金额百分比=销售金额/销售总金额，在“=”后输入公式 G3/F23，按回车键确定，得到第一条记录的销售金额的占比，此时选中 H3 单元格，右键单击选择“设置单元格格式”，选择“数字”选项卡，选择“百分比”并设置“小数位数(D)”为 2 位。

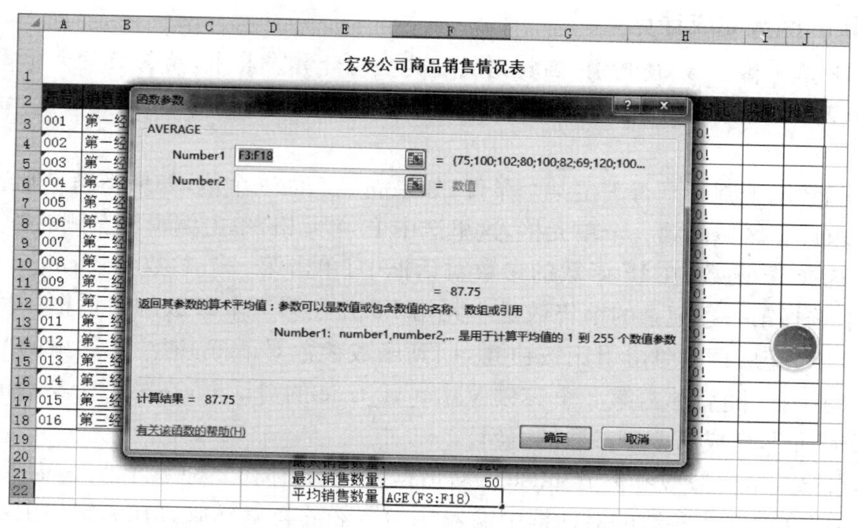

图 4-2-9 AVERAGE 函数

（3）选中 H3 单元格，在编辑栏中对公式进行二次编辑。选中分母单元格地址引用“F23”，在“F23”的列号 F 和行号 23 前都加上“ $ ”字符，这表示固定住分母单元格，称为绝对引用单元格，按回车键确定，接着将指针移动到选中的 H3 单元格的右下角，当指针呈现黑色“十”字加号时，按住左键不放拖动至 H18 单元格，完成其余要计算的单元格的快速填充，如图 4-2-10 所示。固定住分母是由于在计算其余记录的销售金额百分比的时候，分母——销售总金额是不变的，若是没有固定住分母，在进行其余单元格的快速填充时，分母的单元格地址引用会发生变化，计算结果并不满足需求，甚至可能会报错。

H3 =G3/$F$23

宏发公司商品销售情况表(原表修改)-第三题-7.xlsx

	A	B	C	D	E	F	G	H	I	J
1					宏发公司商品销售情况表					
2	[illegible]	[illegible]	[illegible]	[illegible]	[illegible]	[illegible]	[illegible]	[illegible]	[illegible]	[illegible]
3	001	第一经销处	华硕-A42	1月份	¥4,069.00	75	¥305,175.00	4.79%		
4	002	第一经销处	索尼-EA35	1月份	¥4,599.00	100	¥459,900.00	7.22%		
5	003	第一经销处	华硕-A42	2月份	¥4,069.00	102	¥415,038.00	6.51%		
6	004	第一经销处	索尼-EA35	2月份	¥4,750.00	80	¥380,000.00	5.96%		
7	005	第一经销处	索尼-EA35	3月份	¥4,750.00	100	¥475,000.00	7.46%		
8	006	第一经销处	华硕-A42	3月份	¥4,069.00	82	¥333,658.00	5.24%		
9	007	第二经销处	惠普-CQ42	1月份	¥5,799.00	69	¥400,131.00	6.28%		
10	008	第二经销处	华硕-A42	2月份	¥4,069.00	120	¥488,280.00	7.66%		
11	009	第二经销处	索尼-EA35	2月份	¥4,599.00	100	¥459,900.00	7.22%		
12	010	第二经销处	惠普-CQ42	2月份	¥4,369.00	100	¥436,900.00	6.86%		
13	011	第二经销处	惠普-CQ42	3月份	¥4,369.00	70	¥305,830.00	4.80%		
14	012	第三经销处	华硕-A42	1月份	¥4,069.00	85	¥345,865.00	5.43%		
15	013	第三经销处	惠普-CQ42	1月份	¥5,799.00	50	¥289,950.00	4.55%		
16	014	第三经销处	惠普-CQ42	2月份	¥5,799.00	69	¥400,131.00	6.28%		
17	015	第三经销处	索尼-EA35	3月份	¥4,599.00	100	¥459,900.00	7.22%		
18	016	第三经销处	华硕-A42	3月份	¥4,069.00	102	¥415,038.00	6.51%		
19					总销售量：	1404				
20					最大销售数量：	120				
21					最小销售数量：	50				
22					平均销售数量：	87.75				
23					销售总金额：	¥6,370,696.00				

图 4-2-10 设置绝对引用单元格

4. 使用 IF 函数完成计算

在 I3:I18 单元格区域，使用 IF 函数完成对奖励的计算。其中，销售数量大于等于 100 台的，奖励 200 元；销售数量小于 100 台，但大于等于 80 台的，奖励 100 元；小于 80 台的不奖励（0 元）。

（1）IF 函数用于判断是否满足某个条件，如果满足返回一个值，如果不满足则返回另一个值。选中要求计算区域的第一个单元格，这里选中 I3 单元格，单击编辑栏左侧的 fx，在插入函数对话框中选择 IF 函数，在 IF 函数的参数对话框中，单击第一个参数 Logical_tes 最右侧的引用按钮，选择第一条记录的销售数量单元格 F3 并在第一个参数的对话框中编辑表达式为“F3＞＝100”，随后再次单击引用按钮，回到函数参数对话框，请注意这里的“＞＝”号必须为英文半角字符，随后单击第 2 个参数 Value_if_true 的对话框，在第二个参数的对话框中输入文本“200 元”，完成第 2 个参数的编辑。

（2）单击第 3 个参数 Value_if_false 的对话框，由于还存在 2 种条件情况，需要 IF 函数再判断一次，所以在第 3 个参数的对话框中输入“if()”，然后将鼠标放置在编辑栏上红色括号中单击，实现函数参数对话框的跳转，再次回到函数参数的对话框，如图 4-2-11 所示。

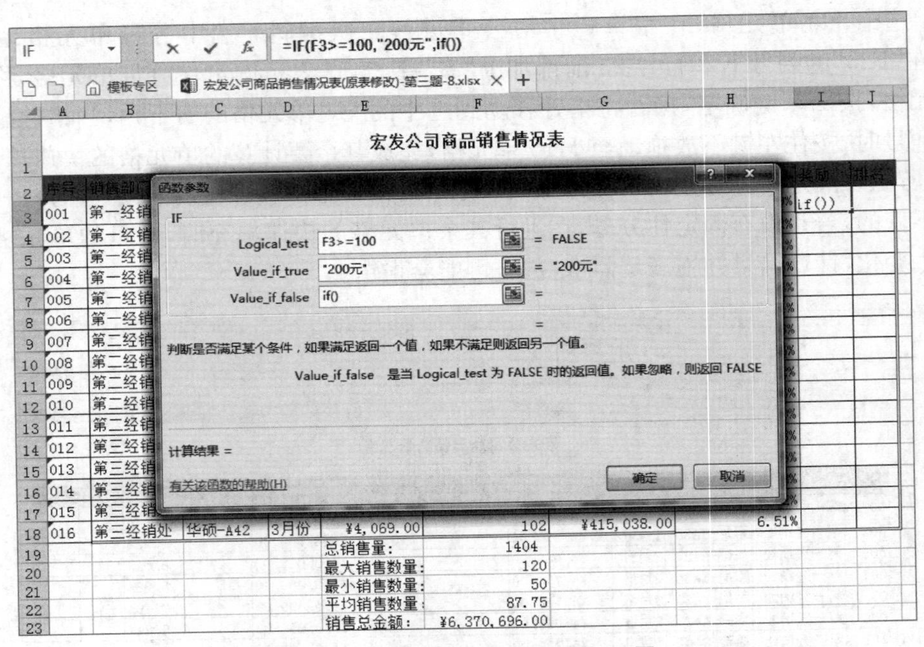

图 4-2-11 IF 函数第 3 个参数设置

（3）再次重复以上步骤判断 F3 单元格的数据是否大于等于 80。在跳转的新的函数参数的对话框中，在第 1 个参数对话框中输入条件“F3＞＝80”，在第 2 个参数对话框中输入参数“100 元”，在第 3 个参数对话框中输入“0 元”，如图 4-2-12 所示，表示当销售数量小于 100 大于等于 80 元时，奖励 100 元，小于 80 元则奖励 0 元，完成后单击“确定”就得到第一记录的奖励结果为 0 元。选中 I3 单元格，当右下角出现绿色小方块时，把鼠标移动至绿色小方块上方，当鼠标形状出现黑色“十”字加号时，按住鼠标左键不放往下拖动至 I18 单元格即可完成 I3:I18 单元格的填充。

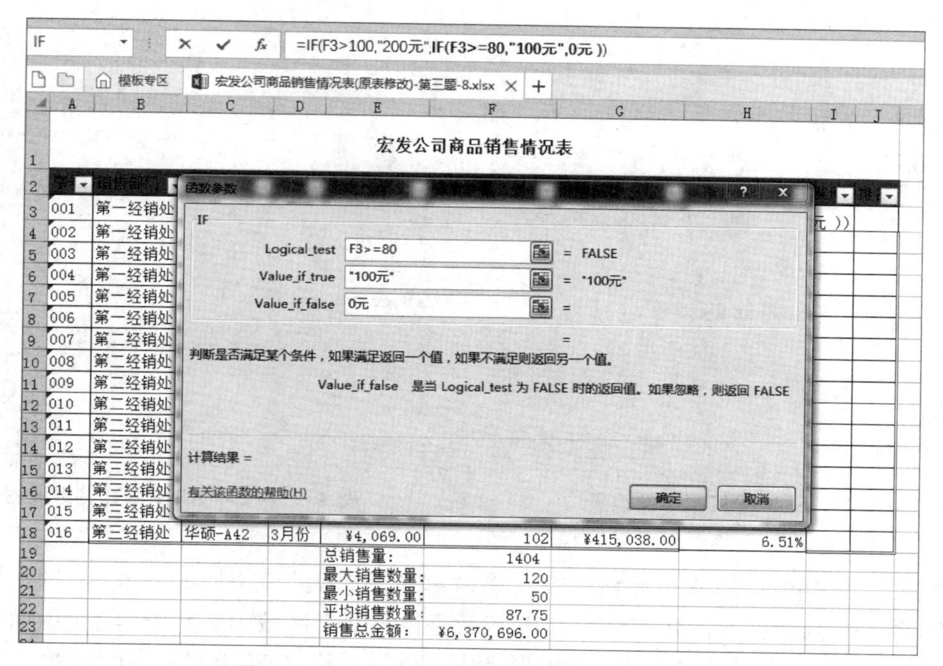

图 4-2-12　IF 函数第 3 个参数详细参数设置

5. 使用 SUMIF、COUNT、COUNTIF 函数完成计算

在 E24、E25、E26 单元格分别输入“华硕- A42 的销售总量：”“销售记录条数：”“销售数量大于等于 100 的记录条数：”，然后在 F24、F25、F26 单元格分别使用 SUMIF 函数、COUNT 函数、COUNTIF 函数计算对应的值。

(1) 选中 E24 单元格，在单元格中输入文本“华硕- A42 的销售总量：”，这里使用 SUMIF 函数进行计算，SUMIF 函数是对满足条件的单元格求和。选中 F24 单元格，单击编辑栏左侧的 *fx* 按钮，在弹出的插入函数对话框中选择 SUMIF 函数（如无可依照前文所述方法搜索 SUMIF 函数）。在弹出的函数参数对话框中，选择第 1 个参数 Range 后引用按钮，选择条件所在的区域范围，这里“华硕- A42”所在的范围为 C3:C18，它表示将在这个范围内满足条件“华硕- A42”的销售数量提取出来进行累加。函数参数的第 2 个参数 Criteria 表示具体的条件的值，即在第 2 个参数的文本框中输入文本“华硕- A42”。第 3 个参数 Sum_range 表示条件范围相对应的真正参与计算的范围，这里指的是销售数量的范围即 F3:F18，操作为单击第 3 个参数后的引用按钮，选择 F3:F18 区域范围，单击“确定”或按回车键后即完成计算，如图 4-2-13 所示。

(2) 选中 E25 单元格，在单元格中输入文本“销售记录条数：”，这里使用 COUNT 函数进行计算，COUNT 函数是计算区域中包含数字的单元格的个数，这里只要选择数据区域中是数值类型其中一列的数据，因为在一列的数据中有几个单元格表示有几条记录。单击编辑栏左侧的 *fx* 按钮，在弹出的插入函数对话框中选择 COUNT 函数（如无可依照前文所述方法搜索 COUNT 函数）。在弹出的函数参数对话框中，选择第 1 个参数 Value1 后引用按钮，选择一个数值型区域，这里可以选择“销售数量”列的数据区域 F3:F18，单击“确定”或按回车键后即完成计算,如图 4-2-14 所示。

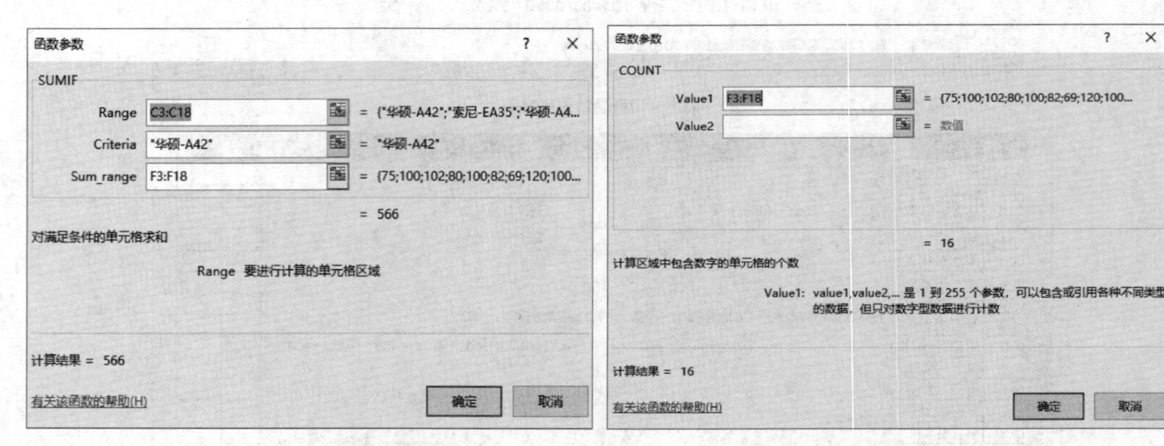

图 4-2-13　SUMIF 函数参数设置　　　**图 4-2-14　COUNT 函数参数设置**

(3) 选中 E26 单元格,在单元格中输入文本“销售数量大于等于 100 的记录条数:”,这里使用 COUNTIF 函数进行计算,COUNTIF 函数是计算某个区域中满足给定条件的单元格数目,题目的条件是“销售数量大于等于 100”,选中 F26 单元格,单击编辑栏左侧的 f_x 按钮,在弹出的插入函数对话框中选择 COUNTIF 函数(如无可依照前文所述方法搜索 COUNTIF 函数)。在弹出的函数参数对话框中,选择第 1 个参数 Range 后引用按钮,选择条件所在的区域范围,“销售数量大于等于 100”所在的列范围为 F3:F18。第 2 个参数 Criteria 表示具体的条件的值,即在第 2 个参数的文本框中输入文本“>=100”,它表示将在这个范围内满足条件“销售数量大于等于 100”的单元格提取出来计算其单元格个数,即有几个满足条件的记录条数,单击“确定”或按回车键后即完成计算,如图 4-2-15 所示。

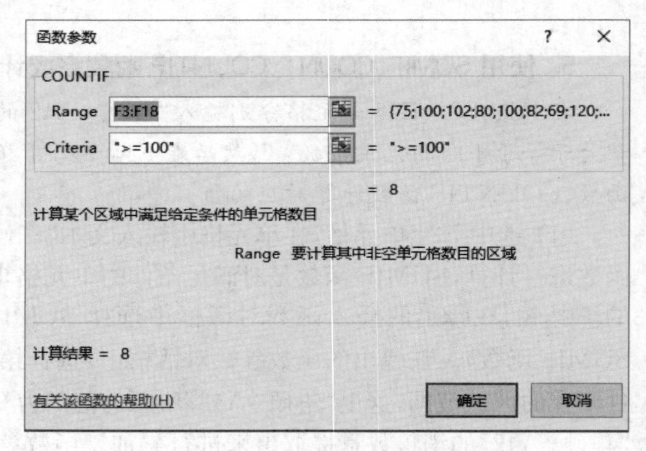

图 4-2-15　COUNTIF 函数参数设置

6. 降序排序

在 J3:J18 单元格区域中,使用 RANK 函数对销售金额进行降序排序。

(1) 首先对 J3 单元格进行排序。选中 J3 单元格,点击编辑栏左侧的 f_x 按钮,在弹出的插入函数对话框中选择 RANK 函数(如无可依照前文所述方法搜索 RANK 函数)。在弹出的函数参数对话框中,单击第 1 个参数 Number 后引用按钮,选择要比较的对象 G3 单元格。函数参数的第 2 个参数 Ref 表示参加比较的范围,单击第 2 个参数后引用按钮,选择 G3:G8 单元格区域范围,表示 G3 单元格的销售金额与 G3:G8 单元格区域里的每个销售金额进行比较。第 3 个参数 Order 表示排序的方式，0 或不填表示降序，非零值表升序，这里要求降序排序，所以在第 3 个参数的文本框中填入数字 0，单击“确认”或按回车键即完成第 1 个单元格 J3 的计算。

（2）在完成剩余单元格的填充计算前，还需锁定参与比较的单元格区域范围。在 J3 单元格对应的函数参数对话框的第 2 个参数文本框中，按 F4 键，为起始单元格 G3 的列号和行号加上“＄”即“＄G＄3”；再将光标定位在结束单元格 G18 的中间，按 F4 键，为起始单元格 G8 的列号和行号加上“＄”，即“＄G＄8”，这样就完成了单元格区域 G3:G8 的锁定，如图 4-2-16 所示。锁定的目的是在进行其他单元格区域快速填充时，单元格区域 G3:G8 不会随着比较单元格的变化而发生变化。若没有锁定单元格区域范围，那么将出现不同的数据在不同的范围进行比较的情况，这样得到的排序结果是错误的。

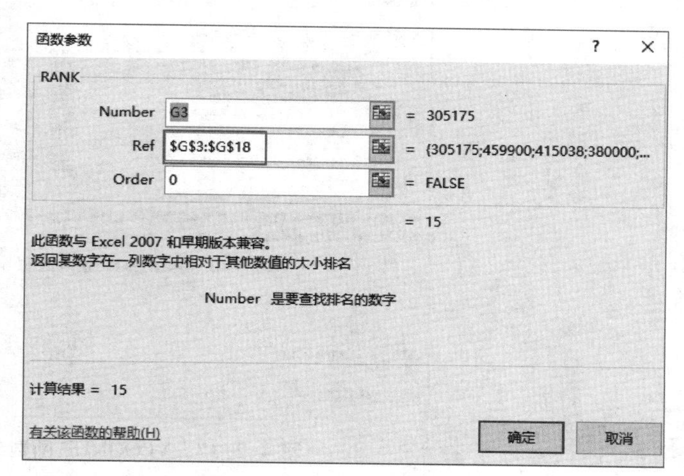

图 4-2-16 RANK 函数参数设置

7. 使用 VLOOKUP 函数进行查找

在“销售业绩表”工作表中，利用 VLOOKUP 函数查找销售员对应商品的销售额，并将结果显示在 B20 单元格中。

（1）选择“销售业绩表”，在“销售业绩表”里查找销售员“周亚新”销售的商品“索尼 EA35”的销售额，要在数据清单中查找特定的数据，可以使用查找和引用函数 VLOOKUP。选择 B20 单元格，单击编辑栏左侧的 fx 按钮，弹出的插入函数对话框，在搜索函数的文本框中输入“VLOOKUP”，单击“转到”，选择 VLOOKUP 函数，单击“确定”或按回车键跳转到函数参数对话框。

（2）第 1 个参数 Lookup_value 表示需要在数据表首列进行搜索的值，它可以是数值、引用或字符串，这里是指要查找的对象，销售员“周亚新”。单击第 1 个参数后的引用按钮，选择 B18 单元格，表示第 1 个参数后文本框的值为要查找的“周亚新”的单元格名称 B18。

（3）第 2 个参数 Table_array 表示要搜索的数据的信息表，注意要搜索的信息表必须以要搜索的值所在的列为第 1 列，例如此处指销售员“周亚新”在销售业绩表中所在的销售员列必须作为要搜索的信息表的第 1 列，此处可以是区域名称的引用。单击第 2 个参数后的引用按钮，选择“销售业绩表”中以销售员作为第 1 列的单元格区域 A2:D9，表示要在这个区域中查找“周亚新”所售商品“索尼- EA35”的销售额。

（4）第 3 个参数 Col_index_num 表示满足条件的单元格在查找区域中的列序号，这里表示满足条件的销售商品“索尼- EA35”所在的以销售员列为第 1 列的查找区域 A2:D9 中所处列的序号，即查找区域的第 3 列，所以在第 3 个参数的文本框中输入数字“3”。

（5）第 4 个参数 Range_lookup 表示指定在查找时要精确匹配，还是大致匹配，可以是 TRUE

或 FALSE 的值，也可以是 0 或 1 的值，1 或 TRUE 表示近似匹配，0 或 FALSE 表示精确查找，所以在第 4 个参数的文本框中输入数字 1，单击“确定”或按回车键即可完成在数据清单中查找特定的数据。这里将查找的数据单元格格式设置成货币型，保留 2 位小数，如图 4-2-17 所示。

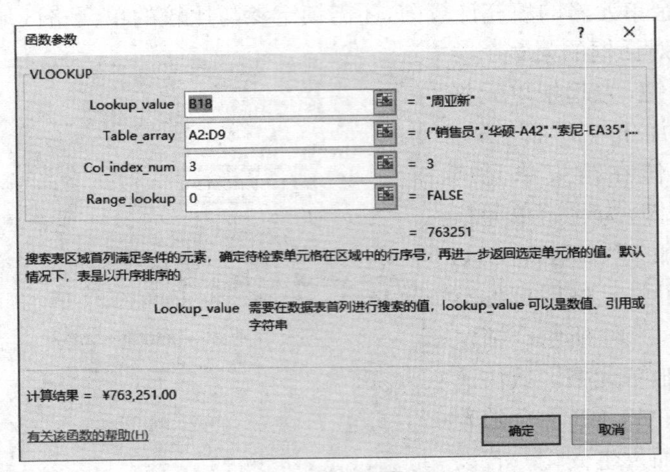

图 4-2-17 VLOOKUP 函数参数设置

实验 3 销售业绩表数据分析——排序、筛选与汇总

实验目的

（1）掌握简单排序的方法。

（2）掌握多条件排序的方法。

（3）掌握自动筛选、文本筛选、高级筛选、超级表格及切片器等的使用方法。

（4）掌握分类汇总的方法。

实验内容

（1）复制 6 份“数据排序”工作表，并重命名。

（2）在“数据排序”工作表中，对“销售部门”简单排序。

（3）在“多条件排序”工作表中完成多条件排序。

（4）在“自动筛选”工作表中，对“员工名称”进行文本筛选。

（5）在“前几名筛选”工作表中对“总业绩”进行数字筛选。

（6）在“多条件筛选”工作表中，利用自定义筛选功能完成多条件的筛选。

（7）在“高级筛选”工作表中，用高级筛选完成多条件筛选。

（8）在“超级表格”工作表中，利用 SUBTOTAL 函数、超级表格、切片器功能完成图形化分类汇总统计功能。

（9）在“销售业绩”工作表中，完成嵌套分类汇总功能。

实验步骤

1. 复制工作表

打开“销售业绩.xlsx”，将“数据排序”工作表复制6份，并对复制的工作表依次重命名为“多条件排序”“自动筛选”“多条件筛选”“前几名筛选”“高级筛选”“超级表格”。

(1) 左键双击打开“销售业绩.xlsx”工作表，选择“数据排序”工作表。复制工作表的基本方法有3种。

第一种方法：单击工作表左上角的按钮，右键单击选择“复制”，完成工作表的复制，单击工作表最底部的新建工作表按钮，新建一张新的工作表Sheet2，在新建的Sheet2工作表中选中A1单元格，右键单击选择“粘贴”即完成第一张工作表的复制，最后选中Sheet2的工作表名，右键单击选择“重命名”，将工作表重命名为“多条件排序”。以此类推，重复以上步骤，即可完成后续工作表的复制并依次重命名为“自动筛选”“多条件筛选”“前几名筛选”“高级筛选”“超级表格”。

第二种复制工作表的方法和第一种方法类似。使用快捷键“Ctrl+A”选中整个工作表的内容，接着使用快捷键“Ctrl+C”复制整个工作表的内容，单击工作表最底部的新建工作表按钮，插入一张新的工作表Sheet2，在新工作表中选中A1单元格，使用快捷键“Ctrl+V”粘贴数据即可完成第一张工作表的复制，最后选中Sheet2的工作表名，右键单击，选择“重命名”，将工作表重命名为“多条件排序”。以此类推，重复以上步骤，即可完成后续工作表的复制并依次重命名为“自动筛选”“多条件筛选”“前几名筛选”“高级筛选” “超级表格”。

第三种复制工作表的方法同前两种方法有所不同。选中“数据排序”工作表，将鼠标定位在表名处，右键单击，选择“移动或复制(M)”选项，在弹出的“移动或复制工作表”的对话框中选择产生的新副本要存放的具体位置，建立副本等同于复制了一个工作表。在“将选定工作表移至工作簿(T)”的下拉框中选择“销售业绩.xlsx”工作簿，在“下列选定工作表之前(B)”的列表框中选择“(移至最后)”选项，并勾选“建立副本(C)”复选框，表示将“数据排序”工作表副本存放于“销售业绩.xlsx”工作簿中所有工作表的最后，单击“确定”或按回车键即可完成第一个工作表的复制，默认产生的副本名称为“数据排序2”。

(2) 由于产生的副本表的内容相同，只是表名不同，可以利用“一变二，二变四”的方法快速完成其余的表。选中“数据排序”与“多条件排序”2张不连续的表，先单击“数据排序”表，用另一只手按住键盘上的“Ctrl”键的同时，继续单击“多条件排序”工作表，右键单击，选择“移动或复制(M)...”选项，然后在“将选定工作表移至工作簿”的下拉框中选择 “销售业绩”工作簿，在“下列选定工作表之前”的列表框中选择“移至最后”选项，并勾选“建立副本”复选框，表示将“数据排序”和“多条件排序”工作表的副本存放于“销售业绩”工作簿中所有工作表的最后，最后按回车键或单击“确定”即可完成第2次2个工作表的复制，产生的2个工作表副本的默认名称为“数据排序2”和“多条件排序2”，将产生的“数据排序2”工作表重命名为“自动筛选”，将“多条件排序2”工作表重命名为“为多条件筛选”。以此类推，重复以上步骤，即可快速完成其余工作表的复制和重命名，如图4-3-1所示。

(3) 完成所有工作表的复制和重命名后，将“销售业绩”工作表移动至最后一张表。选中“销售业绩”工作表，按住鼠标左键不放拖动至所有工作表之后，完成后如图4-3-2所示。

销售业绩表							
序号	员工名称	销售部门	一季度	二季度	三季度	四季度	总业绩
1	王店摟	销售1部	40000	27600	19500	21500	108600
2	李卡罗	销售2部	12900	13300	15500	16800	58500
3	张洛拔	销售		31580	26750	31500	109580
4	赵居包	销售		19760	27750	35600	123110
5	孙工高	销售		31580	26000	27000	104330
6	陈一吧	销售		36400	26700	43000	134220
7	董总挽	销售		18300	28560	18500	91660
8	陈松爬	销售		15900	18400	41400	95450
9	某漏菜	销售		27600	18700	25600	111900
10	赵妹百	销售		27600	26500	35000	117790

插入(I)...
删除(D)
重命名(R)
移动或复制(M)...
查看代码(V)
保护工作表(P)...
工作表标签颜色(T)
隐藏(H)
取消隐藏(U)...
选定全部工作表(S)
取消组合工作表(U)

数据排序 销售业绩 多条件排序

图 4-3-1 多张工作表建立副本

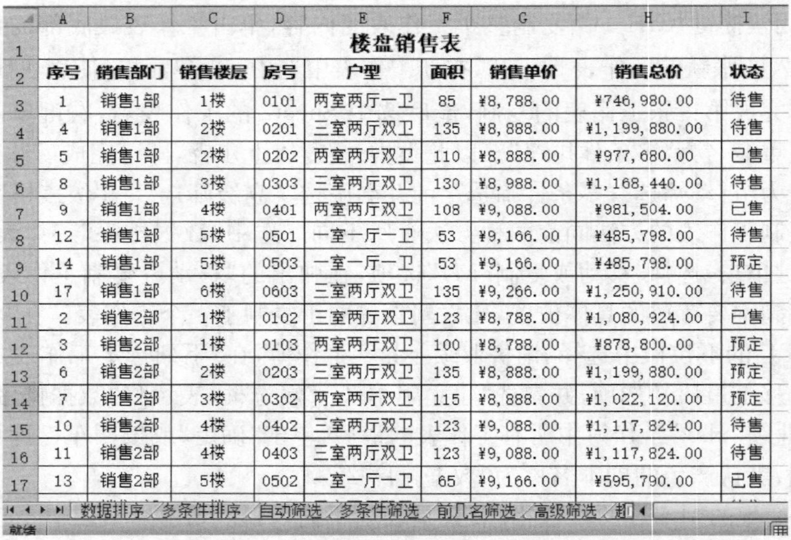

楼盘销售表								
序号	销售部门	销售楼层	房号	户型	面积	销售单价	销售总价	状态
1	销售1部	1楼	0101	两室两厅一卫	85	¥8,788.00	¥746,980.00	待售
4	销售1部	2楼	0201	三室两厅双卫	135	¥8,888.00	¥1,199,880.00	待售
5	销售1部	2楼	0202	两室两厅双卫	110	¥8,888.00	¥977,680.00	已售
8	销售1部	3楼	0303	三室两厅双卫	130	¥8,988.00	¥1,168,440.00	待售
9	销售1部	4楼	0401	两室两厅双卫	108	¥9,088.00	¥981,504.00	已售
12	销售1部	5楼	0501	一室一厅一卫	53	¥9,166.00	¥485,798.00	待售
14	销售1部	5楼	0503	一室一厅一卫	53	¥9,166.00	¥485,798.00	预定
17	销售1部	6楼	0603	三室两厅双卫	135	¥9,266.00	¥1,250,910.00	待售
2	销售2部	1楼	0102	三室两厅双卫	123	¥8,788.00	¥1,080,924.00	已售
3	销售2部	1楼	0103	两室两厅双卫	100	¥8,788.00	¥878,800.00	预定
6	销售2部	2楼	0203	三室两厅双卫	135	¥8,888.00	¥1,199,880.00	预定
7	销售2部	3楼	0302	两室两厅双卫	115	¥8,888.00	¥1,022,120.00	预定
10	销售2部	4楼	0402	三室两厅双卫	123	¥9,088.00	¥1,117,824.00	待售
11	销售2部	4楼	0403	三室两厅双卫	123	¥9,088.00	¥1,117,824.00	待售
13	销售2部	5楼	0502	一室一厅一卫	65	¥9,166.00	¥595,790.00	已售

数据排序 多条件排序 自动筛选 多条件筛选 前几名筛选 高级筛选

就绪

图 4-3-2 所有工作表完成复制并重命名效果图

2. 降序排序

在“数据排序”工作表中，按“销售部门”进行降序排序。

(1) 对表格的数据进行简单排序，即按表格某一列的数据对数据记录进行简单排序。在打开的“销售业绩”工作簿中选择“数据排序”工作表，选择需要简单排序的单元格区域“销售部门”列，由于“销售部门”列在本工作表中属于 C 列，把鼠标移动至工作表列标签“C”上，当鼠标变成黑色向下箭头时单击，即可选中“销售部门”列。选择“数据”选项卡，在“排序和筛选”栏中，单击“降序”按钮 ，在弹出的“排序提醒”对话框中，选择默认的“扩展选定区域(E)”单选按钮，单击“排序(S)”，执行操作后，即可对工作表的数据记录进行降序排序，如图 4-3-3 所示。

	销售业绩表						
序号	员工名称	销售部门	一季度	二季度	三季度	四季度	总业绩
1	王店搂	销售1部	40000	27600	19500	21500	108600
2	李卡罗	销售2部	12900	13300	15500	16800	58500
3	张洛拔					[illegible]	109580
4	赵居包					[illegible]	123110
5	孙工高					[illegible]	104330
6	陈一吧					[illegible]	134220
7	董总挽					[illegible]	91660
8	陈松爬	销售1部	19750	15900	18400	41400	95450
9	某涮菜	销售4部	40000	27600	18700	25600	111900
10	赵妹百	销售2部	28690	27600	26500	35000	117790

排序提醒

Microsoft Excel 发现在选定区域旁边还有数据。该数据未被选择，将不参加排序。

给出排序依据

◉ 扩展选定区域(E)

○ 以当前选定区域排序(C)

排序(S)　取消

数据排序　多条件排序　自动筛选　多条件筛选　前几名筛选　高级筛选

图4-3-3　简单排序

3. 多条件排序

在"多条件排序"工作表中，按主要关键字"一季度"升序排列；一季度销量相同的按次要关键字"二季度"进行升序排列；一季度和二季度销量均相同的按第三次要关键字"总业绩"进行降序排列。

"多条件排序"是根据多列数据(即多个关键字)对数据记录进行多重排序，先按某一个关键字进行排序，再将主要关键字数据相同的记录按第2个关键字进行排序，以此类推。

在打开的"销售业绩"工作簿中选择"多条件排序"工作表，把光标定位在需要排序区域的任意一个单元格，单击"数据"标签，切换至"数据"选项卡。在"排序和筛选"栏中，单击排序按钮。在弹出的"排序"对话框中，单击"主要关键字"右侧的下拉按钮，在弹出的下拉列表中选择"一季度"选项，设置"排序依据"为"数值"，设置"次序"为"升序"。接着单击"添加条件(A)"按钮，增加"次要关键字"选项，设置"次要关键字"为"二季度"，设置"排序依据"为"数值"，设置"次序"为升序，继续单击"添加条件(A)"按钮，增加"次要关键字"选项，设置"次要关键字"为"总业绩"，设置"排序依据"为"数值"，设置"次序"为降序，最后单击"确定"，即可完成多条件排序。此时表格中数据先按"一季度"从低到高排，若一季度销量相同，则按二季度销量从低到高排，若一季度和二季度销量均相同，按"总业绩"从高到低排，如图4-3-4所示。

4. 自动筛选

在"自动筛选"工作表中，筛选出李卡罗和陈一吧的销售数据。

在含有大量数据记录的数据列表中，使用"自动筛选"功能可以快速查找到符合条件的记录，根据筛选条件的多少，自动筛选可以分为单条件自动筛选和多条件自动筛选，本步骤属于单条件筛选。

(1) 在打开的"销售业绩"工作簿中选择"自动筛选"工作表，将光标定位在需要筛选的数据区域的任意一个单元格，单击"数据"标签切换至"数据"选项卡，在"排序和筛选"栏中，单击"筛选"按钮，执行操作后，即可使表格呈筛选状态，即表格的每一个列标题的右侧都出现

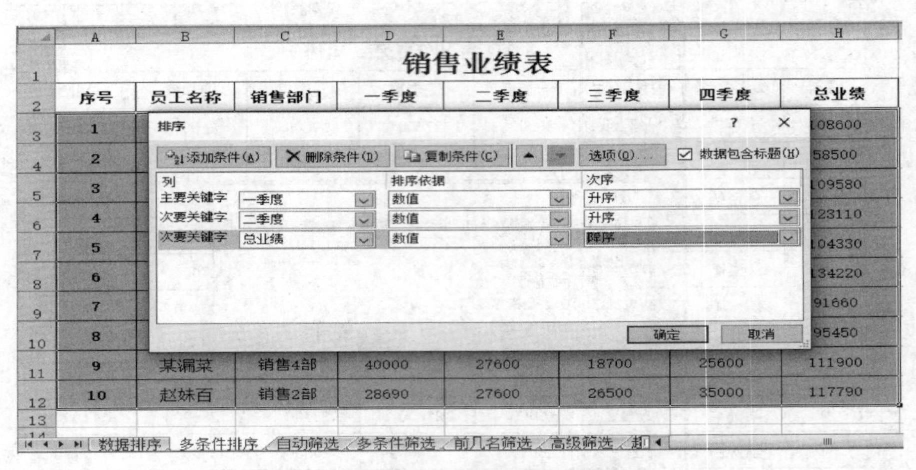

图 4-3-4　多条件排序参数设置

“筛选控制”按钮。

(2) 单击“员工名称”右侧的“筛选”控制按钮，在弹出的列表框取消勾选“全选”复选框，找到“陈一吧”和“李卡罗”两个数据，单击其左侧的复选框，表示选中这 2 个数据，单击“确定”即可找到满足条件的数据，如图 4-3-5、图 4-3-6 所示。

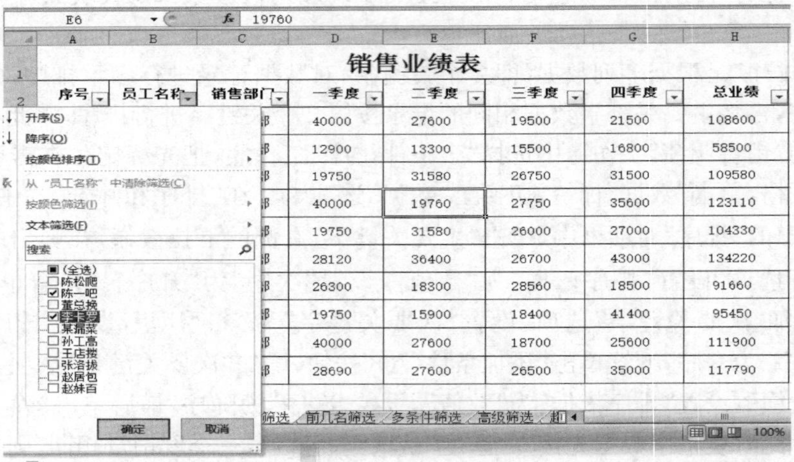

图 4-3-5　自动筛选条件设置

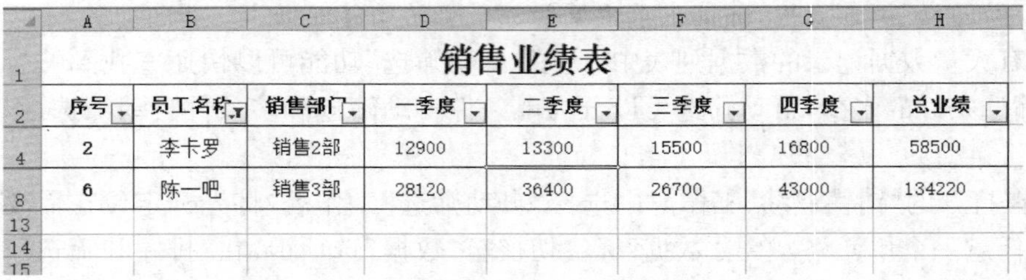

销售业绩表

序号	员工名称	销售部门	一季度	二季度	三季度	四季度	总业绩
2	李卡罗	销售2部	12900	13300	15500	16800	58500
6	陈一吧	销售3部	28120	36400	26700	43000	134220

图 4-3-6　自动筛选效果

5. 前几名筛选

在“前几名筛选”工作表中筛选出“总业绩”排名前 30%的人员销售数据。

(1) 本步骤仍然是单条件筛选，但要用“自定义自动筛选方式”才能完成条件筛选。在打开的“销售业绩”工作薄中选择“前几名筛选”工作表，单击“数据”标签切换至“数据”选项卡，在“排序和筛选”栏中，单击“筛选”按钮，执行操作后，即可使表格呈筛选状态，即表格的每一个列标题的右侧都出现“筛选控制”按钮。单击“总业绩”右侧的“筛选控制”按钮，在弹出对话框中选择“数字筛选”，然后在其下级菜单中选择“10 个最大的值”选项，弹出“自定义自动筛选方式”对话框，在对话框中输入自定义的条件，由于此处条件是排名前 30%的人员销售数据，所以在弹出的“自动筛选前 10 个”对话框中，选择“显示”下方的第一个下拉框，选择“最大”选项，在第三个下拉框中选择“百分比”选项，单击第二个框，输入“30”的数值，单击“确定”即可将排名前 30%的销售数据筛选出来。如图 4-3-7 所示。

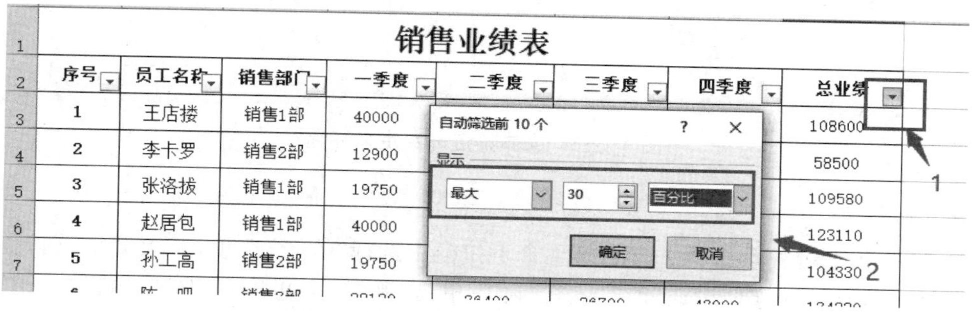

图 4-3-7　前几名筛选参数设置

6. 多条件筛选

在“多条件筛选”工作表中，筛选出陈姓和赵姓员工且总业绩大于 100 000 的销售数据。

(1) 多条件筛选指的是筛选条件等于或大于 2 个，即在数据表格中筛选的关键字有 2 个或 2 个以上。本步骤属于多条件筛选，在打开的“销售业绩”工作簿中选择“多条件筛选”工作表，将光标定位在需要筛选的数据区域的任意一个单元格，单击“数据”标签切换至“数据”选项卡，在“排序和筛选”栏中，单击“筛选”按钮，执行操作后，即可使表格呈筛选状态，即表格的每一个列标题的右侧都出现“筛选控制”按钮。单击“员工名称”右侧的“筛选控制”按钮，在弹出的列表框中选择“文本筛选(F)”选项，然后单击其下一级菜单中的“自定义筛选(F)”选项，如图 4-3-8 所示。

(2) 在弹出的“自定义自动筛选方式”对话框中输入自定义的条件。在“员工名称”下方的第一个下拉框中选择“等于”选项，在第二个下拉框中，直接输入“陈 *”，这里使用了通配符“ * ”，它在 Windows 中代表任意一串的字符，表示查找的是所有陈姓员工的销售记录。因为陈姓员工后面的名字可以是 1 个字如“陈 X”，也可以是 2 个字如“陈 XX”，甚至可以是 3 个字如“陈 XXX”，陈姓后面跟的汉字的字数是不确定的，所以使用“ * ”通配符。

“陈姓和赵姓”表面看似是逻辑“与”的关系，逻辑“与”表示 2 个条件同时成立，但根据实际情况具体分析，一个人是不可能同时姓两个姓的，所以这里是逻辑“或”的关系，表示可能是陈姓，也可能是赵姓，所以在“员工名称”下方的 2 个逻辑关系的单元按钮里，单击选择第二个逻

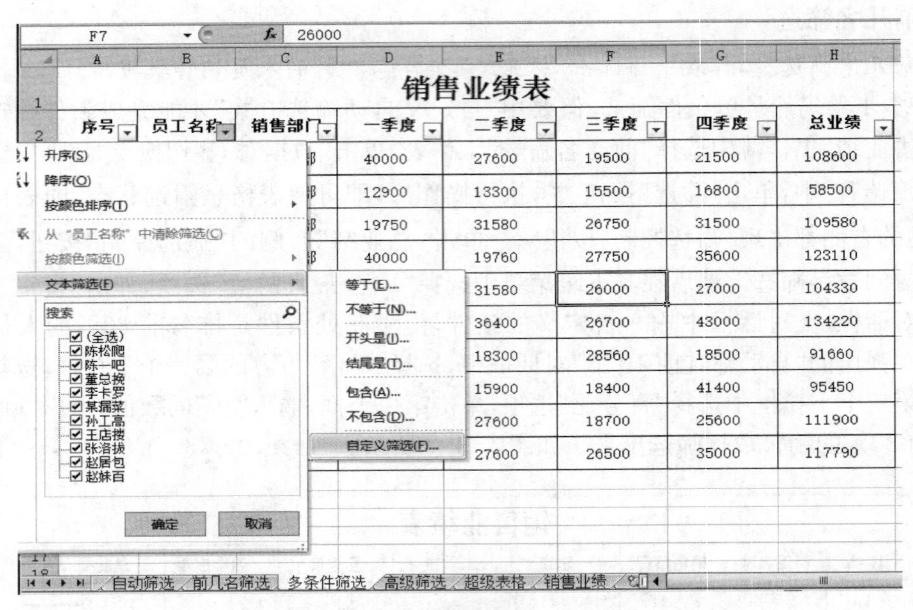

图 4-3-8　文本筛选—自定义筛选

辑关系“或(O)”。

(3) 同理在逻辑关系选择下方的第 1 个下拉框中选择“等于”选项，在第 2 个下拉框中，直接输入“赵 * ”，此处同样使用通配符“ * ”。随后单击“确定”即可完成“陈姓和赵姓”销售人员销售记录的筛选。条件设置如图 4-3-9 所示。

(4) 本步骤的另一个条件是“总业绩大于 100 000”。在已筛选出陈姓和赵姓的销售人员的销售记录的基础上，将光标定位在需要二次筛选的数据区域的任意一个单元格，单击“总业绩”右侧的“筛选控制”按钮，在弹出的列表框中选择“数字筛选(F)”选项，接着点击下一级菜单中的“大于(G)”选项，在弹出的“自定义自动筛选方式”对话框中输入自定义的条件，在“总业绩”的下方的第 1 个下拉框中选择“大于”选项，在第 2 个下拉框中，直接输入数字“100000”，单击“确定”即可完成所有“陈姓和赵姓且总业绩大于 100000”的销售人员销售记录的筛选。条件设置和筛选结果如图 4-3-10、图 4-3-11 所示。

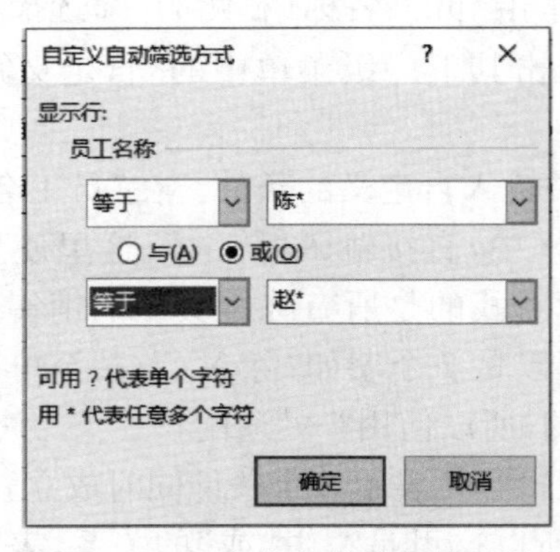

图 4-3-9　自定义筛选条件设置

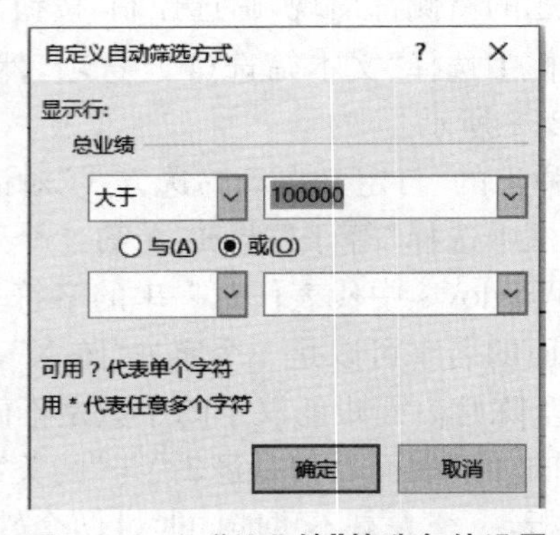

图 4-3-10　“总业绩”筛选条件设置

	A	B	C	D	E	F	G	H
1	销售业绩表							
2	序号	员工名称	销售部门	一季度	二季度	三季度	四季度	总业绩
6	4	赵居包	销售1部	40000	19760	27750	35600	123110
8	6	陈一吧	销售3部	28120	36400	26700	43000	134220
12	10	赵妹百	销售2部	28690	27600	26500	35000	117790

图 4-3-11　多条件筛选效果图

7. 高级筛选

在“高级筛选”工作表中，用“高级筛选”筛选出销售1部其中一个季度销售额大于等于40000的员工数据，并将筛选结果放置于A20开始的区域中。

“高级筛选”适用于数据表格的字段比较多，筛选条件也比较多且复杂的情况。本步骤筛选的条件有4个：销售部门是1部且一季度的销售额大于等于40000的员工数据，销售部门是1部且二季度的销售额大于等于40000的员工数据，销售部门是1部且三季度的销售额大于等于40000的员工数据，销售部门是1部且四季度的销售额大于等于40000的员工数据。销售部门和销售额之间是逻辑“与”的关系，销售1部和不同季度间的销售数据是逻辑“或”的关系。

(1) 要使用“高级筛选”功能，必须先建立一个条件区域，用于指定筛选的数据要满足的条件，条件区域的第1行是作为筛选条件的字段名，这些字段名必须与数据清单中的字段名完全相同，条件区域的其他行则用于输入筛选条件，条件是逻辑“与”的关系的放在同一行，条件是逻辑“或”的关系的放在同一列。

在打开的“销售业绩”工作簿中选择“高级筛选”工作表，选择需要筛选的数据区域的标题行，右键单击选择“复制”选项，接着将光标定位在任意一个空白单元格中(用来存放条件的区域)，这里选择J2单元格，右键单击选择“粘贴”选项，将标题复制到J2单元格起始的单元格中，在新复制的标题行下方构造第一个条件“销售部门是1部且一季度的销售额大于等于40000的员工数据”，这里销售部门与一季度销售额之间是逻辑“与”的关系，所以在“销售部门”列标题下方的第一个单元格中输入文本“销售1部”，在同一行的“一季度”的下方输入文本“＞＝40000”，注意这里的“＞＝”符号一定是英文半角的符号。

(2) 接着构造第2个条件“销售部门是1部且二季度的销售额大于等于40000”，第2个条件和第1个条件之间是逻辑“或”的关系，所以应该写在第1个条件的下一行。在“销售部门”列标题的下方的第2个单元格中输入文本“销售1部”，在同一行的“二季度”的下方输入文本“＞＝40000”。

(3) 继续构造第3个条件“销售部门是1部且三季度的销售额大于等于40000的员工数据”和第4个条件“销售部门是1部且四季度的销售额大于等于40000的员工数据”，其构造的条件区域如图4-3-12所示。

(4) 构造好条件后将光标定位于要进行筛选的数据区域的任意一个单元格中，单击“数据”标签切换至“数据”选项卡，在“排序和筛选”栏中，单击“高级”按钮，执行操作后，在弹出的“高级筛选”对话框中，根据题目要求要将筛选的数据放在A20单元格，所以在“方式”下方

序号	员工名称	销售部门	一季度	二季度	三季度	四季度	总业绩
		销售1部	>=40000				
		销售1部		>=40000			
		销售1部			>=40000		
		销售1部				>=40000	

图 4-3-12　高级筛选条件构造

单击选择“将筛选结果复制到其他位置(O)”，接着点击“列表区域(L)”后的引用按钮，选择要筛选的数据区域 A2:H12，再点击“条件区域(C)”后的引用按钮，选择之前构造的条件区域 J2:Q6，最后点击“复制到(T)”后的引用按钮，选择 A20 单元格，单击“确定”即可筛选出题目要求的“销售 1 部其中一个季度销售额大于等于 40000”的员工数据，如图 4-3-13、图 4-3-14 所示。

	A	B	C	D	E	F	G	H
1	销售业绩表							
2	序号	员工名称	销售部门	一季度	二季度	三季度	四季度	总业绩
3	1	王店搂	销售1部			19500	21500	108600
4	2	李卡罗	销售2部			15500	16800	58500
5	3	张洛拔	销售1部			26750	31500	109580
6	4	赵居包	销售1部			27750	35600	123110
7	5	孙工高	销售2部			26000	27000	104330
8	6	陈一吧	销售3部			26700	43000	134220
9	7	董总挽	销售3部			28560	18500	91660
10	8	陈松爬	销售1部	19750	15900	18400	41400	95450
11	9	某漏菜	销售4部	40000	27600	18700	25600	111900
12	10	赵妹百	销售2部	28690	27600	26500	35000	117790

高级筛选　?　×
方式
○在原有区域显示筛选结果(F)
◉将筛选结果复制到其他位置(O)
列表区域(L): $A$2:$H$12
条件区域(C): 筛选!$J$2:$Q$6
复制到(T): 高级筛选!$A$20
□选择不重复的记录(R)
确定　取消

图 4-3-13　高级筛选参数设置

20	序号	员工名称	销售部门	一季度	二季度	三季度	四季度	总业绩
21	1	王店搂	销售1部	40000	27600	19500	21500	108600
22	4	赵居包	销售1部	40000	19760	27750	35600	123110
23	8	陈松爬	销售1部	19750	15900	18400	41400	95450

图 4-3-14　高级筛选结果

8. 使用超级表格

在“超级表格”工作表中，使用函数 SUBTOTAL(3，$B$3:B3)，计算每条记录对应的序号(公式中的数字“3”表示统计区域内的非空单元格个数)。使用“Ctrl+T”快捷键将 A2:H12 区域数据变成“超级表格”，插入“销售部门”切片器，并筛选出“销售 1 部”的数据，观察“序号”字段值的变化。

Excel 的超级表格是相对于普通数据表而言的，它是一个表格样式，具有美化表格、数据统计、自动填充、切片器等多种功能。其中切片器主要是在超级表格的基础上帮助用户对 Excel 中的数据进行筛选和分析，实现数据动态展示效果，本步骤主要利用 SUBTOTAL 函数和切片器实现对数据的动态筛选统计。

(1) 为了对筛选的数据的记录条数进行统计，先利用 SUBTOTAL 函数对数据表的每一条记录的序号进行重新编辑。在打开的"销售业绩"工作表中选择"超级表格"工作表，选择 A3 单元格，即第 1 条记录的序号"1"所在的单元格，单击编辑栏上的 fx 按钮插入函数，在弹出的"插入函数"对话框中，通过"搜索函数"找到 SUBTOTAL 函数，在"选择函数"列表框中单击"SUBTOTAL"，单击"确定"弹出"函数参数"对话框。第 1 个参数 Function_num 是 1～11 的数字，用于指定分类汇总所采用的汇总函数，这里在第 1 个参数后填写数字"3"，表示选择的汇总函数是 COUNTA，统计非空单元格的个数。第 2 个参数 Ref1 表示分类汇总的区域或引用，汇总的单元格可以是其他列的单元格个数，这里选择 B 列的数据。对于第 1 条记录，其统计的起始单元格是 B3 单元格，结束单元格也是 B3 单元格，即其汇总的区域为 B3:B3，单击"确定"即可完成第 1 条记录序号的编辑。其余数据记录序号的重新编辑可以使用自动填充的方式，其起始单元格仍然是 B3 单元格，但结束单元格会随着结果单元格的变化而变化，如第 2 条记录的起始单元格是 B3 单元格，但结束单元格是 B4 单元格，即汇总的区域是 B3:B4，第 3 条记录的起始单元格是 B3 单元格，结束单元格是 B5 单元格，即汇总的区域是 B3:B5，以此类推，直至结束，因此快速填充时 B3 单元格要保持不变，必须给起始的 B3 单元格的行号和列号都加上"＄"符号，即第 2 个参数的汇总区域应该为＄B＄3: B3，最后单击"确定"，即可完成第一条记录的序号编辑。参数设置如图 4-3-15 所示。

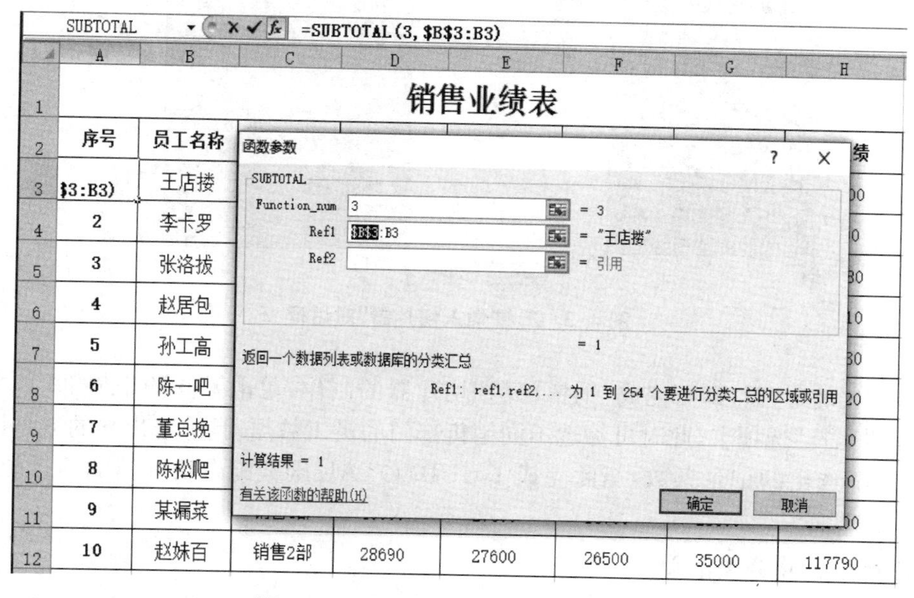

图 4-3-15　SUBTOTAL 函数参数设置

(2) 接着选择 A3 单元格，将鼠标移动至 A3 单元格的右下角，当鼠标变成黑色十字加号"+"时，左键双击即可完成剩余数据序号的填充，此时所有记录的序号都已完成函数编辑。

(3) 在"超级表格"工作表中单击需要进行筛选的数据区域的任意一个单元格，按住

"Ctrl＋T"快捷键，在弹出的"创建表"对话框中选择"表数据的来源(W)"下方的引用按钮，选择需要进行筛选的数据区域 A2∶H12，并勾选其下方的"表包含标题(M)"前的复选框，表示创建的超级表格包含了表标题，单击"确定"就完成了普通的数据表到超级表格的转变，如图 4-3-16 所示。转变后的表格标题行中每个标题都加了筛选标志，并为表格应用上了表格样式，并且其主菜单上多了一个"表格工具"选项卡。

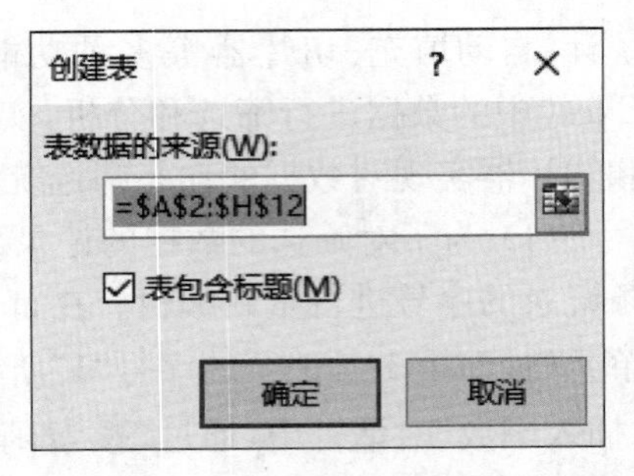

图 4-3-16 使用"Ctrl＋T"快捷键"创建表"对话框

(4) 将光标定位在转换后的超级表格中的任意一个单元格，选择"设计"选项卡中的"插入切片器"按钮，在弹出的"插入切片器"对话框中，单击"销售部门"前的复选框，表示用切片器动态地展示筛选不同销售部门的数据，如图 4-3-17 所示。

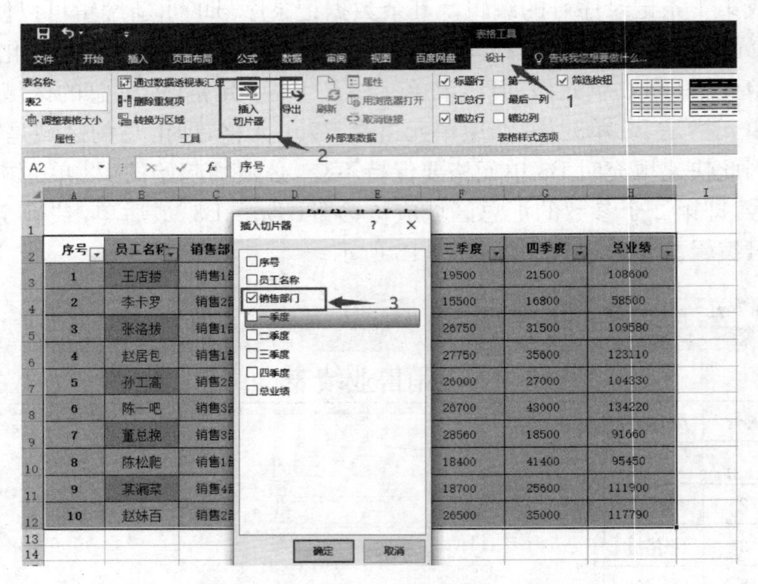

图 4-3-17 "插入切片器"对话框

(5) 单击"确定"后，即可完成"销售部门"切片器的制作，单击不同的销售部门，主菜单上新增"切片器工具"选项卡，此时可筛选不同销售部门的员工数据，且筛选出来的数据记录的序号能够统计筛选出的记录条数，至此完成了 SUBTOTAL 函数配合切片器的筛选统计功能，如图 4-3-18 所示。

9. 升序排列并分类汇总

在"销售业绩"工作表中，先按"销售部门"升序排列，销售部门相同的再按"户型"升序排列，最后利用分类汇总功能，先统计出各销售部门的销售总金额，再按"户型"分类，统计出各销售部门各户型的销售总金额。

分类汇总用于对表格数据或原始数据进行分析处理，并可以自动插入汇总信息行，用户不仅可以建立清晰、明了的总结报告，还可以设置在报告中只显示第一层的信息而隐藏其他层次

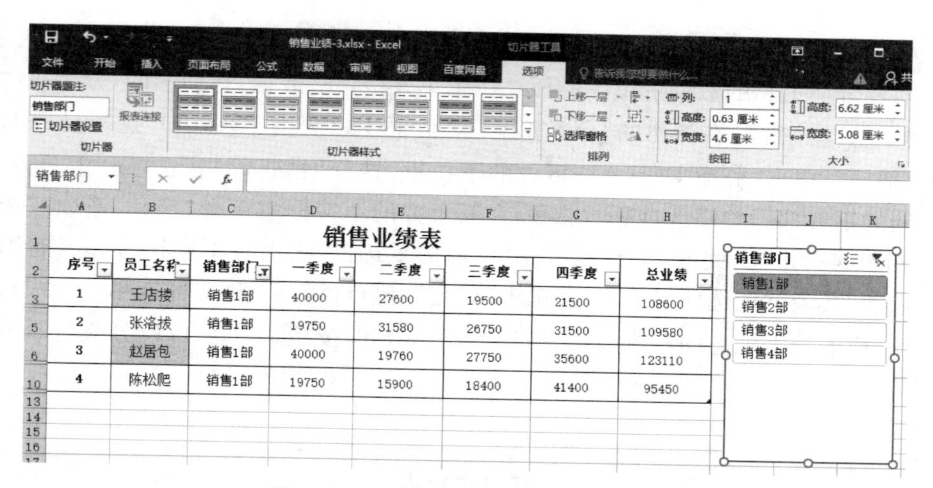

图 4-3-18 “销售部门”切片器效果图

的信息。要使用自动分类汇总功能，必须将参与分类汇总的数据组织成具有列标题的数据清单，且在创建分类汇总前必须先根据需要分类汇总的数据列对数据清单进行排序。排序是指将需要分类的数据记录集中在一起。

（1）在打开的“销售业绩”工作簿中选择“销售业绩”工作表，将光标定位于需要分类汇总的数据清单中的任意一个单元格，在“数据”选项卡的“排序和筛选”栏中单击排序按钮，在弹出的“排序”对话框中，在“主要关键字”右侧的下拉框中选择“销售部门”选项，在“排序依据”的下拉框中“数值”选项，在“次序”下拉框中选择“升序”选项，再点击“添加条件(A)”按钮，在“次要关键字”右侧的下拉框中选择“户型”选项，“排序依据”选择“数值”，“次序”选择“升序”选项，最后单击“确定”，执行操作后，数据清单的记录即可先按照“销售部门”升序排列，销售部门相同的记录再按照“户型”升序排列，如图 4-3-19 所示。

楼盘销售表

序号	销售部门	销售楼层	房号	户型	面积	销售单价	销售总价	状态
1	销售1部	1楼	0101	两室两厅一卫	85	¥8,788.00	¥746,980.00	待售
4	销售1部	2楼	0201	三室两厅双卫	135	¥8,888.00	¥1,199,880.00	待售
5	销售							
8	销售							
9	销售							
12	销售							
14	销售							
17	销售							
2	销售							
3	销售							
6	销售							
7	销售							
10	销售2部	4楼	0402	三室两厅双卫	123	¥9,088.00	¥1,117,824.00	待售
11	销售2部	4楼	0403	三室两厅双卫	123	¥9,088.00	¥1,117,824.00	待售
13	销售2部	5楼	0502	一室一厅一卫	65	¥9,166.00	¥595,790.00	已售
15	销售2部	6楼	0601	三室两厅双卫	108	¥9,266.00	¥1,000,728.00	待售
16	销售2部	6楼	0602	三室两厅双卫	108	¥9,266.00	¥1,000,728.00	已售

排序
添加条件(A) 删除条件(D) 复制条件(C) 选项(O)... 数据包含标题(H)

列		排序依据	次序
主要关键字	销售部门	数值	升序
次要关键字	户型	数值	升序

确定 取消

图 4-3-19 “销售部门”排序参数设置

（2）本步骤的分类汇总是嵌套的分类汇总，第一个级别是先按“销售部门”分类汇总，把光标定位在需要分类汇总的数据清单中的任意一个单元格，在“数据”选项卡的“分级显示”栏中，单击“分类汇总”按钮，在弹出的“分类汇总”对话框中，“分类字段(A)”选择排序的主要关键字“销售部门”，单击“分类字段(A)”下方的下拉框，选择“销售部门”选项，“汇总方式(U)”是统计不同的销售部门的销售金额的总和，在其下方的下拉框中选择“求和”选项，“选定汇总项(D)”指对谁进行汇总，此处单击“销售总价”前的复选框，表示对不同销售部门的销售总价进行汇总求和，其余默认选项保持不变，单击“确定”，执行操作后，即可完成第一个级别的分类汇总，在已完成的分类汇总的左侧显示有确定显示级别的按钮 1 2 3 ，可以分级显示不同级别的汇总，参数设置如图 4-3-20 所示。

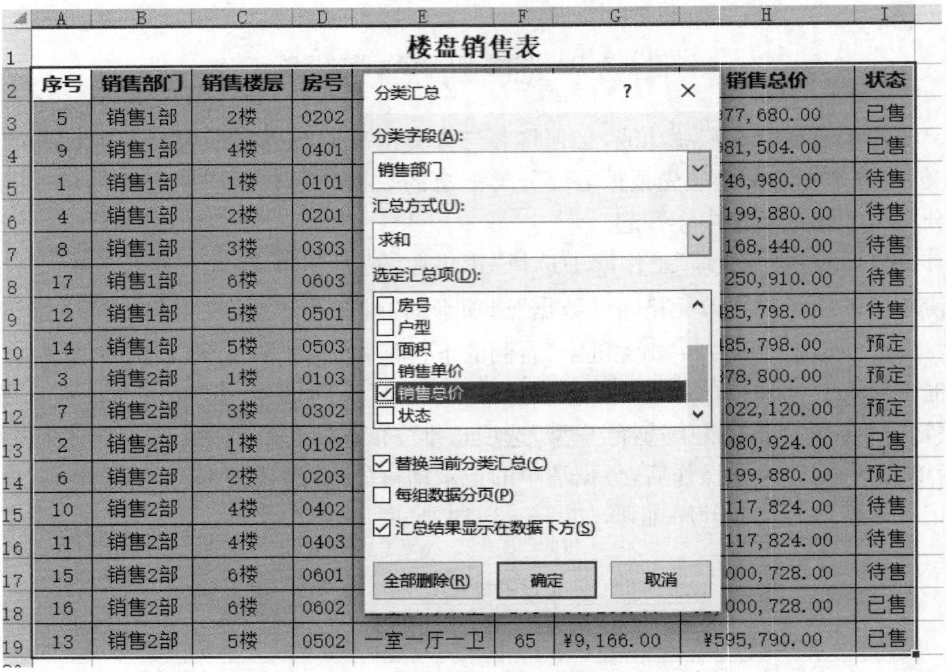

图 4-3-20 “销售部门”分类汇总参数设置

（3）在同一个工作表中对不同的数据列进行多次汇总，就是嵌套分类汇总，此处要在按“销售部门”分类汇总的基础上对同个部门的不同“户型”进行再次汇总。同样把光标定位在需要分类汇总的数据清单中的任意一个单元格，在“数据”选项卡的“分级显示”栏中，单击“分类汇总”按钮，在弹出的“分类汇总”对话框中，“分类字段(A)”选择排序的次要关键字“户型”，“汇总方式(U)”是统计不同的销售部门的销售金额的总和，在其下方的下拉框中选择“求和”选项，“选定汇总项(D)”指的是对谁进行汇总，仍然单击“销售总价”前的复选框，表示对不同销售部门的销售总价进行汇总求和。由于此处是嵌套汇总，所以不能勾选“替换当前分类汇总(C)”的选项，即要取消勾选“替换当前分类汇总”前的复选框，否则会用第二次的分类汇总替换原来的分类汇总，达不到嵌套汇总的效果，最后单击“确定”，执行操作后，即可完成嵌套的分类汇总。参数设置及汇总效果如图 4-3-21、图 4-3-22 所示。

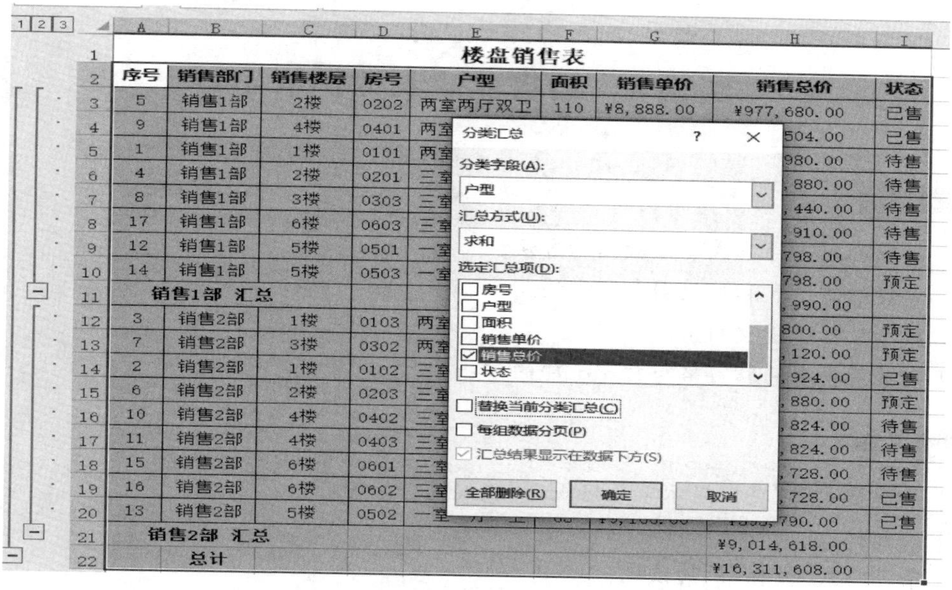

	A	B	C	D	E	F	G	H	I
1	楼盘销售表								
2	序号	销售部门	销售楼层	房号	户型	面积	销售单价	销售总价	状态
3	5	销售1部	2楼	0202	两室两厅双卫	110	¥8,888.00	¥977,680.00	已售
4	9	销售1部	4楼	0401	两室			504.00	已售
5	1	销售1部	1楼	0101	两室			980.00	待售
6	4	销售1部	2楼	0201	三室			,880.00	待售
7	8	销售1部	3楼	0303	三室			,440.00	待售
8	17	销售1部	6楼	0603	三室			,910.00	待售
9	12	销售1部	5楼	0501	一室			798.00	待售
10	14	销售1部	5楼	0503	一室			798.00	预定
11	销售1部 汇总							,990.00	
12	3	销售2部	1楼	0103	两室			800.00	预定
13	7	销售2部	3楼	0302	两室			,120.00	预定
14	2	销售2部	1楼	0102	三室			,924.00	已售
15	6	销售2部	2楼	0203	三室			,880.00	预定
16	10	销售2部	4楼	0402	三室			,824.00	待售
17	11	销售2部	4楼	0403	三室			,824.00	待售
18	15	销售2部	6楼	0601	三室			,728.00	待售
19	16	销售2部	6楼	0602	三室			,728.00	已售
20	13	销售2部	5楼	0502	一室			,790.00	已售
21	销售2部 汇总							¥9,014,618.00	
22	总计							¥16,311,608.00	

分类汇总 ? ×

分类字段(A):

户型

汇总方式(U):

求和

选定汇总项(D):

- ☐ 房号
- ☐ 户型
- ☐ 面积
- ☐ 销售单价
- ☑ 销售总价
- ☐ 状态

☐ 替换当前分类汇总(C)

☐ 每组数据分页(P)

☑ 汇总结果显示在数据下方(S)

全部删除(R) 确定 取消

图 4-3-21 “户型”嵌套分类汇总参数设置

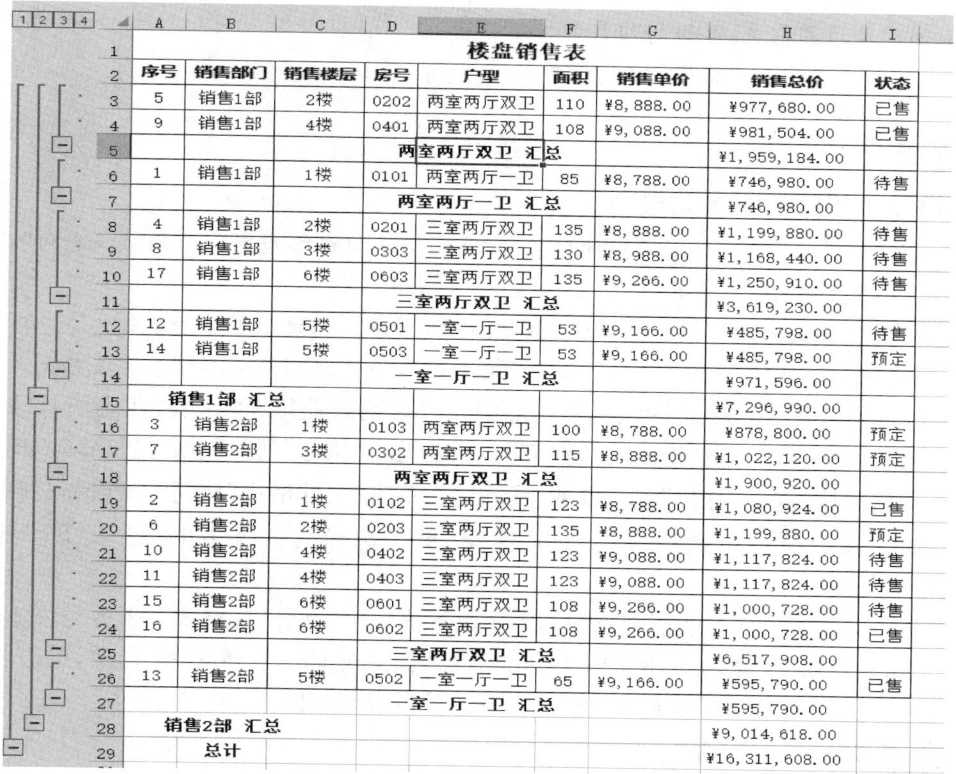

	A	B	C	D	E	F	G	H	I
1	楼盘销售表								
2	序号	销售部门	销售楼层	房号	户型	面积	销售单价	销售总价	状态
3	5	销售1部	2楼	0202	两室两厅双卫	110	¥8,888.00	¥977,680.00	已售
4	9	销售1部	4楼	0401	两室两厅双卫	108	¥9,088.00	¥981,504.00	已售
5					两室两厅双卫 汇总			¥1,959,184.00	
6	1	销售1部	1楼	0101	两室两厅一卫	85	¥8,788.00	¥746,980.00	待售
7					两室两厅一卫 汇总			¥746,980.00	
8	4	销售1部	2楼	0201	三室两厅双卫	135	¥8,888.00	¥1,199,880.00	待售
9	8	销售1部	3楼	0303	三室两厅双卫	130	¥8,988.00	¥1,168,440.00	待售
10	17	销售1部	6楼	0603	三室两厅双卫	135	¥9,266.00	¥1,250,910.00	待售
11					三室两厅双卫 汇总			¥3,619,230.00	
12	12	销售1部	5楼	0501	一室一厅一卫	53	¥9,166.00	¥485,798.00	待售
13	14	销售1部	5楼	0503	一室一厅一卫	53	¥9,166.00	¥485,798.00	预定
14					一室一厅一卫 汇总			¥971,596.00	
15	销售1部 汇总							¥7,296,990.00	
16	3	销售2部	1楼	0103	两室两厅双卫	100	¥8,788.00	¥878,800.00	预定
17	7	销售2部	3楼	0302	两室两厅双卫	115	¥8,888.00	¥1,022,120.00	预定
18					两室两厅双卫 汇总			¥1,900,920.00	
19	2	销售2部	1楼	0102	三室两厅双卫	123	¥8,788.00	¥1,080,924.00	已售
20	6	销售2部	2楼	0203	三室两厅双卫	135	¥8,888.00	¥1,199,880.00	预定
21	10	销售2部	4楼	0402	三室两厅双卫	123	¥9,088.00	¥1,117,824.00	待售
22	11	销售2部	4楼	0403	三室两厅双卫	123	¥9,088.00	¥1,117,824.00	待售
23	15	销售2部	6楼	0601	三室两厅双卫	108	¥9,266.00	¥1,000,728.00	待售
24	16	销售2部	6楼	0602	三室两厅双卫	108	¥9,266.00	¥1,000,728.00	已售
25					三室两厅双卫 汇总			¥6,517,908.00	
26	13	销售2部	5楼	0502	一室一厅一卫	65	¥9,166.00	¥595,790.00	已售
27					一室一厅一卫 汇总			¥595,790.00	
28	销售2部 汇总							¥9,014,618.00	
29	总计							¥16,311,608.00	

图 4-3-22 嵌套分类汇总效果

实验4 销售业绩表数据展示

实验目的

(1) 掌握利用条件格式展示数据的方法。

(2) 掌握创建图表和美化图表的方法。

(3) 熟悉数据透视表的用法。

(4) 掌握数据表冻结窗格与打印标题的方法。

实验内容

(1) 条件格式的"突出显示单元格规则"的设置。

(2) 条件格式"项目选取规则"的设置。

(3) 条件格式"数据条"的设置

(4) 条件格式"色阶"的设置。

(5) 条件格式的"新建规则"的"使用公式确定要设置格式的单元格"的设置。

(6) 创建"各部门的每月费用支出"的"堆积柱形图"并美化图表。

(7) 创建数据透视表,并进行值计算。

(8) "冻结窗格及打印标题"的设置。

实验步骤

1. 设置"突出显示单元格规则"

在"销售业绩"工作表中,利用条件格式的"突出显示单元格规则",为销售状态为"已售"的数据设置"浅红色填充深红色文本"。

条件格式能够根据用户给定的条件对单元格数据进行自定义格式化,无论是进行数据分析、制作报表还是创建图表,条件格式都可以帮助用户快速识别和突出显示相关数据。

(1) 在打开的"销售数据展示表"工作簿中,选择"销售业绩"工作表,在应用条件格式之前,首先需要选择要设置条件格式的数据范围,此处是为"状态"列的数据设置格式。单击选择I3:I19单元格区域,选择"开始"选项卡的"样式"栏,单击"条件格式"按钮 条件格式 右侧的下拉框,单击选择"突出显示单元格规则(H)"选项,单击选择其下级菜单"等于(E)"选项,如图4-4-1所示。

(2) 在弹出的"等于"对话框中,在"为等于以下值的单元格设置格式:"下方的文本框中输入文本"已售",单击"设置为"右侧的下拉框选择"浅红填充色深红色文本"选项,单击"确定",执行操作后即可完成"已售"单元格的格式设置。参数设置如图4-4-2所示。

2. 设置"项目选取规则"

在"销售业绩"工作表中,利用条件格式"项目选取规则",将"销售单价"前3名的单元格背景色设置为绿色。

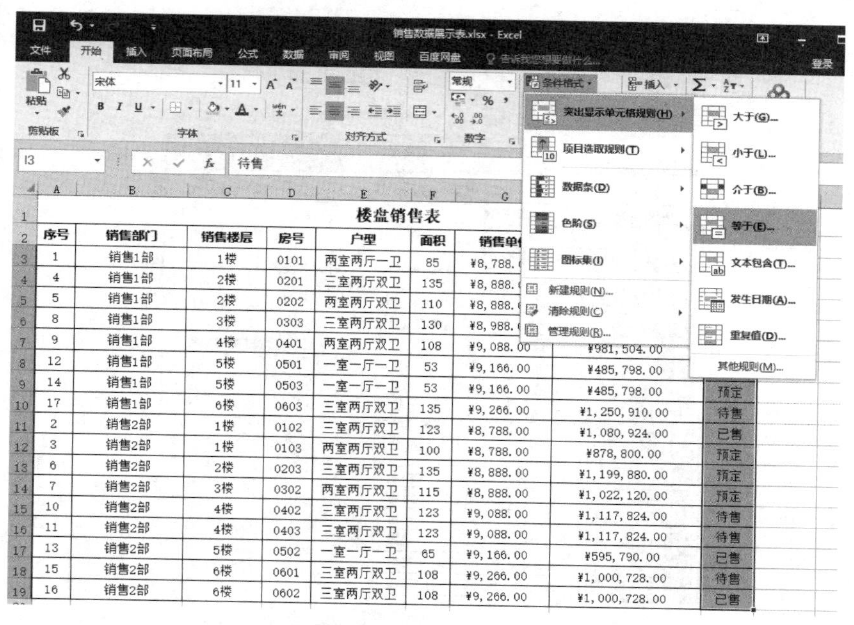

图 4-4-1 “突出显示单元格规则(H)”条件格式菜单

楼盘销售表

序号	销售部门	销售楼层	房号	户型	面积	销售单价	销售总价	状态
1	销售1部	1楼	0101	两室两厅一卫	85	¥8,788.00	¥746,980.00	待售
4	销售1部	2楼	0201	三室两厅双卫	135	¥8,888.00	¥1,199,880.00	待售
5	销售1部	2楼	0202	两室两厅双卫	110	¥8,888.00	¥977,680.00	已售
8	销售1部	3楼	0303	三室两厅双卫	130	¥8,988.00	¥1,168,440.00	待售
9	销售1部						,504.00	已售
12	销售1部						,798.00	待售
14	销售1部						,798.00	预定
17	销售1部						0,910.00	待售
2	销售2部						0,924.00	已售
3	销售2部						,800.00	预定
6	销售2部							预定
7	销售2部	3楼	0302	两室两厅双卫	115	¥8,888.00	¥1,022,120.00	预定
10	销售2部	4楼	0402	三室两厅双卫	123	¥9,088.00	¥1,117,824.00	待售
11	销售2部	4楼	0403	三室两厅双卫	123	¥9,088.00	¥1,117,824.00	待售
13	销售2部	5楼	0502	一室一厅一卫	65	¥9,166.00	¥595,790.00	已售
15	销售2部	6楼	0601	三室两厅双卫	108	¥9,266.00	¥1,000,728.00	待售
16	销售2部	6楼	0602	三室两厅双卫	108	¥9,266.00	¥1,000,728.00	已售

图 4-4-2 “状态”条件格式参数设置

(1) 在打开的“销售数据展示表”工作薄中，选择“销售业绩”工作表，在应用条件格式之前，首先需要选择要设置条件格式的数据范围，此处是为“销售单价”列的数据设置格式。单击选择 G3:G19 单元格区域，选择“开始”选项卡的“样式”栏，单击“条件格式”按钮 条件格式 右侧的下拉框，单击选择“项目选取规则(T)”选项，继续单击选择其下级菜单“前 10 项(T)”选项，如图 4-4-3 所示。在弹出的“前 10 项”对话框中，在“为值最大的那些单元格设置格式:”下方的调整框中输入数字“3”，单击“设置为”右侧的下拉框选择“自定义格式...”选项。

(2) 在弹出的“设置单元格格式”对话框中，单击选择“填充”选项卡，单击选择“背景色(C):”下方的颜色“绿色”，连续单击“确定”，完成“前 3 名”单元格的格式设置。如图 4-4-4 所示。

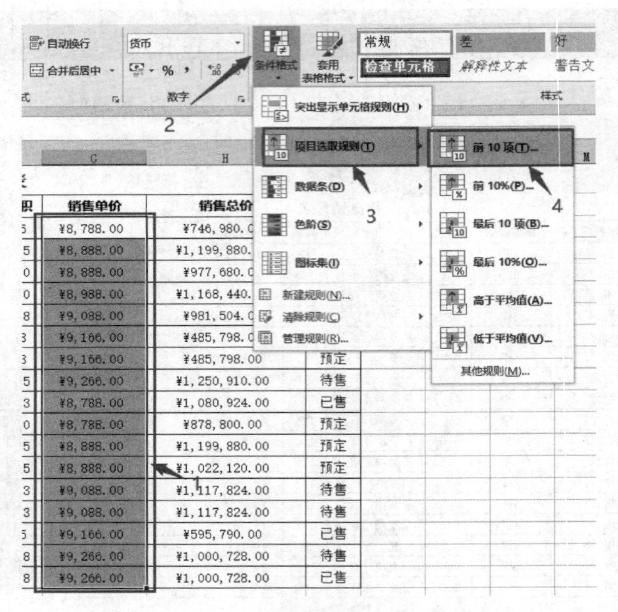

图 4-4-3 “项目选取规则(T)”条件格式菜单

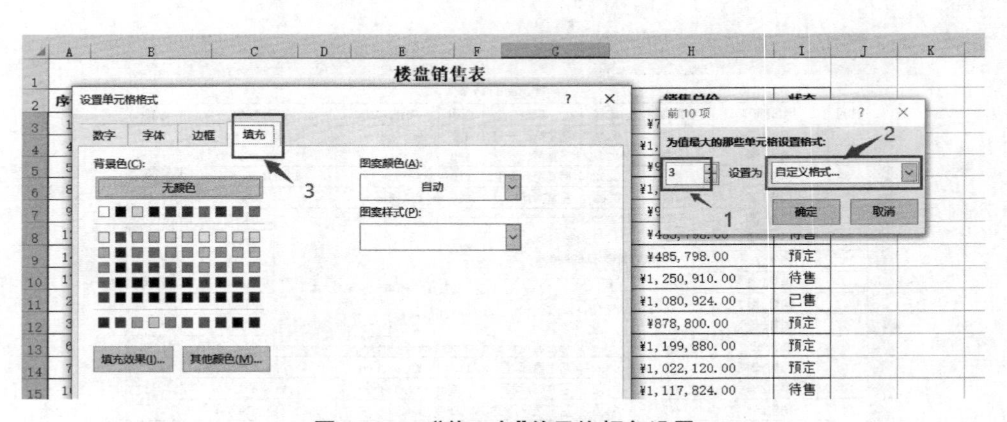

图 4-4-4 “前 3 名”单元格颜色设置

3. 设置“数据条”

在“销售业绩”工作表中，利用条件格式的“数据条”将“销售总价”设置为渐变填充下的“橙色数据条”。

(1) 在打开的“销售数据展示表”工作簿中，选择“销售业绩”工作表，在应用条件格式之前，首先需要选择要设置条件格式的数据范围，这里是为“销售总价”列的数据设置格式，单击选择 H3:H19 单元格区域，选择“开始”选项卡的“样式”栏，单击“条件格式”按钮 条件格式 右侧的下拉框，单击选择“数据条(D)”选项，继续单击选择其下级菜单“渐变填充”选项，在“渐变填充”对话框中单击选择“橙色数据条”，单击“确定”，执行操作后即可完成“销售总价”设置为渐变填充下的“橙色数据条”单元格的格式设置。数据条是在不更改原数据清单顺序的前提下，为单元格中的数据，增添“带颜色的”柱状条或背景颜色，以此来直观地显示选中范围数据的“大小关系”。如图 4-4-5 所示。

楼盘销售表

序号	销售部门	销售楼层	房号	户型	面积	销售单		
1	销售1部	1楼	0101	两室两厅一卫	85	¥8,788.		
4	销售1部	2楼	0201	三室两厅双卫	135	¥8,888.		
5	销售1部	2楼	0202	两室两厅双卫	110	¥8,888.		
8	销售1部	3楼	0303	三室两厅双卫	130	¥8,988.		
9	销售1部	4楼	0401	两室两厅双卫	108	¥9,088.00	¥981,504.00	
12	销售1部	5楼	0501	一室一厅一卫	53	¥9,166.00	¥485,798.00	
14	销售1部	5楼	0503	一室一厅一卫	53	¥9,166.00	¥485,798.00	预定
17	销售1部	6楼	0603	三室两厅双卫	135	¥9,266.00	¥1,250,910.00	待售
2	销售2部	1楼	0102	三室两厅双卫	123	¥8,788.00	¥1,080,924.00	已售
3	销售2部	1楼	0103	两室两厅双卫	100	¥8,788.00	¥878,800.00	预定
6	销售2部	2楼	0203	三室两厅双卫	135	¥8,888.00	¥1,199,880.00	预定
7	销售2部	3楼	0302	两室两厅双卫	115	¥8,888.00	¥1,022,120.00	预定
10	销售2部	4楼	0402	三室两厅双卫	123	¥9,088.00	¥1,117,824.00	待售
11	销售2部	4楼	0403	三室两厅双卫	123	¥9,088.00	¥1,117,824.00	待售
13	销售2部	5楼	0502	一室一厅一卫	65	¥9,166.00	¥595,790.00	已售
15	销售2部	6楼	0601	三室两厅双卫	108	¥9,266.00	¥1,000,728.00	待售
16	销售2部	6楼	0602	三室两厅双卫	108	¥9,266.00	¥1,000,728.00	已售

图 4-4-5 “数据条(D)”条件格式菜单

4. 设置“色阶”

在“销售业绩”工作表中，利用条件格式的“色阶”将“面积”设置为“红-黄-绿”色阶。

(1) 在打开的“销售数据展示表”工作簿中，选择“销售业绩”工作表，在应用条件格式之前，首先需要选择要设置条件格式的数据范围，这里是为“面积”列的数据设置格式，单击选择 F3:F19 单元格区域，选择“开始”选项卡的“样式”分组，单击“条件格式”按钮 条件格式 右侧的下拉框，单击选择“色阶(S)”选项，继续单击选择其下级菜单“红-黄-绿色阶”选项，单击“确定”，执行操作后即可完成“面积”设置为色阶下的“红-黄-绿色阶”单元格的格式设置。色阶是在不更改原数据清单顺序的前提下，按照系统的默认颜色递进顺序，对数据的背景颜色进行标注，以此来直观地显示选中范围数据的“大小过渡关系”。如图 4-4-6 所示。

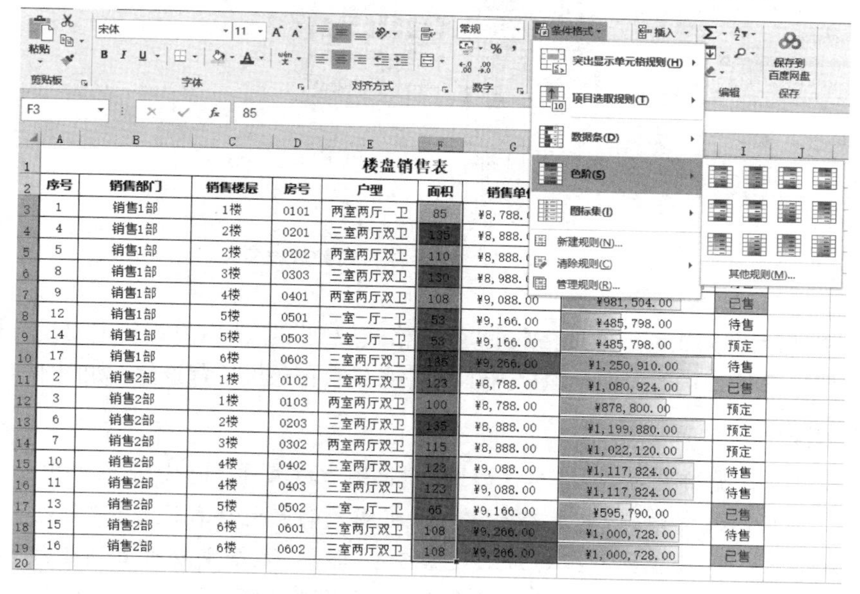

楼盘销售表

序号	销售部门	销售楼层	房号	户型	面积	销售单		
1	销售1部	1楼	0101	两室两厅一卫	85	¥8,788.		
4	销售1部	2楼	0201	三室两厅双卫	135	¥8,888.		
5	销售1部	2楼	0202	两室两厅双卫	110	¥8,888.		
8	销售1部	3楼	0303	三室两厅双卫	130	¥8,988.		
9	销售1部	4楼	0401	两室两厅双卫	108	¥9,088.00	¥981,504.00	已售
12	销售1部	5楼	0501	一室一厅一卫	53	¥9,166.00	¥485,798.00	待售
14	销售1部	5楼	0503	一室一厅一卫	53	¥9,166.00	¥485,798.00	预定
17	销售1部	6楼	0603	三室两厅双卫	135	¥9,266.00	¥1,250,910.00	待售
2	销售2部	1楼	0102	三室两厅双卫	123	¥8,788.00	¥1,080,924.00	已售
3	销售2部	1楼	0103	两室两厅双卫	100	¥8,788.00	¥878,800.00	预定
6	销售2部	2楼	0203	三室两厅双卫	135	¥8,888.00	¥1,199,880.00	预定
7	销售2部	3楼	0302	两室两厅双卫	115	¥8,888.00	¥1,022,120.00	预定
10	销售2部	4楼	0402	三室两厅双卫	123	¥9,088.00	¥1,117,824.00	待售
11	销售2部	4楼	0403	三室两厅双卫	123	¥9,088.00	¥1,117,824.00	待售
13	销售2部	5楼	0502	一室一厅一卫	65	¥9,166.00	¥595,790.00	已售
15	销售2部	6楼	0601	三室两厅双卫	108	¥9,266.00	¥1,000,728.00	待售
16	销售2部	6楼	0602	三室两厅双卫	108	¥9,266.00	¥1,000,728.00	已售

图 4-4-6 “色阶(S)”条件格式菜单

5. 使用公式确定要设置格式的单元格

在“销售业绩”工作表中，利用条件格式的“新建格式规则”的“使用公式确定要设置格式的单元格”，将房屋面积大于130的销售记录填充为红色(整条销售记录设置背景色)。

(1) 在打开的“销售数据展示表”工作簿中，选择“销售业绩”工作表，在应用条件格式之前，首先需要选择要设置条件格式的数据范围，这里是为“面积”大于130的整条记录数据条设置格式，单击选择A3:I19单元格区域，选择“开始”选项卡的“样式”栏，单击“条件格式”按钮 条件格式 右侧的下拉框，单击选择“新建规则(N)”选项，在弹出的“新建格式规则”对话框中，在“选择规则类型(S)”的列表框中选择“使用公式确定要设置格式的单元格”，在“编辑规则说明(E)”下方的文本框中用公式设置格式，先在文本框中输入“＝”，再单击其文本框后的引用按钮，选择要比较的条件的第1个单元格“F3”后，在其后输入“>130”，接着为“F3”单元格的列号“F”加上“＄”字符，即在文本框中编辑完整的公式“＝＄F3>130”，表示对面积进行比较时只比较F列的面积数据是否大于130，若大于130，则为这个单元格所在记录的每一个单元格填充红色背景；完成公式编辑后，单击“预览”框后的“格式(F)”，在弹出的“设置单元格格式”对话框中，选择“填充”选项卡，单击“背景色(C)”下方的“红色”色块，连续单击“确定”，参数设置如图4-4-7所示。

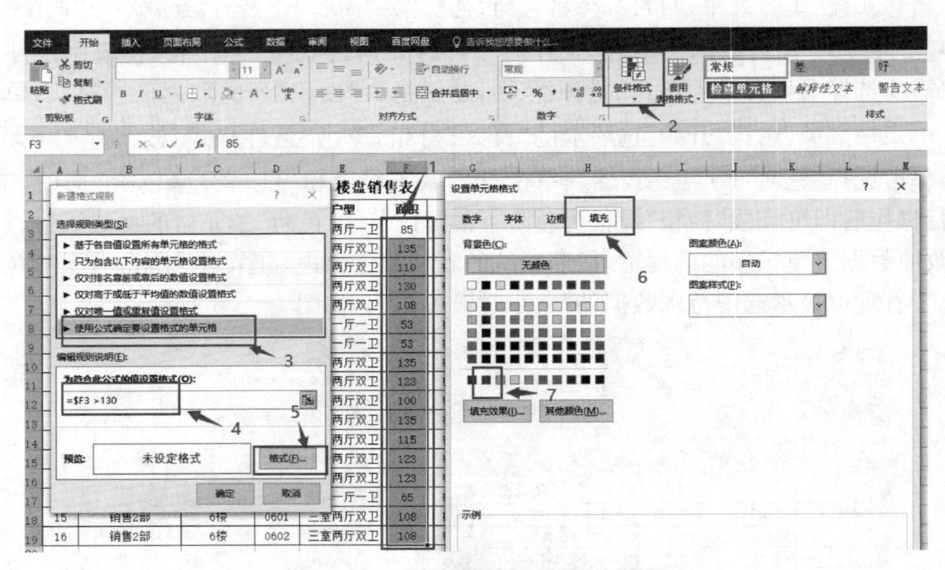

图4-4-8 “公式”条件格式参数设置

(2) 执行操作后即完成利用条件格式的“新建格式规则”的“使用公式确定要设置格式的单元格”，将房屋面积大于130的销售记录填充为红色(整条销售记录设置背景色)，如图4-4-9所示。

6. 创建图表

创建各部门每月费用支出的“堆积柱形图”并把图表放置于H2:P14区域中。设置图表样式为“样式6”，利用图表样式的“更改颜色”功能，将图表的颜色样式设置为“彩色—颜色3”；更改图表布局为“布局4”，设置图表布局为无数据标签，添加“主轴主要垂直网格线”，添加“系列线”线条；在图表上方添加标题，标题内容为“各部门费用支出图表”；设置图表的形状填充颜色

序号	销售部门	销售楼层	房号	户型	面积	销售单价	销售总价	状态
楼盘销售表								
1	销售1部	1楼	0101	两室两厅一卫	85	¥8,788.00	¥746,980.00	待售
4	销售1部	2楼	0201	三室两厅双卫	135	¥8,888.00	¥1,199,880.00	待售
5	销售1部	2楼	0202	两室两厅双卫	110	¥8,888.00	¥977,680.00	已售
8	销售1部	3楼	0303	三室两厅双卫	130	¥8,988.00	¥1,168,440.00	待售
9	销售1部	4楼	0401	两室两厅双卫	108	¥9,088.00	¥981,504.00	已售
12	销售1部	5楼	0501	一室一厅一卫	53	¥9,166.00	¥485,798.00	待售
14	销售1部	5楼	0503	一室一厅一卫	53	¥9,166.00	¥485,798.00	预定
17	销售1部	6楼	0603	三室两厅双卫	135	¥9,266.00	¥1,250,910.00	待售
2	销售2部	1楼	0102	三室两厅双卫	123	¥8,788.00	¥1,080,924.00	已售
3	销售2部	1楼	0103	两室两厅双卫	100	¥8,788.00	¥878,800.00	预定
6	销售2部	2楼	0203	三室两厅双卫	135	¥8,888.00	¥1,199,880.00	预定
7	销售2部	3楼	0302	两室两厅双卫	115	¥8,888.00	¥1,022,120.00	预定
10	销售2部	4楼	0402	三室两厅双卫	123	¥9,088.00	¥1,117,824.00	待售
11	销售2部	4楼	0403	三室两厅双卫	123	¥9,088.00	¥1,117,824.00	待售
13	销售2部	5楼	0502	一室一厅一卫	65	¥9,166.00	¥595,790.00	已售
15	销售2部	6楼	0601	三室两厅双卫	108	¥9,266.00	¥1,000,728.00	待售
16	销售2部	6楼	0602	三室两厅双卫	108	¥9,266.00	¥1,000,728.00	已售

图 4-4-9 “公式”条件格式效果图

为“水绿色—个性 5”；选择图表的绘图区，设置绘图区的预设渐变色为“顶部聚光灯—个性 3”；将图表中所有文字的字体颜色设置为白色。

Excel 2016 可基于数据计算和统计结果创建各种图表，从而显示出数据的发展趋势或分布状况。

（1）本步骤为创建嵌入式图表，即将图表插入现有的工作表中。在打开的“销售数据展示表”的工作簿中，选择“费用支出表”，选择要创建图表的数据区域，此处为“各部门每月的费用支出”，即 A2:F14 单元格区域，注意这里的数据区域包括了列标题。在“插入”选项卡的“图表”栏中单击右下角的“查看所有图表”按钮 ，在弹出的“插入图表”对话框中，选择“所有图表”选项卡，接着选择图表类型，先选主类再选子类，选择左侧列表框中的“柱形图”，再单击右侧上方的第二个子类“堆积柱形图”，单击“确定”，执行操作后即可在工作表中创建所需的图表，创建好的图表默认处于选中的状态，单击图表按住左键不放将它拖至 H2:P14 区域中。“插入图表”对话框如图 4-4-10所示。

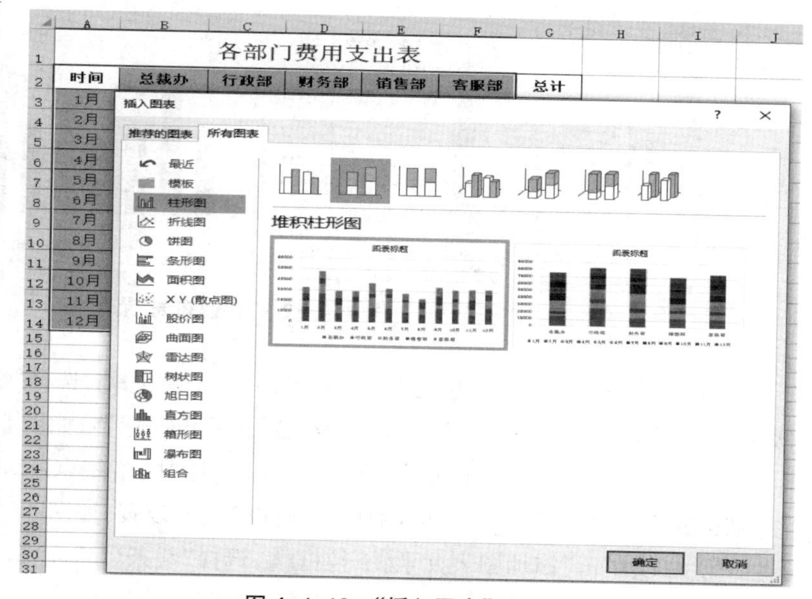

图 4-4-10 “插入图表”对话框

（2）选中创建好的图表，在“图表工具—设计”选项卡的“图表样式”栏中单击“其他”按钮▾，选择图表样式“样式 6”，并单击其左侧的“更改颜色”按钮下拉框，选择“彩色”列表框中的“颜色 3”，即可完成图表样式及颜色的修改，如图 4-4-11 所示。

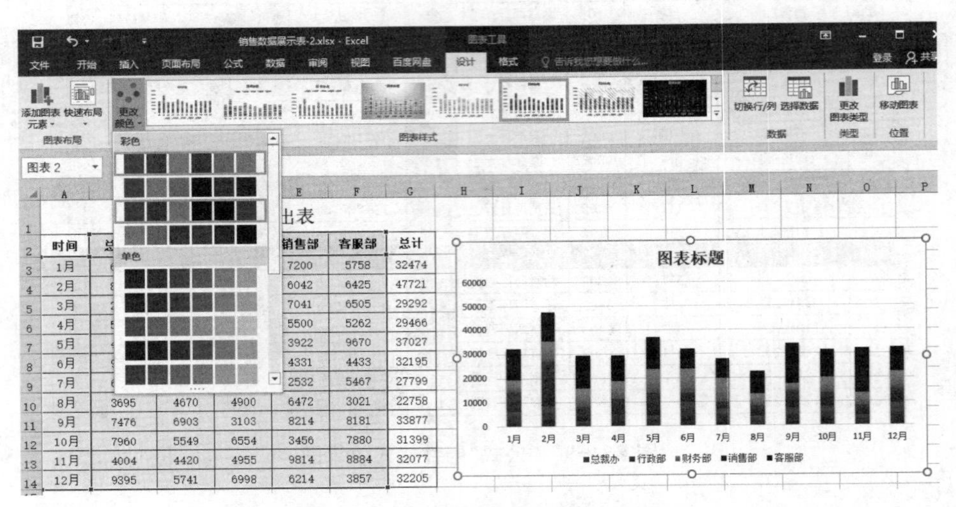

图 4-4-11　图表样式及颜色的修改

（3）选中创建好的图表，在“图表工具—设计”选项卡的“图表布局”栏中单击“快速布局”下拉框，选择图表布局“布局 4”，如图 4-4-12 所示。

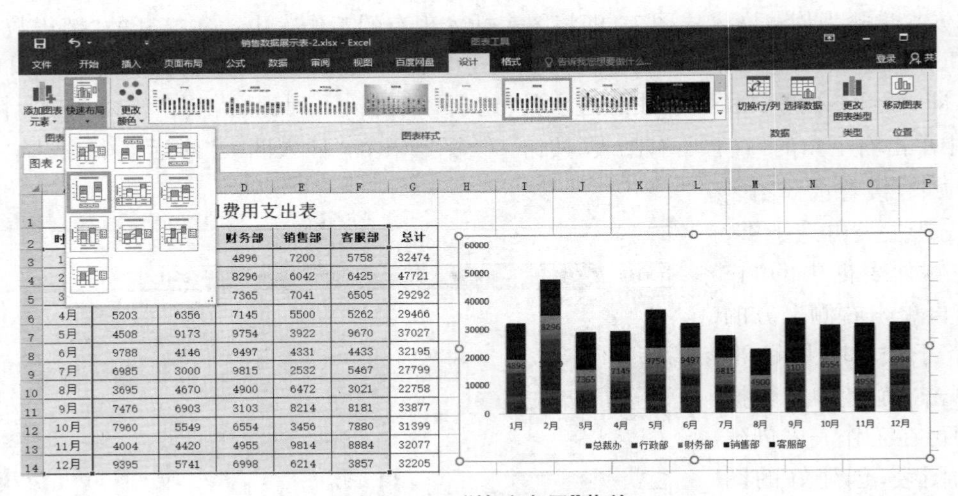

图 4-4-12　“快速布局”菜单

（4）在“图表布局”栏中单击“添加图表元素”下拉框，选择“数据标签(D)”选项，在其下级菜单中选择“无(N)”选项，即可将图表设置成无数据标签，如图 4-4-13 所示。

（5）继续单击“添加图表元素”下拉框，选择“网格线(G)”选项，在其下级菜单中选择“主轴主要垂直网格线(U)”选项，即可完成网格线的设置，如图 4-4-14 所示。

（6）继续单击“添加图表元素”下拉框，选择“线条(I)”选项，在其下级菜单中选择“系列线(S)”选项，即可完成添加“系列线”的设置，如图 4-4-15 所示。

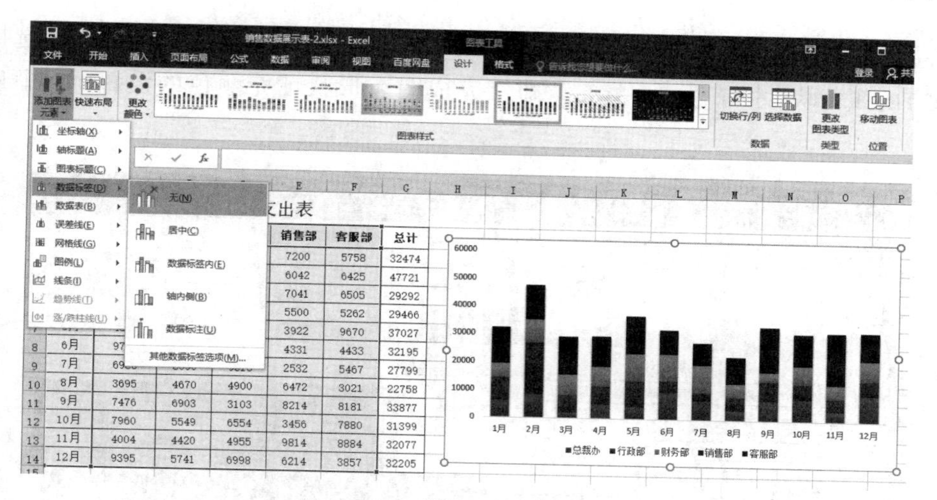

图 4-4-13 “数据标签(D)”菜单

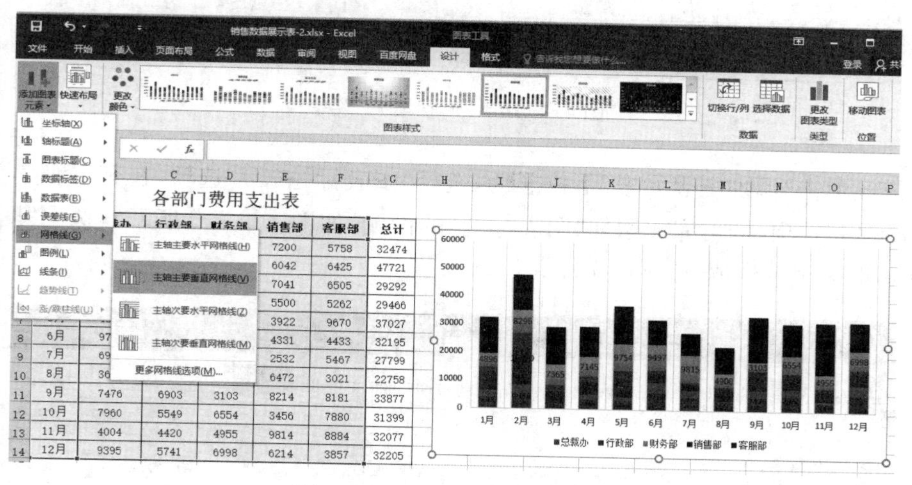

图 4-4-14 “网格线(G)”菜单

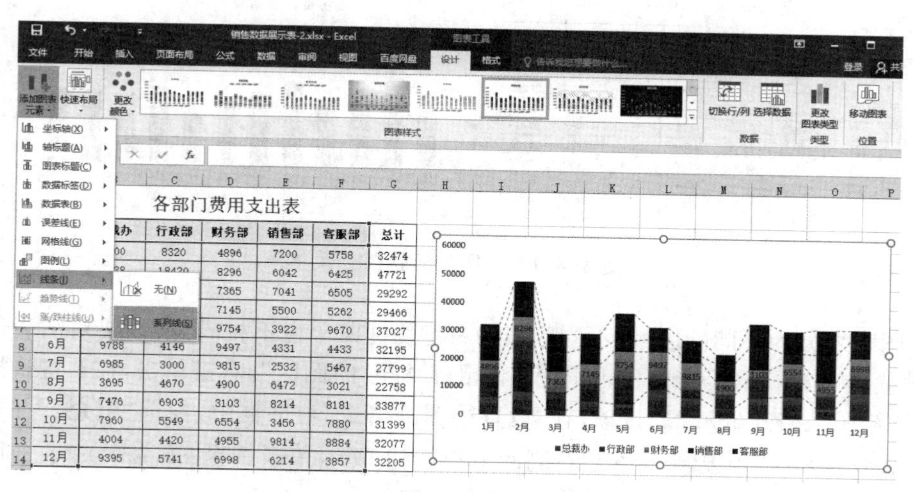

图 4-4-15 “系列线(I)”菜单

(7) 在“图表工具—格式”选项卡的“形状样式”栏中单击“形状填充”下拉框 ，选择“主题颜色”下方的颜色块“水绿色—个性 5”，即可完成图表形状填充颜色的设置，如图 4-4-16 所示。

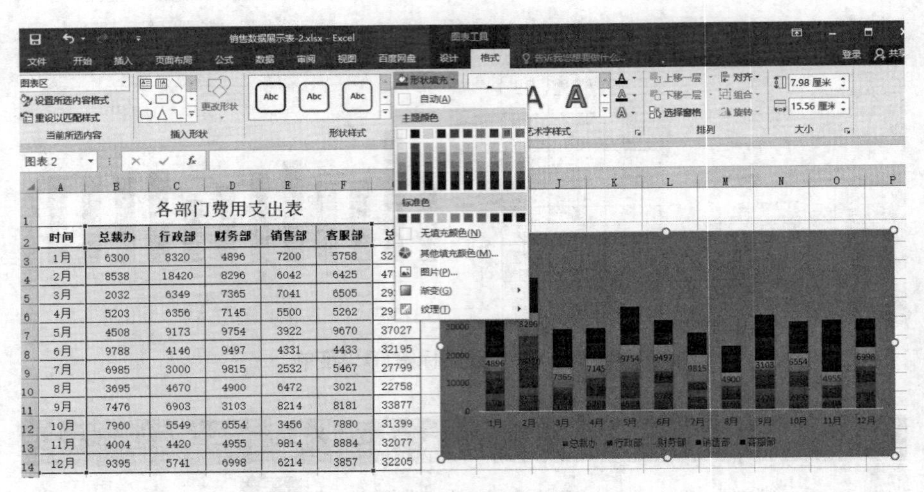

图 4-4-16 “形状填充”菜单

(8) 继续单击“添加图表元素”下拉框 ，选择“图表标题(C)”选项，在其下级菜单中选择“图表上方(A)”选项，即可完成添加“图表标题”的设置，如图 4-4-17 所示。选中“图表标题”并将其默认的文本替换成“各部门费用支出图表”。

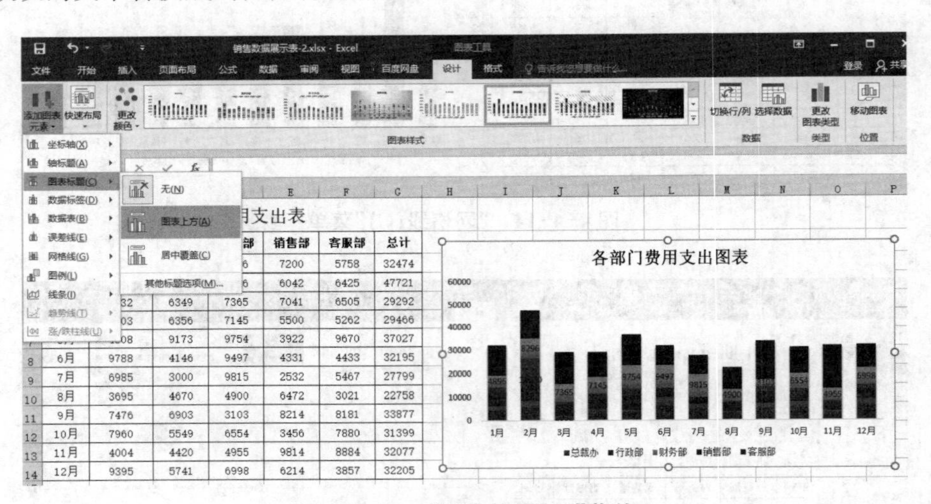

图 4-4-17 “图表标题(C)”菜单

(9) 图表划分为不同的区域，不同区域的右键快捷菜单也不相同，所以要对图表的各个区域进行设置，首先要选对区域。选中图表，将鼠标移至“绘图区”，右键单击，在右键快捷菜单中选择“设置绘图区格式(F)...”选项，在“设置绘图区格式”对话框中，勾选“填充”下的“渐变填充(G)”，单击下方的“预设渐变(R)”右侧的下拉按钮 ，单击选择“顶部聚光灯—个性 3”选项，即可完成绘图区的预设渐变色填充的设置，如图 4-4-18 所示。

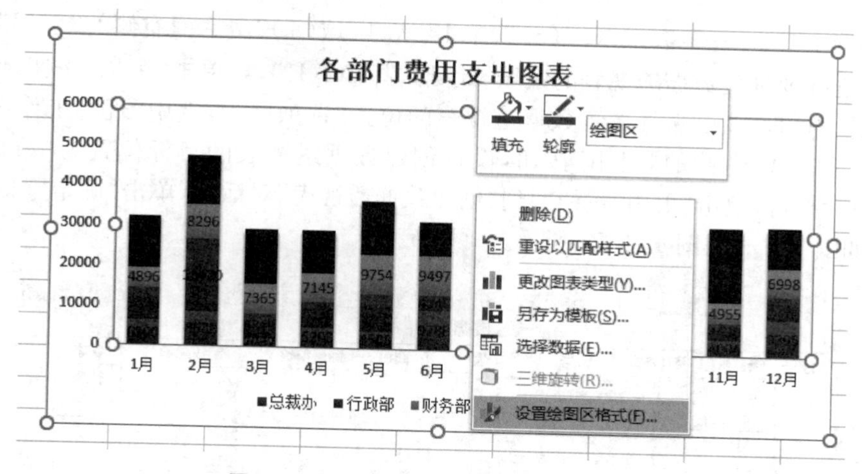

图 4-4-18 “设置绘图区格式(F)”菜单

(10) 选中图表,将鼠标移至“图表区”,右键单击,在右键快捷菜单中选择“字体(F)...”选项,在弹出的“字体”对话框中,单击选择“字体”选项卡,选择“所有文字”下方的“字体颜色”右侧的下拉按钮,选择“白色”颜色块,单击“确定”,执行操作后,即可完成图表所有字体颜色的设置,如图 4-4-19 所示。

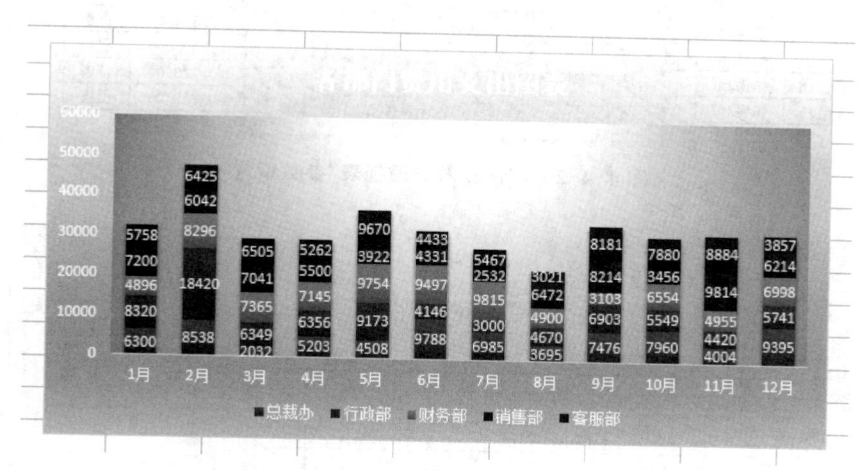

图 4-4-19 图表美化效果图

7. 创建数据透视表

在“数据透视表”工作表中,为数据表建立数据透视表,按各销售部门各户型各楼层显示其销售平均总价,其中“销售部分”为筛选字段,“销售楼层”为图例字段(列标签),“户型”为轴类别字段(行标签),“销售总价”为统计的值。结果放置在 A25 开始的单元格中。

数据透视表是一种交互式的数据报表,可以快速汇总大量的数据,同时可以通过筛选不同数据源,以快速查看数据的不同统计结果,并能随时显示和打印相关区域的明细数据。

(1) 在打开的“销售数据展示表”工作簿中,选择“数据透视表”,在“插入”选项卡的“表格”栏中单击“数据透视表”按钮,弹出“创建数据透视表”对话框,在其中“请选择要分析的数据”选项中，选中“选择一个表或区域(S)”，单击“表/区域(T)”文本框右侧的“引用”按钮，在工作表中选择要创建数据透视表的区域，此处选择 A2:I19，再单击“引用”按钮，回到“创建数据透视表”对话框。在“选择放置数据透视表的位置”选项区中，选中“现有工作表(E)”，单击“位置(L)”文本框右侧的“引用”按钮，设置创建数据透视表的目标位置为“数据透视表!＄A＄25”单元格，再单击“引用”按钮回到“创建数据透视表”对话框，单击“确定”，即可创建数据透视表，如图 4-4-20、图 4-4-21 所示。

楼盘销售表

序号	销售部门	销售楼层	房号	户型	面积	销售单价	销售总价	状态
1	销售1部	1					746,980.00	待售
4	销售1部	2					,199,880.00	待售
5	销售1部	2					977,680.00	已售
8	销售1部	3					,168,440.00	待售
9	销售1部	4					981,504.00	已售
12	销售1部	5					485,798.00	待售
14	销售1部	5					485,798.00	预定
17	销售1部	6					,250,910.00	待售
2	销售2部	1					,080,924.00	已售
3	销售2部	1					878,800.00	预定
6	销售2部	2					,199,880.00	预定
7	销售2部	3					,022,120.00	预定
10	销售2部	4					,117,824.00	待售
11	销售2部	4					,117,824.00	待售
13	销售2部	5					595,790.00	已售
15	销售2部	6					,000,728.00	待售
16	销售2部	6					,000,728.00	已售

创建数据透视表 ? ×
请选择要分析的数据
◉ 选择一个表或区域(S)
表/区域(T): 数据透视表!$A$2:$I$19
○ 使用外部数据源(U)
选择连接(C)...
连接名称:
○ 使用此工作簿的数据模型(D)
选择放置数据透视表的位置
○ 新工作表(N)
◉ 现有工作表(E)
位置(L): 数据透视表!$A$25
选择是否想要分析多个表
☐ 将此数据添加到数据模型(M)
确定 取消

图 4-4-20 “创建数据透视表”参数设置

	A	B	C	D	E	F	G	H	I
7	9	销售1部	4楼	0401	两室两厅双卫	108	¥9,088.00	¥981,504.00	已售
8	12	销售1部	5楼	0501	一室一厅一卫	53	¥9,166.00	¥485,798.00	待售
9	14	销售1部	5楼	0503	一室一厅一卫	53	¥9,166.00	¥485,798.00	预定
10	17	销售1部	6楼	0603	三室两厅双卫	135	¥9,266.00	¥1,250,910.00	待售
11	2	销售2部	1楼	0102	三室两厅双卫	123	¥8,788.00	¥1,080,924.00	已售
12	3	销售2部	1楼	0103	两室两厅双卫	100	¥8,788.00	¥878,800.00	预定
13	6	销售2部	2楼	0203	三室两厅双卫	135	¥8,888.00	¥1,199,880.00	预定
14	7	销售2部	3楼	0302	两室两厅双卫	115	¥8,888.00	¥1,022,120.00	预定
15	10	销售2部	4楼	0402	三室两厅双卫	123	¥9,088.00	¥1,117,824.00	待售
16	11	销售2部	4楼	0403	三室两厅双卫	123	¥9,088.00	¥1,117,824.00	待售
17	13	销售2部	5楼	0502	一室一厅一卫	65	¥9,166.00	¥595,790.00	已售
18	15	销售2部	6楼	0601	三室两厅双卫	108	¥9,266.00	¥1,000,728.00	待售
19	16	销售2部	6楼	0602	三室两厅双卫	108	¥9,266.00	¥1,000,728.00	已售

数据透视表3
若要生成报表，请从“数据透视表字段列表”中选择字段。

销售业绩 费用支出表 数据透视表 窗口 ...

数据透视表字段
选择要添加到报表的字段:
搜索
☐ 序号
☐ 销售部门
☐ 销售楼层
☐ 房号
☐ 户型
☐ 面积
☐ 销售单价
☐ 销售总价
☐ 状态
更多表格...
在以下区域间拖动字段:
筛选器 列
行 值
☐ 推迟布局更新 更新

图 4-4-21 “创建数据透视表”预览效果图

（2）在创建好的数据透视表右侧的“数据透视表字段”的选项区中，在“选择要添加到报表的字段”选项的下方选中“销售部门”，按住左键不放将其拖到“在以下区域间拖动字段”下方的“筛选器”列表框中；完成后按相同方法选中“销售楼层”，按住左键不放将其拖放到“在以下区域间拖动字段”下方的“列”列表框中；选中“户型”按住左键不放将其拖放到“在以下区域间拖动字段”下方的“行”列表框中；最后选中“销售总价”按住左键不放将其拖放到“在以下区域间拖动字段”下方的“值”列表框中。

（3）选中“求和项：销售总价”，在弹出菜单中选择“值字段设置”。在弹出的“值字段设置”对话框中，选择“值汇总方式”选项卡。在“计算类型”下方的列表框中选择“平均值”选项，单击“确定”，执行操作后即可统计不同销售部门不同楼层不同户型的销售总价的平均价，如图 4-4-22 所示。

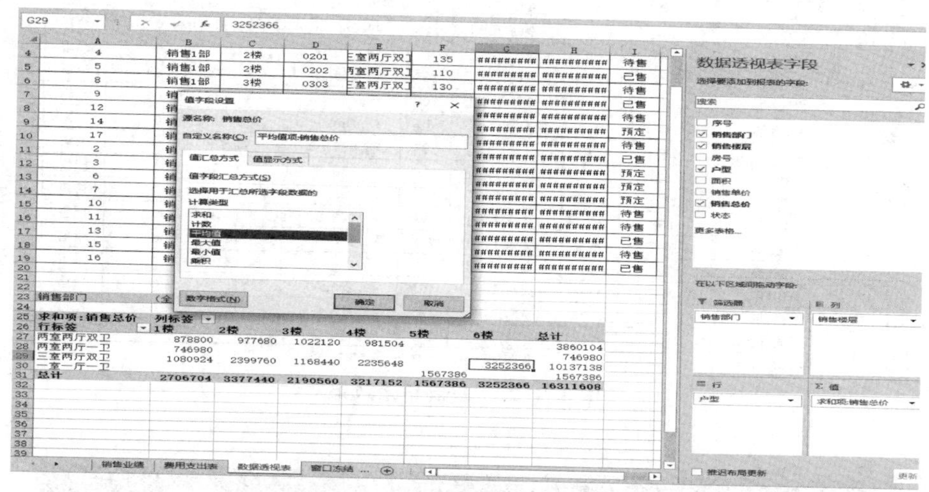

图 4-4-22 “值字段设置”菜单

8. 冻结窗格并打印标题

在“冻结窗格及打印标题”工作表中，复制任意销售记录，使得表中记录数为 50 条，然后冻结前 2 行的数据，并将第 2 行小标题设置为打印标题，再通过打印预览查看打印效果。

Excel 中，冻结窗格是用来锁定表格的行和列的功能。制作 Excel 表格时，若列数和行数较多，则一旦向下滚屏，上面的标题行也跟着滚动，在处理数据时往往难以分清各列数据对应的标题，而利用冻结窗格功能可以很好地解决这一问题。

（1）在打开的“销售数据展示表”工作簿中，选择“冻结窗格及打印标题”工作表，选中除标题外所有的数据记录，右键单击，在右键快捷菜单中选择“复制”选项，单击最后一条记录下方的第一个空白的单元格，此处选择 A20 单元格。右键单击，在右键快捷菜单中选择“粘贴”按钮，即可完成第一次数据记录复制，以相同方法将数据记录复制超过 50 条，即超过一个屏幕显示的范围，如图 4-4-23 所示。

（2）单击前 2 行下方的第 1 个单元格 A3 单元格，单击“视图”选项卡，在“窗口”栏中，单击“冻结窗格”按钮的下拉框，在弹出的菜单中单击选择“冻结拆分窗格”选项，即可完成本工作表前 2 行的冻结，即在第二行标题行的下方增加了一条黑色线，也就意味着当向下滚动垂直滚动条时，被冻结的标题行总是显示在最上方，如图 4-4-24 所示。

	序号	销售部门	销售楼层	房号	户型	面积	销售单价	销售总价	状态
1	楼盘销售表								
2	序号	销售部门	销售楼层	房号	户型	面积	销售单价	销售总价	状态
3	1	销售1部	1楼	0101	两室两厅一卫	85	¥8,788.00	¥746,980.00	待售
4	4	粘贴选项:		0201	三室两厅双卫	135	¥8,888.00	¥1,199,880.00	待售
5	5			0202	两室两厅双卫	110	¥8,888.00	¥977,680.00	已售
6	8	销售1部	3楼	0303	三室两厅双卫	130	¥8,988.00	¥1,168,440.00	待售
7	9	销售1部	4楼	0401	两室两厅双卫	108	¥9,088.00	¥981,504.00	已售
8	12	销售1部	5楼	0501	一室一厅一卫	53	¥9,166.00	¥485,798.00	待售
9	14	销售1部	5楼	0503	一室一厅一卫	53	¥9,166.00	¥485,798.00	预定
10	17	销售1部	6楼	0603	三室两厅双卫	135	¥9,266.00	¥1,250,910.00	待售
11	2	销售2部	1楼	0102	三室两厅双卫	123	¥8,788.00	¥1,080,924.00	已售
12	3	销售2部	1楼	0103	两室两厅双卫	100	¥8,788.00	¥878,800.00	预定
13	6	销售2部	2楼	0203	三室两厅双卫	135	¥8,888.00	¥1,199,880.00	预定
14	7	销售2部	3楼	0302	两室两厅双卫	115	¥8,888.00	¥1,022,120.00	预定
15	10	销售2部	4楼	0402	三室两厅双卫	123	¥9,088.00	¥1,117,824.00	待售
16	11	销售2部	4楼	0403	三室两厅双卫	123	¥9,088.00	¥1,117,824.00	待售
17	13	销售2部	5楼	0502	一室一厅一卫	65	¥9,166.00	¥595,790.00	已售
18	15	销售2部	6楼	0601	三室两厅双卫	108	¥9,266.00	¥1,000,728.00	待售
19	16	销售2部	6楼	0602	三室两厅双卫	108	¥9,266.00	¥1,000,728.00	已售
20	1	销售1部	1楼	0101	两室两厅一卫	85	¥8,788.00	¥746,980.00	待售
21	4	销售1部	2楼	0201	三室两厅双卫	135	¥8,888.00	¥1,199,880.00	待售
22	5	销售1部	2楼	0202	两室两厅双卫	110	¥8,888.00	¥977,680.00	已售
23	8	销售1部	3楼	0303	三室两厅双卫	130	¥8,988.00	¥1,168,440.00	待售
24	9	销售1部	4楼	0401	两室两厅双卫	108	¥9,088.00	¥981,504.00	已售
25	12	销售1部	5楼	0501	一室一厅一卫	53	¥9,166.00	¥485,798.00	待售
26	14	销售1部	5楼	0503	一室一厅一卫	53	¥9,166.00	¥485,798.00	预定
27	17	销售1部	6楼	0603	三室两厅双卫	135	¥9,266.00	¥1,250,910.00	待售
28	2	销售2部	1楼	0102	三室两厅双卫	123	¥8,788.00	¥1,080,924.00	已售
29	3	销售2部	1楼	0103	两室两厅双卫	100	¥8,788.00	¥878,800.00	预定
30	6	销售2部	2楼	0203	三室两厅双卫	135	¥8,888.00	¥1,199,880.00	预定

图 4-4-23　复制记录效果

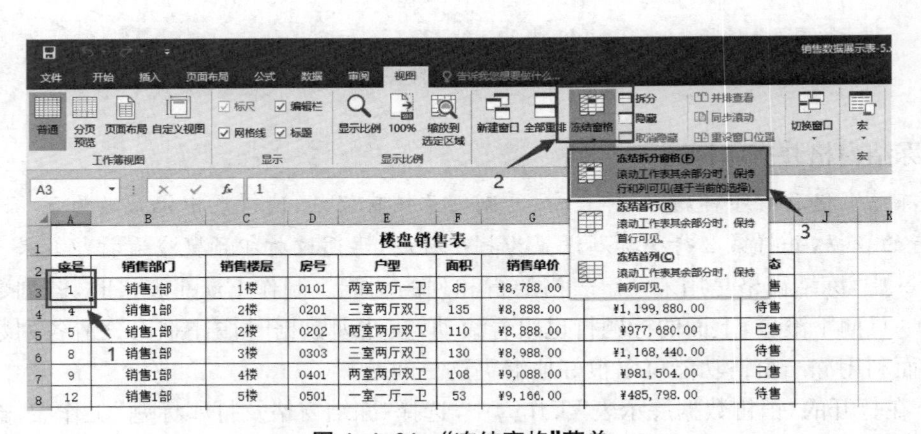

图 4-4-24　“冻结窗格”菜单

(2) 当 Excel 表格较长时，分页打印时只有第 1 页有标题行，后续页面没有标题行，打印后因没有标题行而导致观看不便。在“冻结窗格及打印标题”工作表中选择“页面布局”选项卡，在“页面设置”栏中，选择“打印标题”按钮，在弹出的“页面设置”对话框中，选择“工作表”选项卡。在“打印标题”选项中，单击“顶端标题行(R)”文本框右侧的“引用”按钮，选择要打印的标题行区域“$2:$2”，单击“确定”，执行操作后即可完成打印标题行的设置，如图 4-4-25、图 4-4-26 所示。

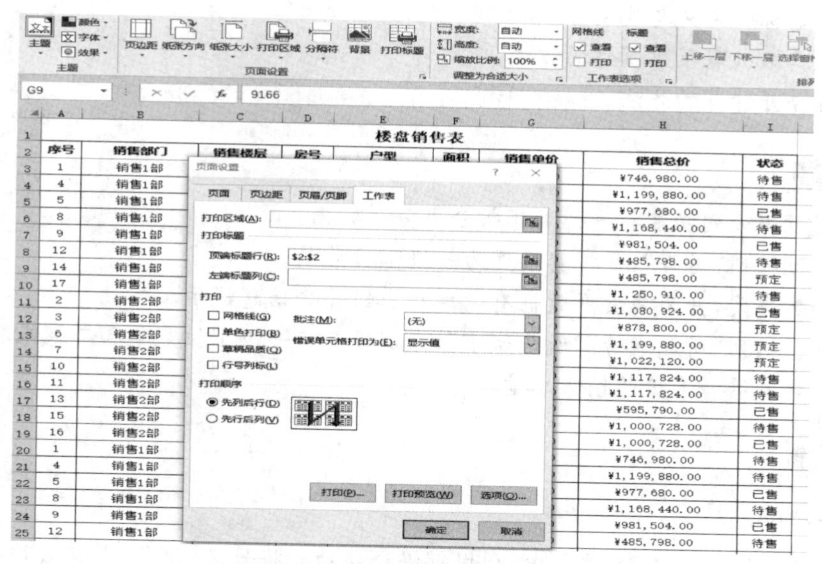

图 4-4-25 “打印标题”参数设置

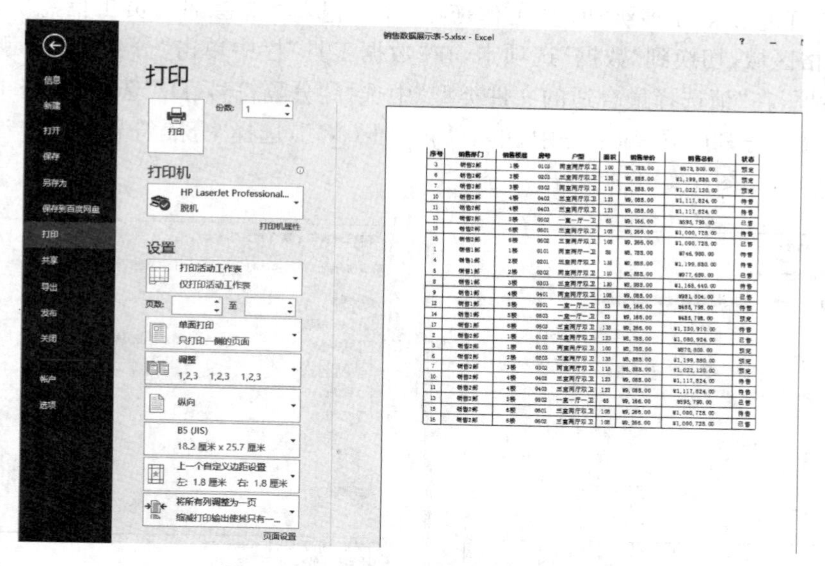

图 4-4-26 “打印标题”第 2 页效果

实验 5 Excel 高级应用

实验目的

(1) 掌握数据分列的方法。

(2) 掌握设置数据有效性的方法。

(3) 熟悉名称的定义与使用。

(4) 掌握二级级联菜单制作的方法。

(5) 掌握合并计算的方法。

实验内容

(1) 利用数据分列功能将一列数据拆分成多列数据。

(2) 添加数据列"婚否",并将其设置为一级下拉菜单。

(3) 添加数据列,并为其设置数据有效性和出错警告信息提示。

(4) 添加数据列"所属省份""所属城市",分别设置其一级下拉菜单和二级级联菜单。

(5) 合并计算第一季度的销售总量。

实验步骤

1. 拆分数据

在"销售部门员工信息"工作表中,利用数据分列功能将姓名、职务、电话数据拆分出来,放在 E2:G8 单元格中。

(1) 在打开的"Excel 高级功能"工作簿中,单击选择"销售部门员工信息"工作表,选择 A2:A8 单元格区域,切换到"数据"选项卡,在"数据工具"栏中单击"分列"按钮,弹出"文本分列向导"对话框,在"请选择最合适的文件类型"中选择"分隔符号(D)"选项,如图 4-5-1 所示。

(2) 在"文本分列向导"对话框中,单击"下一步(N)",选择"分隔符号"中的"逗号(C)",单击"下一步(N)",如图 4-5-2 所示。

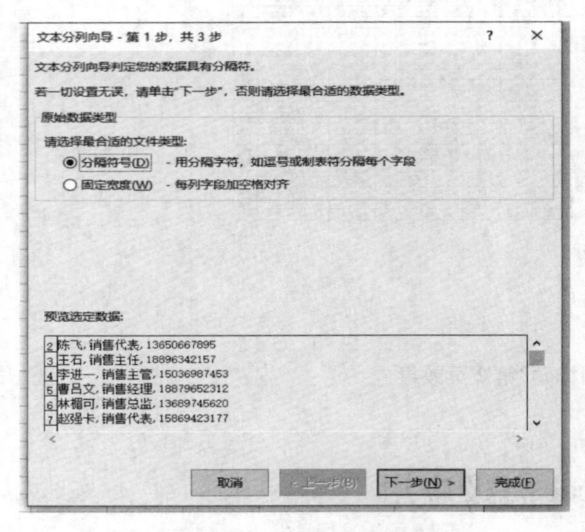

图 4-5-1 "数据分列"菜单

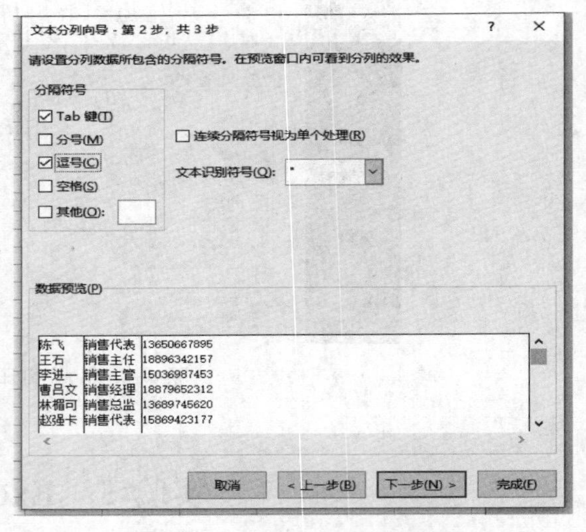

图 4-5-2 "数据分列"分隔符号设置

(3) 在"数据预览(P)"中选择"电话号码"列,在"列数据格式"中选择"文本(T)",将电话号码设置为文本。单击"目标区域(E)"文本框右侧的"引用"按钮,选择 E2 单元格,将分列结果放置在 E2 单元格中,单击"完成(F)"按钮,完成数据分列功能,如图 4-5-3、图 4-5-4 所示。

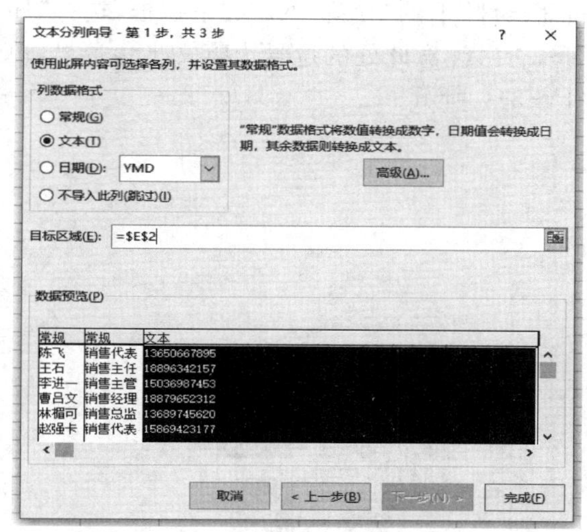

图 4-5-3 “数据分列”列数据格式和目标区域设置

	A	B	C	D	E	F	G
1	姓名职务电话				姓名	职务	电话
2	陈飞,销售代表,13650667895				陈飞	销售代表	13650667895
3	王石,销售主任,18896342157				王石	销售主任	18896342157
4	李进一,销售主管,15036987453				李进一	销售主管	15036987453
5	曹吕文,销售经理,18879652312				曹吕文	销售经理	18879652312
6	林榍可,销售总监,13689745620				林榍可	销售总监	13689745620
7	赵强卡,销售代表,15869423177				赵强卡	销售代表	15869423177
8	曾礼文,销售主管,13948756214				曾礼文	销售主管	13948756214
9							
10							

图 4-5-4 “数据分列”完成效果图

2. 设置下拉菜单

将“销售部门员工信息”工作表中 E2:G8 单元格区域的内容复制到“员工详细信息表”的 A1 单元格中，并在 D1 单元格添加字段标题“婚否”，并设置“婚否”字段下的数据为下拉框选择，其数据为“是”“否”。

(1) 在打开的“Excel 高级功能”工作簿中，单击选择“销售部门员工信息”工作表，选择 E2:G8 单元格区域，右键单击选择“复制(C)”按钮，切换至“员工详细信息表”，选择 A1 单元格，右键单击选择“粘贴”按钮。

(2) 在“员工详细信息”工作表中，选择 D1 单元格，在其中输入文字“婚否”，选择 D2:D8 单元格区域，切换至“数据”选项卡，在“数据工具”中单击“数据验证”下拉菜单，在弹出的下拉列表中选择“数据验证(V)...”命令按钮，如图 4-5-5 所示。

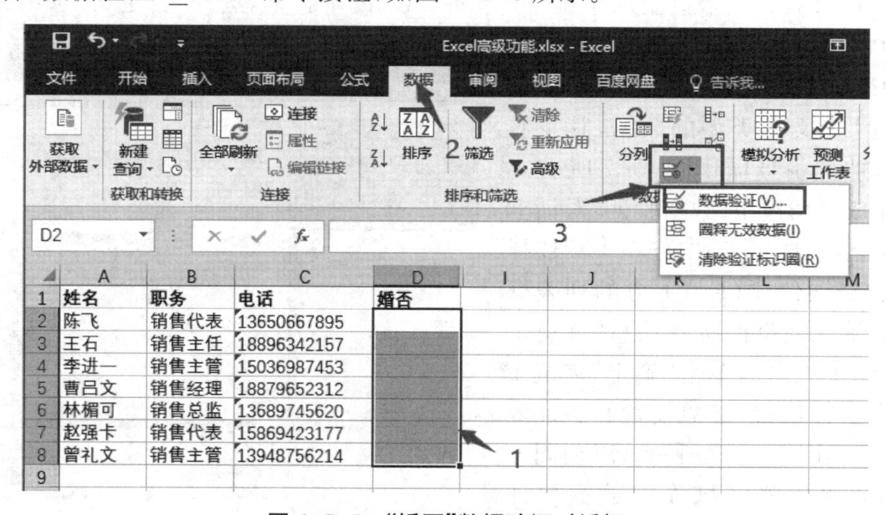

图 4-5-5 “婚否”数据验证对话框

(3) 在弹出的"数据验证"对话框中,单击"验证条件"下的"允许(A)"的下拉框,选择"序列"选项。在"来源(S)"下的文本框中输入数据"是,否",注意此处的逗号为英文半角逗号,单击"确定",完成"婚否"列数据有效性的设置,如图 4-5-6 所示。

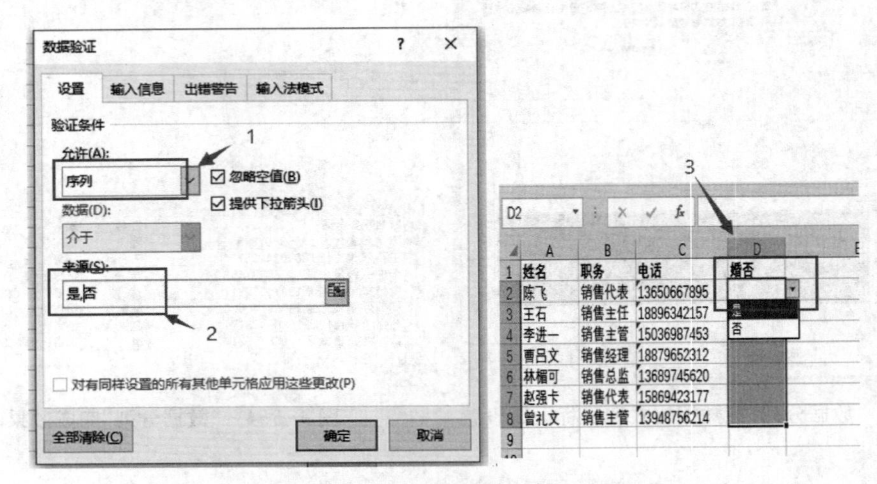

图 4-5-6 "婚否"数据验证参数设置

3. 设置数据有效性和出错警告信息提示

在"员工详细信息表"的 E1 单元格添加字段标题"紧急联系人姓名(配偶)",并为其设置数据有效性,只有在 D 列数据为"是"时,才能在 E 列和 F 列输入姓名和电话,否则禁止输入,并设置出错警告信息提示"该员工未婚,禁止输入姓名""该员工未婚,禁止输入电话号码"。

(1) 在打开的"Excel 高级功能"工作簿中,单击选择"销售部门员工信息"工作表,选中 E1 单元格,在其中输入文本数据"紧急联系人姓名(配偶)";选中 F1 单元格,在其中输入文本数据"紧急联系人电话(配偶)"。选中 E2:E8 单元格,切换至"数据"选项卡,在"数据工具"栏中单击"数据验证"下拉菜单,在下拉列表中选择"数据验证"命令按钮,在"数据验证"对话框中,选择"设置"选项卡,单击"验证条件"下的"允许(A)"的下拉框,选择"自定义"选项。在"验证条件"下的"公式(F)"下的文本框中编辑公式"=D2="是"",为其设置数据有效性,注意"是"为文本类型的数据,其左右两侧为英文半角引号,如图 4-5-7 所示。

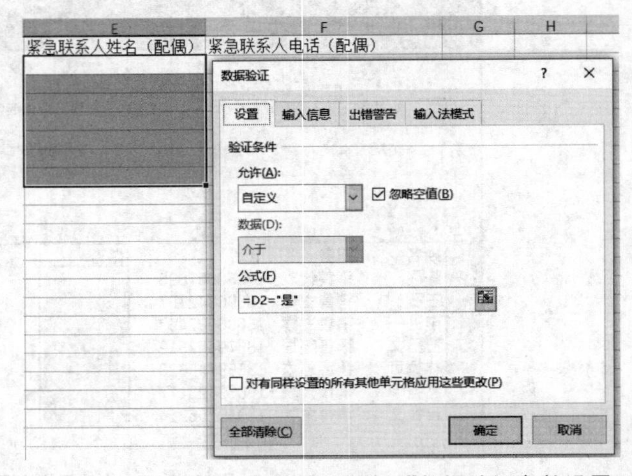

图 4-5-7 "紧急联系人姓名(配偶)"数据验证参数设置

(2) 完成后切换至"数据验证"对话框中的"出错警告"选项卡,"样式(Y)"选择"停止",在"错误信息(E)"下方的列表框中输入禁止输入数据的提示信息"该员工未婚,禁止输入姓名",单击"确定"完成 E 列的数据有效性设置,参数设置和验证效果如图 4-5-8、图 4-5-9 所示。以相同方法为 F2:F8 单元格区域设置数据验证条件。

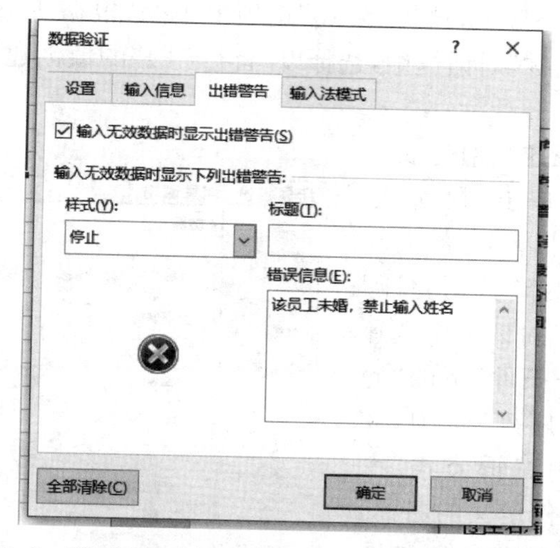

图 4-5-8 “紧急联系人姓名(配偶)”的“出错警告”参数设置

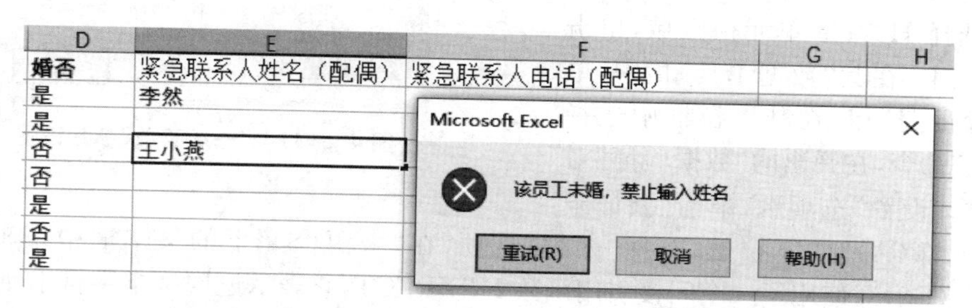

图 4-5-9 “紧急联系人姓名(配偶)”数据验证效果图

5. 设置二级级联菜单

在“员工详细信息表”工作表中，分别在 G1 单元格设置标题“所属省份”，在 H1 单元格设置标题“所属城市”，并为所属省份设置一级下拉菜单，为所属城市设置对应的二级级联菜单。

(1) 在打开的“Excel 高级功能”工作簿中，单击选择“员工详细信息表”工作表，选中 G1 单元格，输入文本信息“所属省份”，选中 H1 单元格，输入文本信息“所属城市”。

(2) 将表切换至“名称的定义与使用”工作表，选中 A1:G1 单元格区域，将选项卡切换至“公式”，在“定义名称”栏中单击“根据所选内容创建”按钮，在弹出的“以选定区域创建名称”对话框中，选择以“最左列(L)”的值创建名称，为省份定义名称，如图 4-5-10 所示。

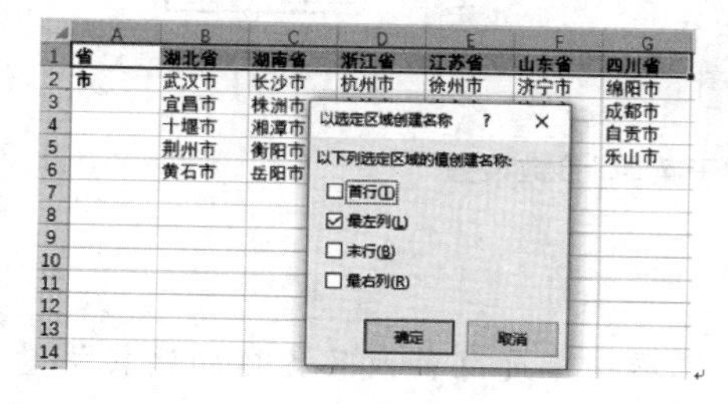
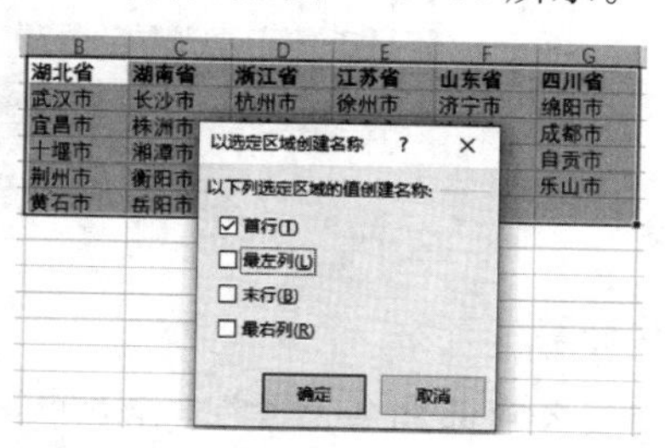

图 4-5-10 为省份和城市定义名称

(3) 选中 B1:G6 单元格区域，选择“公式”选项卡中的“根据所选内容创建”命令按钮，在弹出的“以选定区域创建名称”对话框中，选择以“首行(T)”的值创建名称，为同一个省份的城市定义名称。

(4) 将表切换至“员工详细信息表”，选择 G2:G8 单元格区域，单击“数据”选项卡，在其“数据工具”栏中单击“数据验证”按钮，在其下拉框中选择“数据验证”命令，在弹出的“数据验证”对话框中选择“设置”选项卡，单击“验证条件”下的“允许(A)”的下拉框，选择“序列”选项，在“来源(S)”下的文本框中编辑公式“=省”，此处“省”是为各个省份定义的名称，至此完成对省份的一级菜单的设置，如图 4-5-11 所示。

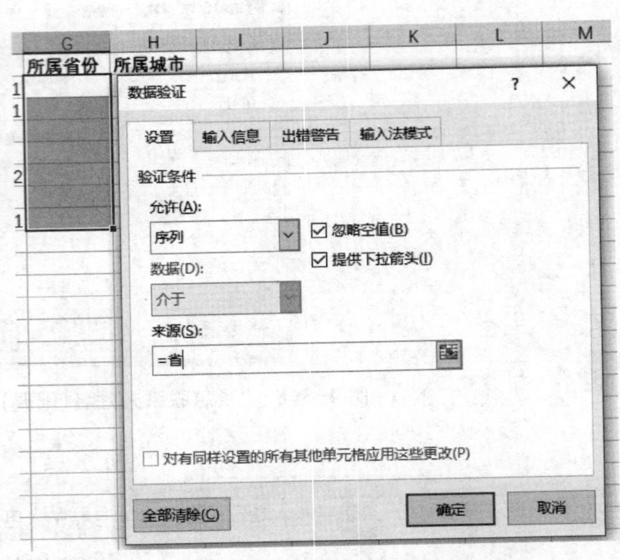

图 4-5-11 “一级菜单”参数设置

(5) 选择 H2:H8 单元格区域，单击“数据”选项卡，在其“数据工具”栏中，单击“数据验证”按钮，在其下拉框中选择“数据验证”命令，在弹出的“数据验证”对话框中选择“设置”选项卡，单击“验证条件”下的“允许(A)”的下拉框，选择“序列”选项，在“来源(S)”下的文本框中编辑公式“=INDIRECT(G2)”，使用了一个间接引用函数 INDIRECT，它表示返回文本字符串所指定的引用，此处为 G2 单元格里的字符串所指定的引用，即每个省份所包含的函数。至此完成对城市的子菜单的设置，参数设置如图 4-5-12 所示。

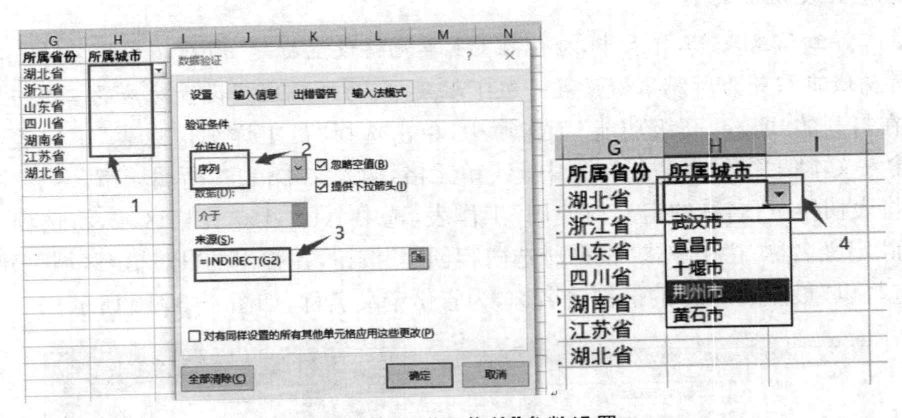

图 4-5-12 “子菜单”参数设置

5. 合并计算

在“一季度各商品销售总量”工作表中，计算第一季度每种商品各自的销售总量。

(1) 在打开的“Excel 高级功能”工作簿中，单击选择“一季度各商品销售总量”工作表，选

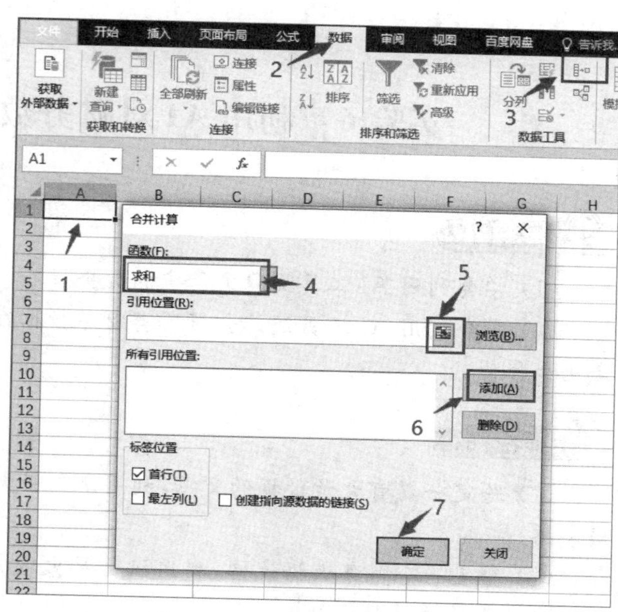

图 4-5-13 “合并计算”对话框

择 A1 单元格，将选项卡切换至“数据”，在其“数据工具”栏中选择“合并计算”命令按钮，如图 4-5-13 所示。

(2) 在弹出的“合并计算”对话框中，保持“函数(F)”下拉框选项为“求和”，单击“引用位置(R)”下文本框右侧的引用按钮，单击选中“1 月销售量”工作表，并选中其中的 A1:B6 单元格区域，再次单击引用按钮。选择“所有引用位置”右侧的“添加(A)”按钮，将“1 月销售量”的 A1:B6 单元格区域添加进去，操作步骤如图 4-5-13 所示。

(3) 重复以上操作，将“2 月销售量”A1:B8 单元格区域添加至“所有引用位置”列表框中，将“3 月销售量”A1:B7 单元格区域添加至“所有引用位置”列表框中，并在“标签位置”下勾选“首行(T)”和“最左列(L)”作为“一季度各商品销售总量”工作表的标签。单击“确定”，完成第一季度各商品销售总量的计算，并在“一季度各商品销售总量”的 A1 单元格中输入标签“商品名”，参数设置和设置效果如图 4-5-14、图 4-5-15 所示。

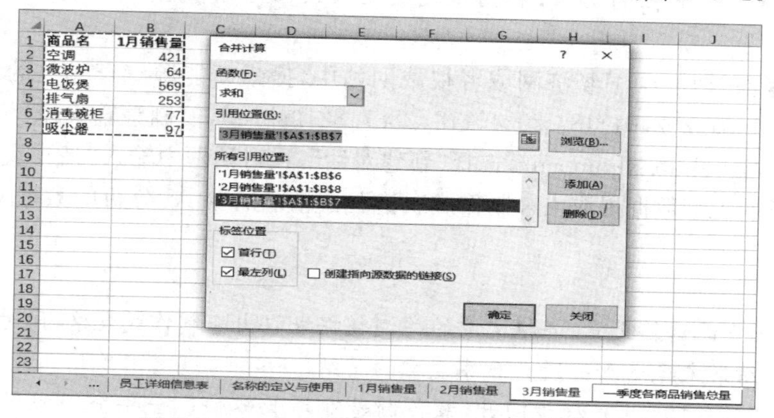

图 4-5-14 各月份销售量“合并计算”参数设置

	A	B
1	商品名	1月销售量
2	烘干机	401
3	消毒碗柜	77
4	吸尘器	252
5	抽油烟机	90
6	液晶电视	500
7	空调	421
8	微波炉	64
9	电饭煲	569
10	排气扇	420
11	洗碗机	416
12	洗衣机	88

图 4-5-15 “合并计算”效果

实验6　利用AI对财务数据进行分析和统计

实验目的

(1) 学会利用AI工具提取文章中的数据。

(2) 学会利用AI工具统计分析各类财务数据报表,方便用户能更直观地了解所有数据的变化和含义。

实验内容

(1) 给定一篇有大量数据的文章,利用讯飞星火或文心一言,提取其中的关键数据并绘制成表格。

(2) 给定一个财务数据表格,利用讯飞星火或文心一言,对财务数据进行统计分析,生成对用户有用的总结和概括。

实验步骤

1. 利用AI提取表格数据

给定一篇有大量数据的文章,利用讯飞星火或文心一言,提取其中的关键数据并绘制表格。

(1) 在国家统计局、中国经济网或者权威网站中,搜索新能源汽车相关的统计信息,如:http://m.ce.cn/ttt/202401/18/t20240118_38871821.shtml,复制整篇文章。打开网页版讯飞星火 https://xinghuo.xfyun.cn/,选择"新建对话",在对话框中输入"请帮我分析下面这篇文章,并把文章的关键数据提取出来制作成表格",再粘贴需要AI分析的数据文章,以(网站)为例。

如:

请帮我分析下面这篇文章,并把文章的关键数据提取出来制作成表格,同时针对这些数据的变化,在输出结果末尾增加一段300字左右的总结。

据介绍,2023年工业生产稳步回升,装备制造业增长较快。全年全国规模以上工业增加值比上年增长4.6%;装备制造业增加值增长6.8%,增速比规模以上工业快2.2个百分点。分产品看,太阳能电池、新能源汽车、发电机组(发电设备)产品产量分别增长54.0%、30.3%、28.5%。此外12月,规模以上工业增加值同比增长6.8%,环比增长0.52%。

聚焦汽车领域,国家统计局数据显示,12月,41个大类行业中有31个行业增加值保持同比增长,其中汽车制造业增长20.0%。2023年全年来看,汽车制造业增长幅度达到13%。

产量方面,12月,我国汽车产量304万辆,同比增长24.5%。其中轿车产量111.3万辆,同比增长17.0%;运动型多用途乘用车(SUV)产量116.9万辆,同比增长29.5%。2023年,汽车产量3 011.3万辆,同比增长9.3%。其中轿车产量1 086.3万辆,同比增长4.2%;运动型多用途乘用车(SUV)产量1 183.2万辆,同比增长10.5%。

新能源汽车方面，12 月，我国新能源汽车产量 114.1 万辆，同比增长 43.7%。据介绍，2023 年，新能源汽车比上年增长 30.3%，产销量都是世界第一。

值得一提的是，2023 年，我国货物出口额再创历史新高。据介绍，以电动载人汽车、太阳能电池、锂离子蓄电池为代表的“新三样”产品出口额也首次突破万亿元大关，增长幅度达到 29.9%。

此外，2023 年 12 月，社会消费品零售总额 43 550 亿元，同比增长 7.4%，其中汽车类消费额为 5 420 亿元，同比增长 4.0%。2023 年全年，社会消费品零售总额 471 495 亿元，同比增长 7.2%，其中汽车类消费额 48 614 亿元，同比增长 5.9%。

AI 自动分析结果如图 4-6-1 所示。

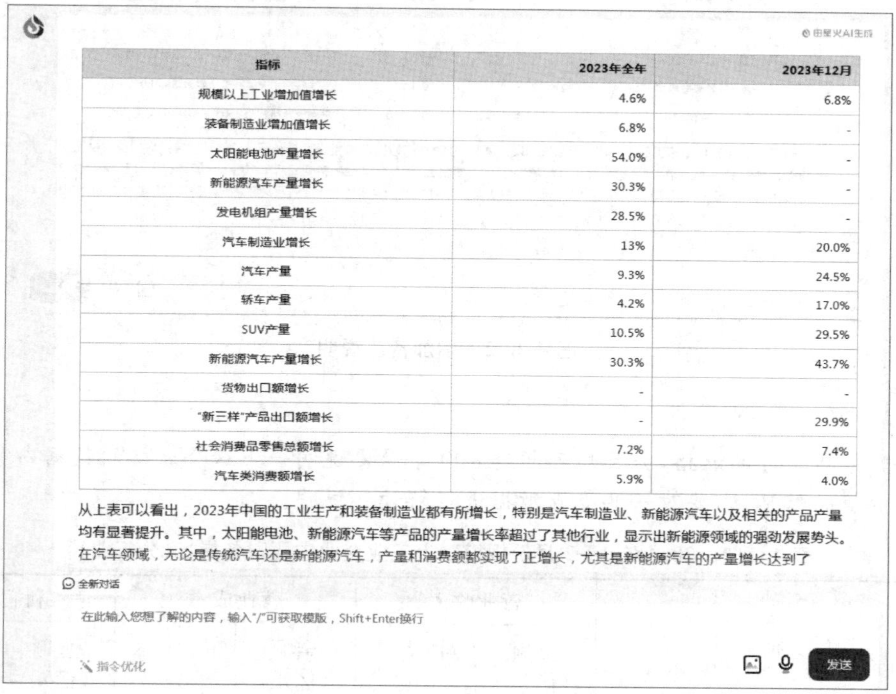

由星火AI生成

指标	2023年全年	2023年12月
规模以上工业增加值增长	4.6%	6.8%
装备制造业增加值增长	6.8%	-
太阳能电池产量增长	54.0%	-
新能源汽车产量增长	30.3%	-
发电机组产量增长	28.5%	-
汽车制造业增长	13%	20.0%
汽车产量	9.3%	24.5%
轿车产量	4.2%	17.0%
SUV产量	10.5%	29.5%
新能源汽车产量增长	30.3%	43.7%
货物出口额增长	-	-
“新三样”产品出口额增长	-	29.9%
社会消费品零售总额增长	7.2%	7.4%
汽车类消费额增长	5.9%	4.0%

从上表可以看出，2023年中国的工业生产和装备制造业都有所增长，特别是汽车制造业、新能源汽车以及相关的产品产量均有显著提升。其中，太阳能电池、新能源汽车等产品的产量增长率超过了其他行业，显示出新能源领域的强劲发展势头。在汽车领域，无论是传统汽车还是新能源汽车，产量和消费额都实现了正增长，尤其是新能源汽车的产量增长达到了

全新对话

在此输入您想了解的内容，输入“/”可获取模版，Shift+Enter换行

指令优化

发送

图 4-6-1　AI 自动分析结果

（2）继续完善表格，可增加一列，用于说明每一行数据表示的意义，使得表格中的数据更清晰直观，示例效果如图 4-6-2 所示。

如：请在表格后面增加一列，对数据进行简要说明。

2. 利用 AI 分析数据

给定一个财务数据表格，利用讯飞星火或文心一言，对财务数据进行统计分析，生成对用户有用的总结和概括。

（1）在国家统计局或相关权威机构网站中，下载一份 Excel 格式的统计数据，打开 Excel 文档，复制所有数据。打开网页版文心一言（https://yiyan.baidu.com/），选择“新建”，在对话框中输入文字要求，再粘贴提前复制的统计数据表格（表 4-1-1），以 2024 年 1—2 月份规模以上工业企业主要财务指标（分行业）示例效果如图 4-6-3 所示。

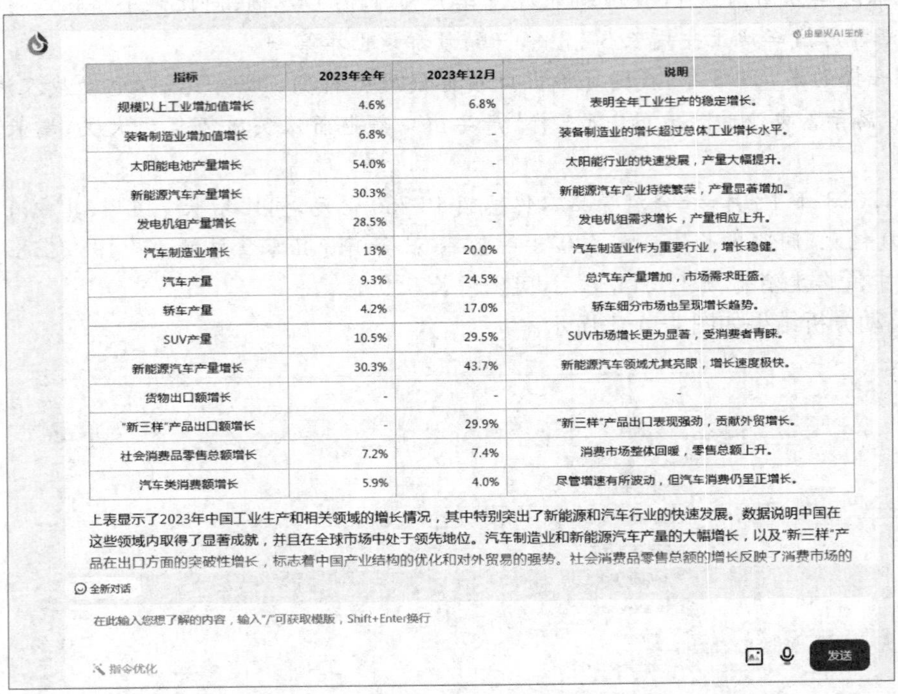

指标	2023年全年	2023年12月	说明
规模以上工业增加值增长	4.6%	6.8%	表明全年工业生产的稳定增长。
装备制造业增加值增长	6.8%	-	装备制造业的增长超过总体工业增长水平。
太阳能电池产量增长	54.0%	-	太阳能行业的快速发展，产量大幅提升。
新能源汽车产量增长	30.3%	-	新能源汽车产业持续繁荣，产量显著增加。
发电机组产量增长	28.5%	-	发电机组需求增长，产量相应上升。
汽车制造业增长	13%	20.0%	汽车制造业作为重要行业，增长稳健。
汽车产量	9.3%	24.5%	总汽车产量增加，市场需求旺盛。
轿车产量	4.2%	17.0%	轿车细分市场也呈现增长趋势。
SUV产量	10.5%	29.5%	SUV市场增长更为显著，受消费者青睐。
新能源汽车产量增长	30.3%	43.7%	新能源汽车领域尤其亮眼，增长速度极快。
货物出口额增长	-	-	-
"新三样"产品出口额增长	-	29.9%	"新三样"产品出口表现强劲，贡献外贸增长。
社会消费品零售总额增长	7.2%	7.4%	消费市场整体回暖，零售总额上升。
汽车类消费额增长	5.9%	4.0%	尽管增速有所波动，但汽车消费仍呈正增长。

上表显示了2023年中国工业生产和相关领域的增长情况，其中特别突出了新能源和汽车行业的快速发展。数据说明中国在这些领域内取得了显著成就，并且在全球市场中处于领先地位。汽车制造业和新能源汽车产量的大幅增长，以及"新三样"产品在出口方面的突破性增长，标志着中国产业结构的优化和对外贸易的强势。社会消费品零售总额的增长反映了消费市场的

图 4-6-2　增加备注说明

如：

请帮我分析下方的表格，并且用不超过800字简要说明一下这个表格的数据内容，向我提供一些有价值的信息，需要对一些重点数据进行解读和说明。

表 4-1-1　2024 年 1—2 月份规模以上工业企业主要财务指标(分行业)

行　业	营业收入		营业成本		利润总额	
	金额(亿元)	同比增长(%)	金额(亿元)	同比增长(%)	金额(亿元)	同比增长(%)
总计	194 396.3	4.5	165 176.0	4.6	9 140.6	10.2
煤炭开采和洗选业	4 971.7	−16.9	3 306.0	−10.6	954.8	−36.8
石油和天然气开采业	1 957.9	4.6	1 003.8	5.8	652.2	1.8
黑色金属矿采选业	810.8	21.9	609.4	15.3	128.8	101.3
有色金属矿采选业	501.3	5.7	332.8	14.8	96.0	−25.8
非金属矿采选业	498.3	0.3	358.8	−1.2	53.4	22.5
开采专业及辅助性活动	279.4	2.6	270.0	2.3	−4.5	(注 1)
其他采矿业	3.4	126.7	2.8	115.4	0.3	(注 1)
农副食品加工业	7 670.4	−3.2	7 111.2	−3.4	147.7	−7.3

（续表）

行业	营业收入		营业成本		利润总额	
	金额（亿元）	同比增长（%）	金额（亿元）	同比增长（%）	金额（亿元）	同比增长（%）
食品制造业	3 390.9	6.1	2 621.2	5.0	285.1	15.8
酒、饮料和精制茶制造业	2 831.3	7.8	1 696.5	6.2	553.8	14.2
烟草制品业	4 163.3	2.3	946.6	−0.1	663.1	3.9
纺织业	3 216.5	12.2	2 882.4	12.2	67.7	51.1
纺织服装、服饰业	1 761.2	7.8	1 477.9	7.9	78.9	31.1
皮革、毛皮、羽毛及其制品和制鞋业	1 208.0	6.8	1 040.9	6.5	54.7	21.3
木材加工和木、竹、藤、棕、草制品业	1 275.3	3.9	1 157.2	3.5	40.1	19.0
家具制造业	917.8	14.9	761.2	14.0	47.1	198.1
造纸和纸制品业	2 135.5	7.5	1 882.1	5.4	64.2	336.7
印刷和记录媒介复制业	971.2	9.0	813.3	8.2	40.5	57.0
文教、工美、体育和娱乐用品制造业	2 110.4	13.2	1 848.6	13.7	86.5	50.4
石油、煤炭及其他燃料加工业	9 562.0	1.4	8 330.5	1.6	−26.9	（注1）
化学原料和化学制品制造业	12 825.2	2.0	11 266.3	2.3	423.4	0.3
医药制造业	3 808.7	−4.8	2 190.2	−5.9	545.2	−4.4
化学纤维制造业	1 622.1	23.9	1 513.1	22.3	24.3	（注1）
橡胶和塑料制品业	4 112.2	11.3	3 478.4	10.6	183.0	50.2
非金属矿物制品业	7 147.9	−4.0	6 156.3	−3.5	180.9	−32.1
黑色金属冶炼和压延加工业	12 168.2	2.9	11 915.9	4.0	−146.1	（注1）
有色金属冶炼和压延加工业	10 834.7	9.6	10 211.9	9.1	311.1	65.5
金属制品业	6 250.0	8.4	5 520.7	8.4	190.0	27.8
通用设备制造业	6 253.9	6.3	5 097.1	6.0	325.1	20.7
专用设备制造业	4 794.6	2.5	3 779.0	3.4	215.1	−17.0
汽车制造业	13 714.5	8.1	11 990.8	7.8	586.9	50.1
铁路、船舶、航空航天和其他运输设备制造业	1 706.0	15.6	1 427.4	14.0	78.9	90.1
电气机械和器材制造业	13 332.8	0.1	11 426.2	0.0	599.1	−2.0
计算机、通信和其他电子设备制造业	21 359.5	8.2	18 899.6	7.1	418.1	210.9
仪器仪表制造业	1 244.0	7.9	932.3	8.4	60.9	−3.2

（续表）

行　业	营业收入		营业成本		利润总额	
	金额（亿元）	同比增长（%）	金额（亿元）	同比增长（%）	金额（亿元）	同比增长（%）
其他制造业	289.8	12.9	237.7	12.4	14.5	59.3
废弃资源综合利用业	1 559.9	17.0	1 513.5	18.0	4.4	−59.3
金属制品、机械和设备修理业	306.4	27.7	261.9	27.0	17.1	55.5
电力、热力生产和供应业	16 205.7	7.7	14 662.5	5.9	973.3	69.4
燃气生产和供应业	3 935.0	8.0	3 726.1	8.0	103.0	18.8
水的生产和供应业	688.5	5.1	516.1	2.8	48.8	69.4

注：1. 开采专业及辅助性活动、石油煤炭及其他燃料加工业、化学纤维制造业、黑色金属冶炼和压延加工业上年同期为亏损，其他采矿业上年同期利润总额为0.0亿元，无法计算同比增速。
2. 本表部分指标存在总计不等于分项之和情况，是数据四舍五入所致，未作机械调整。

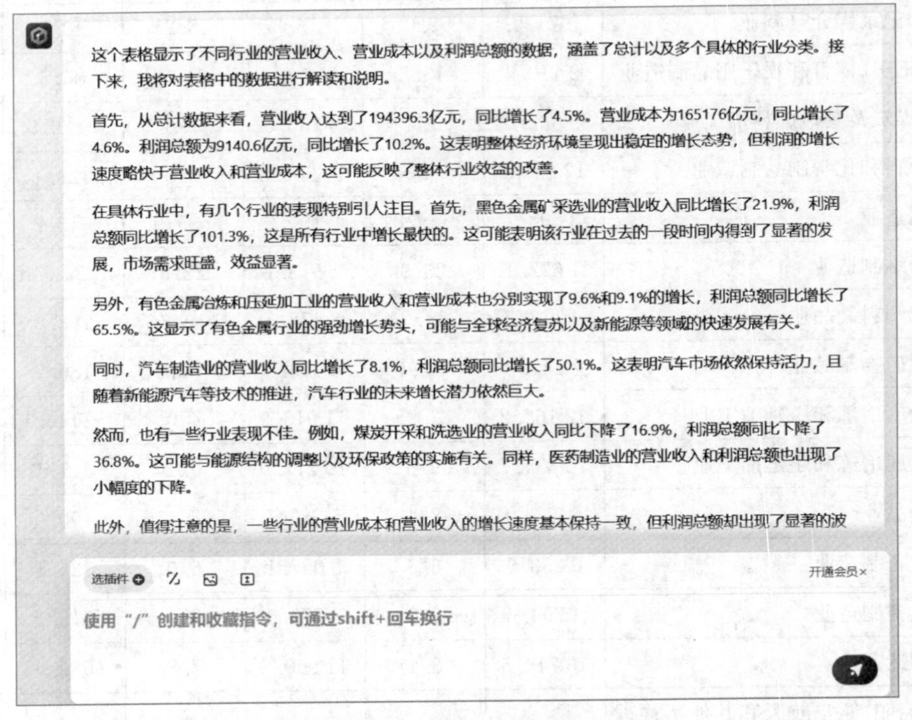

图4-6-3　AI自动分析结果

（2）提供上述分析结果的关键数据，整理成表格，再进一步分析，得到更直观的分析结果，示例效果如图4-6-4所示。

如：请根据上述分析中得到的800字简要说明，提取其中的关键数据，整理成一个表格，并在表格后面增加一列，对数据进行简要说明。

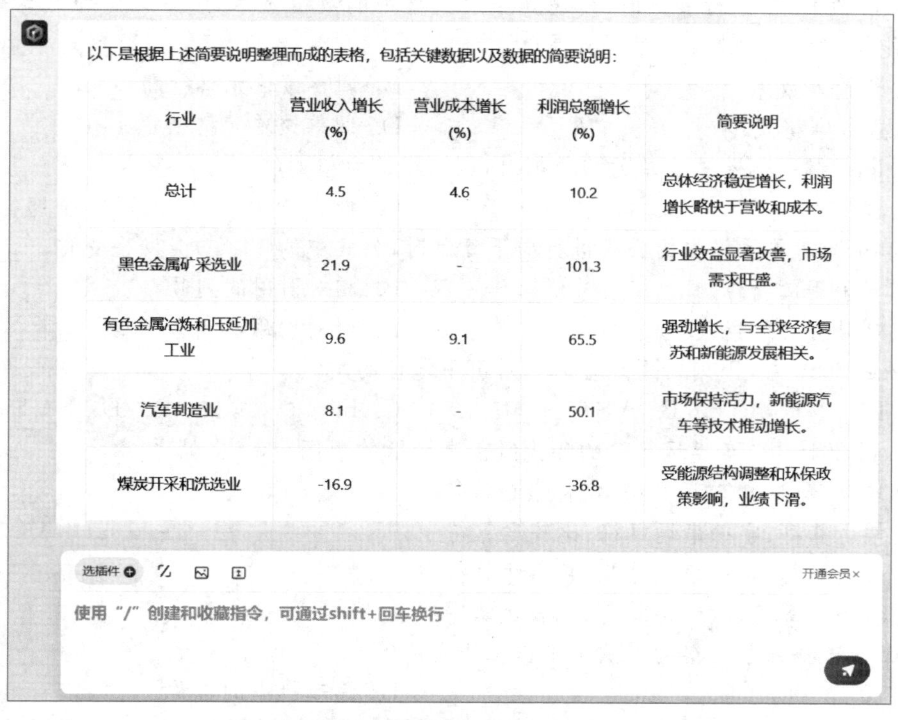

以下是根据上述简要说明整理而成的表格，包括关键数据以及数据的简要说明：

行业	营业收入增长(%)	营业成本增长(%)	利润总额增长(%)	简要说明
总计	4.5	4.6	10.2	总体经济稳定增长，利润增长略快于营收和成本。
黑色金属矿采选业	21.9	-	101.3	行业效益显著改善，市场需求旺盛。
有色金属冶炼和压延加工业	9.6	9.1	65.5	强劲增长，与全球经济复苏和新能源发展相关。
汽车制造业	8.1	-	50.1	市场保持活力，新能源汽车等技术推动增长。
煤炭开采和洗选业	-16.9	-	-36.8	受能源结构调整和环保政策影响，业绩下滑。

图 4-6-4　提炼数据并转换成表格

习 题 4

一、选择题

1. 在 Excel 2016 工作簿中，至少应含有的工作表个数是（　　）。
   A. 0　　B. 1　　C. 2　　D. 3
2. 在 Excel 2016 公式中，地址引用 E$6 是（　　）引用。
   A. 绝对地址　　B. 相对地址　　C. 混合地址　　D. 以上都不是
3. 在 Excel 2016 默认建立的工作簿中，用户对工作表（　　）。
   A. 可以增加或删除　　B. 不可以增加或删除
   C. 只能增加　　D. 只能删除
4. 在 Excel 2016 中，日期型数据默认的对齐方式为（　　）。
   A. 靠左对齐　　B. 靠右对齐　　C. 居中对齐　　D. 两端对齐
5. 在 Excel 2016 中，输入的文本数据默认的对齐方式为（　　）。
   A. 靠左对齐　　B. 靠右对齐　　C. 居中对齐　　D. 两端对齐
6. 在 Excel 2016 中，选定某单元格后单击“复制”按钮，再选中目标单元格后单击“粘贴”按钮，此时被粘贴的是原单元格中的（　　）。
   A. 格式和批注　　B. 数值和格式　　C. 格式和公式　　D. 全部
7. 如果 Excel 2016 工作表某单元格显示为#DIV/0!，这表示（　　）。
   A. 行高不够　　B. 列宽不够　　C. 公式错误　　D. 格式错误

8. 在Excel 2016中进行操作时,发现某个单元格中的数值显示变为“##########”,能使该数值正常显示的操作是(　　)。
A. 重新输入数据
B. 调整该单元格行高
C. 设置数字格式
D. 调整该单元格列宽

9. 用“Delete”键来删除选定单元格数据时,删除了单元格的(　　)。
A. 内容　　B. 格式　　C. 批注　　D. 全部

10. 利用填充柄对单元格中的公式进行向下复制时,公式中的(　　)会发生变化。
A. 相对引用的行号
B. 相对引用的列号
C. 绝对引用的行号
D. 绝对引用的列号

11. 在Excel 2016中,下列引用地址为绝对引用地址的是(　　)。
A. $D3　　B. A$6　　C. F8　　D. $C$9

12. 在Excel 2016中,各类运算符的优先级由高到低的顺序为(　　)。
A. 数学运算符、比较运算符、字符串运算符
B. 数学运算符、字符串运算符、比较运算符
C. 比较运算符、字符串运算符、数学运算符
D. 字符串运算符、数学运算符、比较运算符

13. 选定工作表全部单元格的方法是单击工作表的(　　)。
A. 列标
B. 编辑栏中的名称
C. 行号
D. 左上角行号和列号交叉处的空白方块

14. Excel 2016中的文字连接运算符号为(　　)。
A. $　　B. &　　C. %　　D. @

15. 在Excel 2016中,下面关于分类汇总的叙述中正确的是(　　)。
A. 分类汇总前必须按关键字段进行排序
B. 汇总方式只能是求和
C. 分类汇总的关键字段可以是多个
D. 分类汇总后不能被删除

16. 在单元格中输入(　　),可使该单元格显示为0.5。
A. 3/6　　B. “3/6”　　C. 3/6　　D. “3/6”

17. 若在单元格B1的公式中有地址引用为A$7,将其复制到F1单元格后,公式中的地址引用将变为(　　)。
A. A$7　　B. D$11　　C. F$7　　D. F$11

18. 在Excel 2016中,若要实现插入式移动单元格,则在对单元格剪切后,在目标单元格处执行(　　)操作。
A. “粘贴”下拉列表中的“选择性粘贴”命令
B. “粘贴”下拉列表中的“粘贴链接”命令
C. 快捷菜单中的“粘贴”命令
D. 快捷菜单中的“插入剪切的单元格”命令

19. 利用鼠标并配合键盘上的(　　)键可以同时选取数个不连续的单元格区域。
A. Ctrl　　B. Alt　　C. Shift　　D. Esc

20. 在Excel 2016中,选择连续区域可以用鼠标和(　　)键配合来实现。
A. Ctrl　　B. Alt　　C. Shift　　D. Esc

21. 若单元格 D2 的值为 6，则函数“=IF(D2>8，D2/2，D2 * 2)”的结果为(　　)。
A. 3　　B. 6　　C. 8　　D. 12
22. 在 Excel 2016 中，按“Ctrl+End”组合键，光标将移到(　　)。
A. 当前工作表最后一行　　B. 当前工作表的表头
C. 最后一个工作表的表头　　D. 当前工作表有效区的右下角
23. 在某公式中引用单元格地址“Sheet1! A2”，其意义为(　　)。
A. Sheet1 为工作簿名，A2 为单元格地址
B. Sheet1 为单元格地址，A2 为工作表名
C. Sheet1 为工作表名，A2 为单元格地址
D. 单元格的行、列标
24. 打印 Excel 2016 工作表时，要使每页都打印顶端标题行，应在“页面设置”对话框的(　　)选项卡中操作。
A. 页面　　B. 页边距　　C. 页眉/页脚　　D. 工作表
25. 在 Excel 2016 打印表格时，要使该表格在页面中居中，应(　　)。
A. 在“自定义页边距”中设置“居中方式”为水平
B. 选定整个表格，在“对齐方式”中选择“水平对齐”为跨列居中
C. 选定整个表格，单击“对齐方式”工具栏组中的“居中”按钮
D. 以上都不对
26. 若在 Excel 2016 的 A2 单元中输入公式"=8"2"，则其显示结果为(　　)。
A. 16　　B. 64　　C. =8^2　　D. 8^2
27. 按填充方向选定 2 个数值型数据的单元格，则填充按(　　)填充。
A. 等比数列　　B. 等差数列　　C. 递增顺序　　D. 递减顺序
28. Excel 2016 的自动筛选功能将使(　　)。
A. 满足条件的记录显示出来，删除不满足条件的数据
B. 不满足条件的记录暂时隐藏，只显示满足条件的数据
C. 不满足条件的数据用另外一个工作表保存起来
D. 满足条件的数据突出显示
29. Excel 2016 的图表类型有多种，其中折线图最适合反映(　　)。
A. 数据之间量与量的大小差异
B. 数据之间的对应关系
C. 单个数据在所有数据构成的总和中所占的比例
D. 数据间量随时间的变化趋势
30. Excel 2016 的图表类型有多种，其中饼图最适合反映(　　)。
A. 数据之间量与量的大小差异
B. 数据之间的对应关系
C. 单个数据在所有数据构成的总和中所占的比例
D. 数据间量随时间的变化趋势

二、填空题

1. 在 Excel 2016 中，工作簿文件的文件扩展名为________。

2. 启动Excel 2016，系统默认工作簿的名称为______，工作簿文件扩展名为______。
3. 在Excel 2016中，被选中的单元格称为______。
4. 在Excel 2016中，被选中单元格的右下角黑点称为______。
5. 将鼠标指针指向某工作表标签，按“Ctrl”键拖动标签到新位置，则完成操作；若拖动过程中不按“Ctrl”键，则完成______操作。
6. 在对数据进行分类汇总前，必须对数据进行______操作。
7. 对于D列第5行的单元格，其绝对引用地址表示为______，其相对引用地址表示为______。
8. 假设A2单元格内容为字符300，A3单元格内容为数值5，则函数COUNT(A2:A3)的值为______。
9. 在输入日期型数据时，可使用的分隔符是______。
10. 在Excel 2016中，调整最适合的列宽最简便的方法：先将鼠标指针移到待调整列宽的右边线上，待指针变成左右双向箭头时，______，系统便会自动调整列宽。
11. 在Excel 2016中，“Sheet1! $A$1: $C$10”表示______。
12. 在Excel 2016的函数中，AVERAGE()表示______函数，MAX()表示______函数。
13. 在Excel 2016中，若要输入分数形式的数据“2/3”，应直接输入______。
14. 在高级筛选操作中，设置筛选条件时，具有“______”关系的多重条件放在同一行，具有“______”关系的多重条件放在不同行。筛选条件中可以使用通配符“?”和“*”。其中，“?”代表______，“*”代表______。
15. 通过分类来合并计算数据时，如果数据源区域顶行包含分类标记，则在“合并计算”对话框中选中“______”复选框；如果数据源区域左列有分类标记，则选中“______”复选框。

三、判断题

1. 在Excel 2016中，只能在单元格内编辑输入的数据。 (　　)
2. 数值型数据默认的对齐方式是右对齐。 (　　)
3. 工作簿是指Excel 2016用来存储和处理数据的文件，是存储数据的基本单位。 (　　)
4. 单元格的数据格式一旦设定后，不可以再改变。 (　　)
5. 数据清单中的第一行称为标题行。 (　　)
6. 若针对工作表中的数据已建立图表，则修改工作表中的数据，其对应的图表会自动完成对应的修改。 (　　)
7. Excel 2016会自动调整行的高度以适应行中所用的最大字体的高度。 (　　)
8. 在Excel 2016中，剪切到剪贴板的数据可以多次粘贴。 (　　)
9. 在单元格中输入公式表达式时，首先应输入“=”。 (　　)
10. 单击选定单元格后输入新内容，则原内容将被覆盖。 (　　)
11. 图表只能和数据放在同一个工作表中。 (　　)
12. Excel 2016的分类汇总只具有求和计算功能。 (　　)
13. 筛选就是将满足条件的记录隐藏起来，将不满足条件的记录显示出来。 (　　)
14. 选择两个不相邻的单元格区域的一种方法：先选择一个区域，按住Shift键，再选择另一个区域。 (　　)
15. Excel 2016工作表中单元格的灰色网格打印时不会被打印出来。 (　　)

16. SUM 函数是用来对单元格或单元格区域所有数值求平均的运算。 (　　)
17. 如果输入单元格中的数据宽度大于单元格宽度时，单元格将显示为“＃＃＃＃＃＃”。 (　　)
18. 在输入文本数据时，若数据全由数字组成，则应在数字前加一个西文单引号。 (　　)
19. 分类汇总是将经过排序后具有一定规律的数据进行汇总，生成各类汇总报表。 (　　)
20. 工作表中的数据可以以图表形式表现出来，但它的图表类型是不能改变的。 (　　)
21. Excel 2016 中填充柄的主要作用是设置工作簿的背景。 (　　)
22. 在 Excel 2016 中，用户可以根据一列或数列中的数值对数据清单进行排序。 (　　)
23. 当 Excel 2016 函数中使用多个参数时，参数之间用分号隔开。 (　　)
24. Excel 2016 中的删除操作只能将单元格的内容删除，而单元格本身仍然存在。 (　　)
25. 设置单元格的数据格式将更改其显示格式及数据本身。 (　　)
26. 数据透视表用于对数据进行快速分类汇总，生成交互式表格，以便从不同的层次和角度对数据进行分析。 (　　)
27. 每个单元格都有一个地址，由其所在的行号和列号组成。 (　　)

项目 5

演示文档制作及 AI 协同办公

实验 1　个人述职报告演示文稿基本操作与设置

实验目的

（1）掌握演示文稿的创建与保存。

（2）掌握演示文稿的编辑与格式排版操作。

（3）掌握幻灯片版式和主题的设置方法。

实验内容

打开实验素材“述职报告.pptx”，完成以下实验任务：

（1）设置幻灯片主题与幻灯片大小比例，修改幻灯片变体颜色。

（2）在第 1 张幻灯片前新建“标题幻灯片”版式幻灯片，插入指定文本与图片，完成指定调整。

（3）设置第 2 张幻灯片背景格式，并为其段落内容添加项目符号。

完成效果如图 5-1-1、图 5-1-2 所示。

图 5-1-1　第 1 张幻灯片

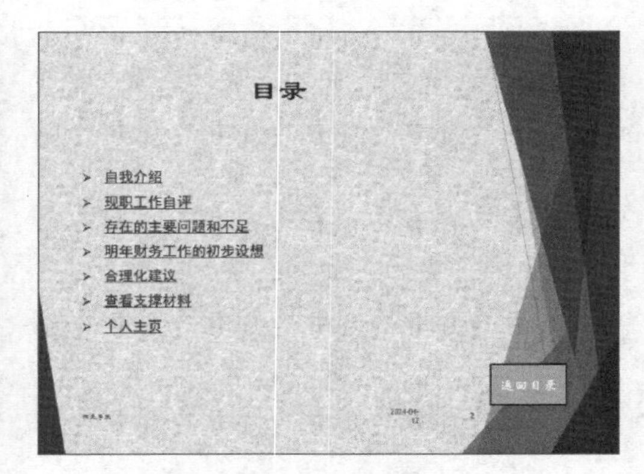

图 5-1-2　第 2 张幻灯片

实验步骤

1. 设置幻灯片主题

将幻灯片主题修改为“平面”，设置幻灯片大小比例为 4∶3（确保适合），变体颜色修改为“蓝色暖调”。

(1) 打开素材文件夹中的“述职报告.pptx”文件，选择“设计”选项卡，单击“主题”栏窗口右下角箭头按钮可展开显示所有主题，如图 5-1-3 所示。每个主题都有对应的主题名称，光标悬停于主题上方，将出现文本浮窗显示主题名称，单击选择“平面”主题，如图 5-1-4 所示。

图 5-1-3　展开所有主题

图 5-1-4　选择“平面”主题

知识拓展：

直接单击某个主题则默认该主题应用于所有幻灯片。如果仅选中的某张幻灯片使用该主题，可右键单击该主题，在右键快捷菜单中选择“应用于选定幻灯片”。

(2) 选择“设计”选项卡，单击“自定义”栏中的“幻灯片大小”选项，选择“标准(4∶3)”选项，如图 5-1-5 所示，然后在弹出的对话框中选择“确保合适(E)”，如图 5-1-6 所示。

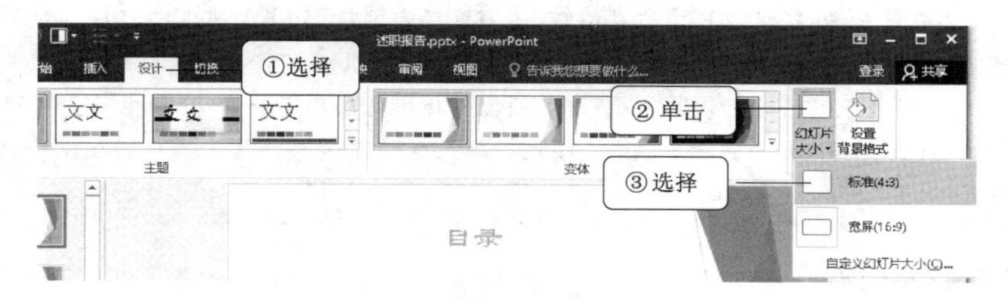

图 5-1-5　设置幻灯片大小比例 4∶3

(3) 单击“设计”下“变体”栏右下角的箭头按钮，展开变体操作下拉菜单，如图 5-1-7 所示，在下拉菜单中选择颜色(C)条目，在颜色组中选择“蓝色暖调”主题颜色，如图 5-1-8 所示。

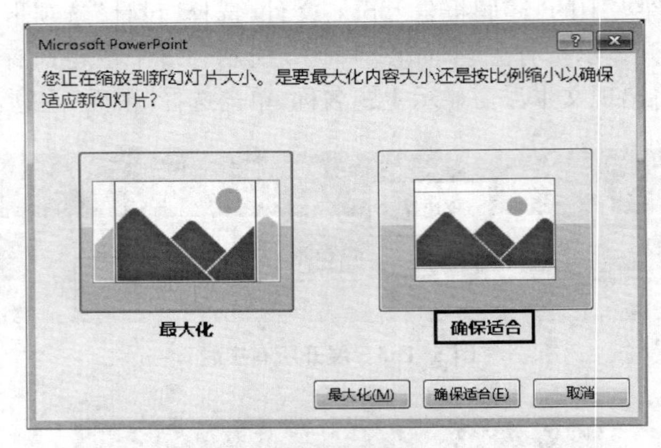

图 5-1-6 选择“确保合适”

图 5-1-7 展开“变体”下拉菜单

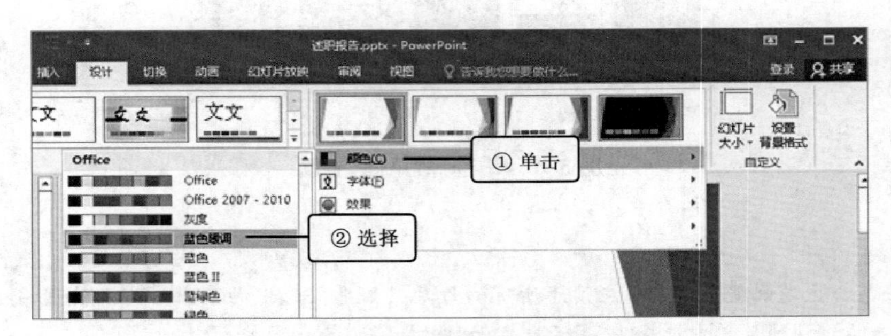

图 5-1-8 选择“蓝色暖调”颜色主题

知识拓展:

(1) 单击变体颜色主题,默认应用于所有幻灯片,右键单击选择“应用于所选幻灯片”,则颜色主题仅应用于当前选中的幻灯片。

(2)“修改变体颜色”和“修改幻灯片大小”这2项操作执行的顺序不一样,会产生不一样的效果。如果先选择修改变体颜色,再修改幻灯片大小,则幻灯片的颜色会恢复到修改变体颜色前的主题颜色,需要重新修改变体颜色。

2. 新建标题幻灯片

在第1张幻灯片前添加一张幻灯片,幻灯片的版式设置为“标题幻灯片”;标题内容为“述职报告”,字体设置为“宋体、80”,副标题内容为“——报告人:自己的姓名”,字体设置为“宋体、28”;将标志图片“logo.png”插入该幻灯片,图片大小缩放为80%,位置为中央靠上,并设置其排列顺序为“置于底层”。

（1）在左侧幻灯片导航窗格中，单击第一张幻灯片的上方，会出现一条插入光标，在“开始”选项卡下的“幻灯片”栏中选择“新建幻灯片”下拉菜单，如图 5-1-9 所示。在下拉菜单中选择“标题幻灯片”版式，如图 5-1-10 所示，完成指定版式的幻灯片新建。

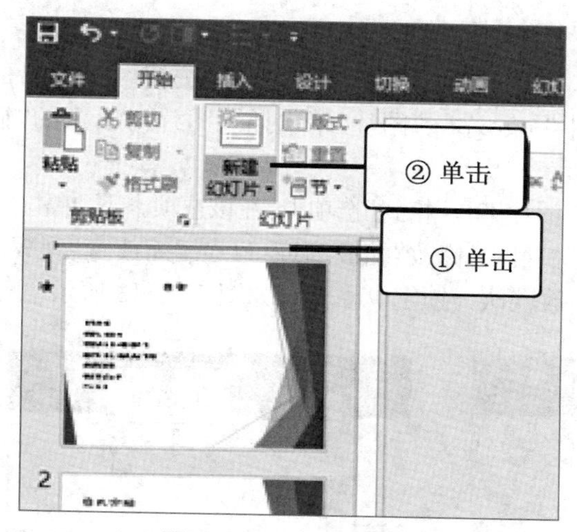

图 5-1-9　新建幻灯片

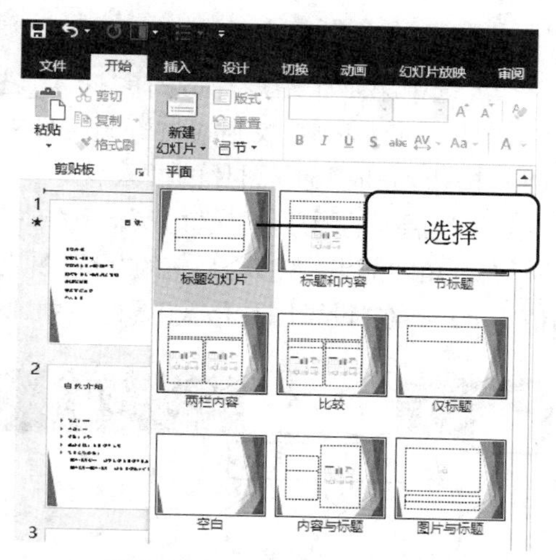

图 5-1-10　选择幻灯片版式

知识拓展：

也可以直接单击“新建幻灯片”按钮完成幻灯片的新建，或在需要新建幻灯片的位置右键单击，选择“新建幻灯片(N)”选项。若新建的幻灯片所在位置为第 1 张，则该幻灯片的版式默认为“标题幻灯片”，其他位置新建的幻灯片版式则默认和该位置上一张幻灯片的版式相同。

如果需要修改幻灯片的版式，可以右键单击该幻灯片，在右键快捷菜单中选择“版式”组，在“版式”组中选择所需版式，或选择“开始”菜单“幻灯片”栏中的“版式”下拉菜单，如图 5-1-11 所示。

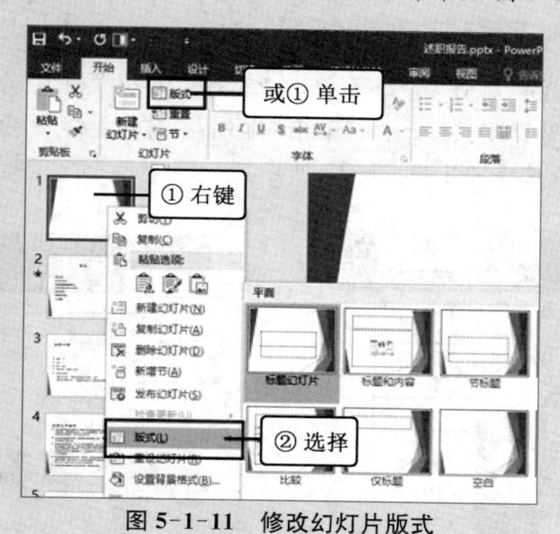

图 5-1-11　修改幻灯片版式

（2）在标题幻灯片的主标题位置输入文字“述职报告”，选中所输入的文字，在“开始”选项卡的“字体”栏中，单击“字体”下拉列表，选择“宋体、80”，在副标题位置输入文字“——报告人：

姓名”，选中所输入的文字，同样在“开始”选项卡的“字体”栏中，单击“字体”姓名下拉列表，选择“宋体、28”，如图 5-1-12 所示。

知识拓展：

单击“字体”功能区右下角字体设置选项卡，可以对字体格式进行更多个性化设置，字号大小下拉列表中如果没有所需字号，可手动输入所需字号大小的阿拉伯数字。

（3）选中第 1 张幻灯片，选择“插入”选项卡，单击“图像”栏中的“图片”按钮。在弹出的“插入图片”对话框中，找到素材资源文件夹，选中“logo. png”图片，单击插入图片对话框的“插入(S)”按钮，完成 logo 图片的插入。

（4）让插入的图片保持选中状态，菜单栏出现“图片工具/格式”选项卡，在该选项卡下，单击“大小”栏右下角的箭头按钮，在弹出的“设置图片格式”栏目中，修改“缩放高度(H)或“缩放宽度(W)”的值为 80%（在“设置图片格式”属性栏中，图片缩放默认为锁定纵横比），如图 5-1-13 所示。

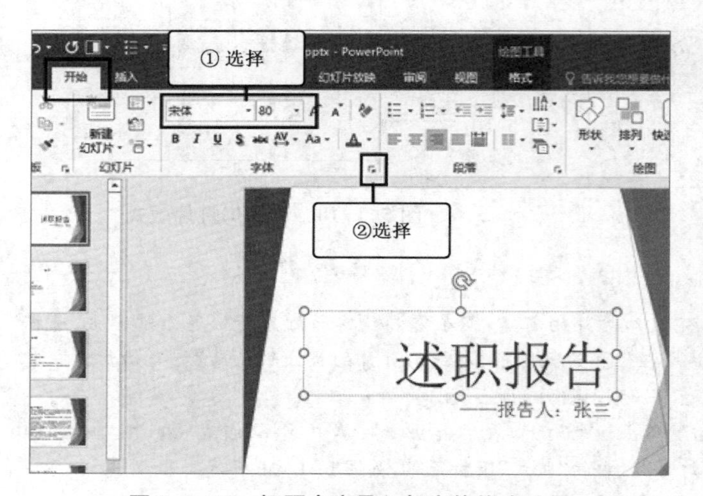

图 5-1-12　标题内容录入与字体格式设置

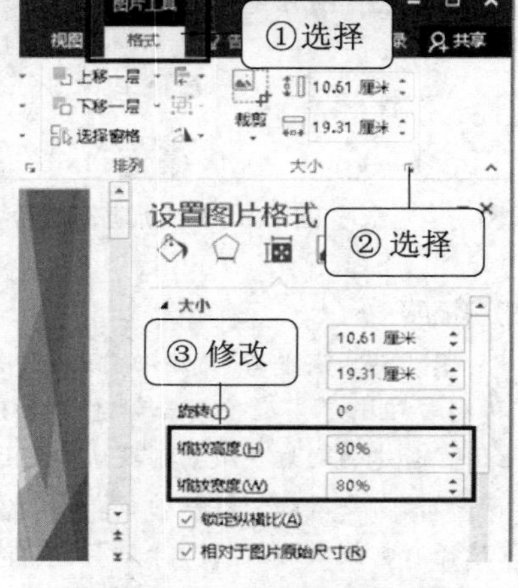

图 5-1-13　修改图片的大小

（5）单击“排列”栏中的“对齐”下拉菜单，在弹出的下拉菜单中分别选择“水平居中(C)”“顶端对齐(T)”条目，如图 5-1-14 所示。单击“排列”栏中“下移一层”下拉菜单，在弹出的下拉菜单中选择“置于底层(K)”，如图 5-1-15 所示。

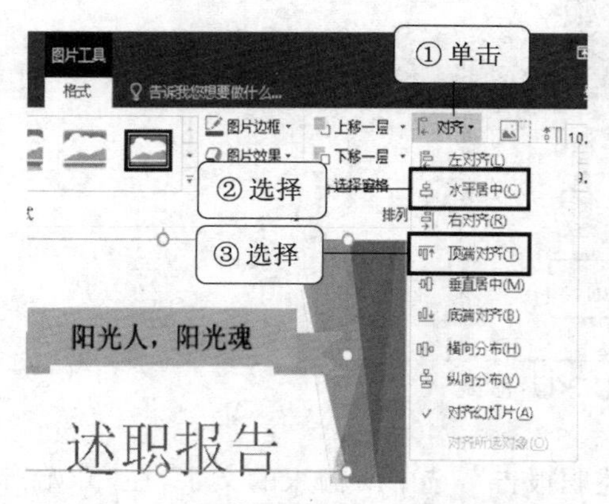

图 5-1-14　图片置于幻灯片中央靠上位置

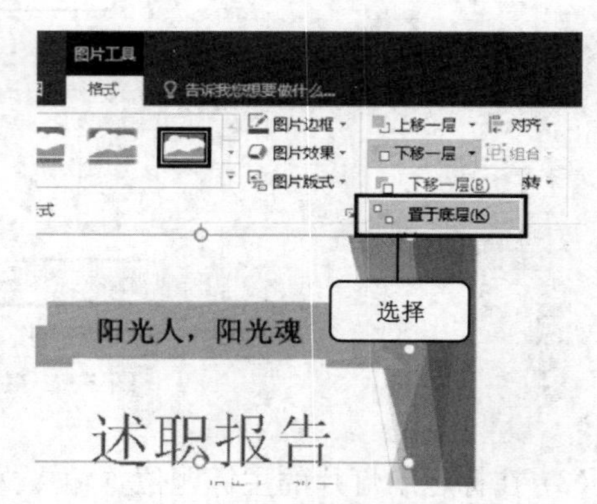

图 5-1-15　设置图片置于底层

注意：如果先设置图片的位置再修改图片的大小，那么图片位置会发生改变，需要重新设置图片的位置。

3. 设置纹理填充效果

将第 2 张幻灯片背景的纹理填充设置为“蓝色面巾纸”效果。

(1) 右键单击第 2 张幻灯片，在弹出的右键快捷菜单中选择“设置背景格式(B)...”选项。在演示文稿的右侧弹出“设置背景格式”属性设置菜单，选择“图片或纹理填充(P)”选项，单击下方出现的“纹理(U)”下拉菜单，如图 5-1-16 所示。

(2) 在弹出的“纹理”栏下拉菜单界面中，把光标悬停于纹理方格上方，会出现文字浮窗显示对应纹理的名称，找到“蓝色面巾纸”纹理，单击即可完成第 2 张幻灯片的背景设置，如图 5-1-17 所示。

知识拓展：

幻灯片背景设置还可以在“设计”菜单下的“自定义”栏中选择“设置背景格式”功能按钮进行设置，单击该功能按钮后弹出的“设置背景格式”属性设置菜单与右键单击幻灯片弹出的“设置背景格式”相同。

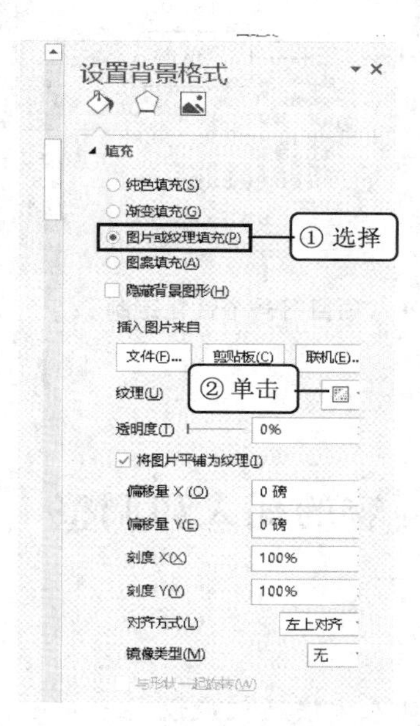

图 5-1-16　选择“图片或纹理填充”

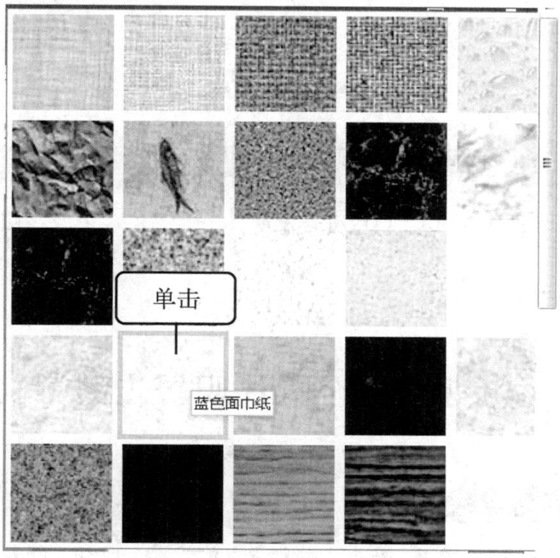

图 5-1-17　选择“蓝色面巾纸”纹理

4. 添加项目符号

为第 2 张幻灯片的所有段落设置项目符号“➢”，符号颜色为标准色“红色”。

(1) 选中第 2 张幻灯片中的所有段落，再选择“开始”选项卡，单击“段落”栏左上角的项目符号下拉菜单按钮，如图 5-1-18 所示。在弹出的下拉菜单中，选择“项目符号和编号(N)...”条目，如图 5-1-19 所示。

(2) 在弹出的“项目符号和编号”对话框中，在“项目符号(B)”选项卡下先选择“➢”符号，再单击“颜色(C)”下拉菜单按钮，选择标准色“红色”，如图 5-1-20 所示，最后单击“确定”，完成项目符号的设置。

图 5-1-18　单击项目符号下拉菜单按钮

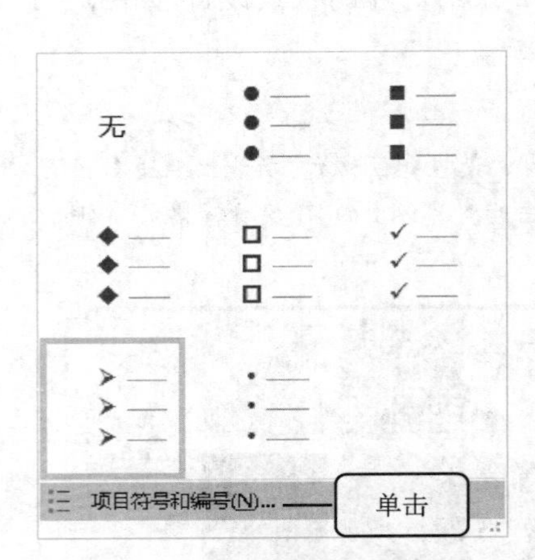

图 5-1-19　项目符号设置

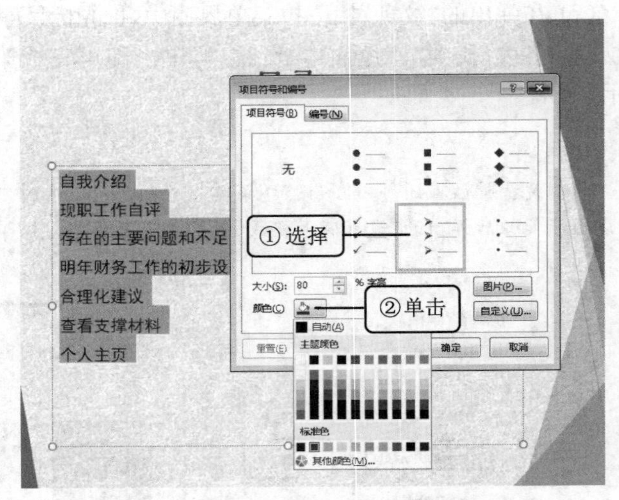

图 5-1-20　项目符号个性化定制

实验 2　个人述职报告演示文稿内容的插入和调整

实验目的

(1) 掌握图片、音频、视频、动作按钮、形状、文本框的插入方法及相应设置。
(2) 掌握超链接的设置方法。
(3) 掌握幻灯片页面设置及母版设置方法。

实验内容

在实验1的个人述职报告演示文稿基础上，继续完成以下实验任务：
(1) 在第1张幻灯片右下角插入音频文件并设置个性化播放。
(2) 在第5张幻灯片下方插入横排文本框，输入指定文本并设置格式。
(3) 为第2张幻灯片的文本段落设置相应超链接。
(4) 为所有幻灯片添加页脚。
(5) 设置幻灯片母版，插入“自定义”动作按钮，点击均跳转到第2张幻灯片。

完成效果如图5-1-1、图5-1-2、图5-2-1所示。

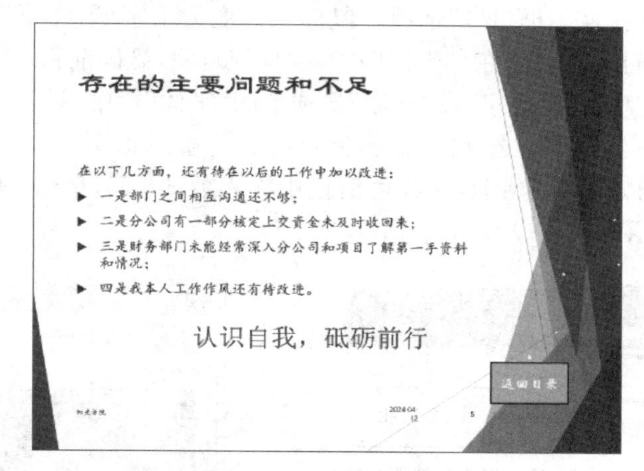

图5-2-1 第5张幻灯片

1. 插入音频文件

在第1张幻灯片右下角插入音频文件mu.mp3，设置音频为自动播放、播放时隐藏、跨幻灯片播放、播放完返回开头、循环播放直到停止，淡入持续时间设置为5秒。

(1) 选中第1张幻灯片，在“插入”选项卡右侧的“媒体”栏中，单击“音频”功能按钮，在弹出的下拉菜单中选择“PC上的音频(P)...”条目。在弹出的“插入音频”对话框中，找到素材所在文件夹，选中“mu.mp3”音频文件，单击“插入(S)”按钮，完成“mu.mp3”音频文件的插入。再在幻灯片上用鼠标把音频文件拖动到幻灯片的右下角。

(2) 完成音频文件插入后，保持音频文件图标处于选中状态，演示文稿顶端选项卡右侧出现“音频工具”选项卡。在“音频工具—播放”选项卡的“音频选项”栏中，单击“开始”下拉菜单，在弹出的下拉菜单中，选择“自动(A)”条目，使音频文件在幻灯片放映时能自动播放，在“音频选项”栏中依次勾选“放映时隐藏”“跨幻灯片播放”“播放完返回开头”“循环播放，直到停止”，然后在“编辑”栏的“淡入”属性框中修改时间为5秒，如图5-2-2所示。

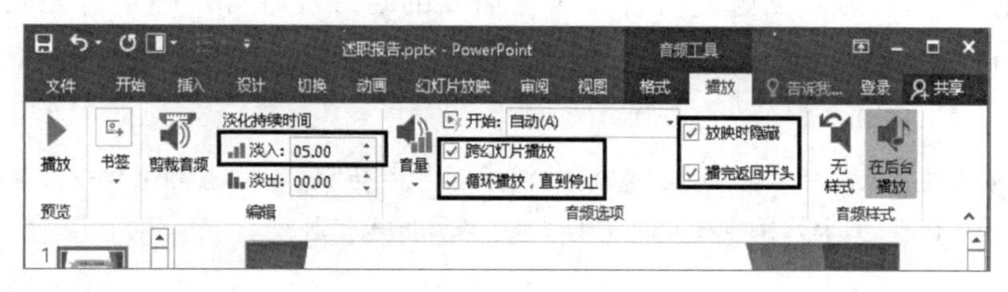

图5-2-2 完成音频播放设置

2. 插入横排文本框

在第5张幻灯片下方插入一个横排文本框，内容为“认识自我，砥砺前行”，字体为“宋体，32”，颜色为红色(255,0,0)。

(1) 选中第5张幻灯片，选择“插入”选项卡，在“文本”栏中点击“文本框”功能按钮，在下拉菜单中单击选择“横排文本框(H)”选项。鼠标指针变为十字形，在第5张幻灯片下方按住左键，画一个适合的横排文本框，在文本框中输入“认识自我，砥砺前行”文字。

(2) 选择文本框中的所有文字，在“开始”选项卡的“字体”栏中，设置字体为“宋体、32”，单击字体颜色按钮，在下拉菜单中选择“其他颜色(M)...”选项，如图5-2-3所示。在弹出的“颜色”对话框中，选择“自定义”选项卡，在红色值栏中输入数值255，单击“确定”，完成字体格式设置，如图5-2-4所示。

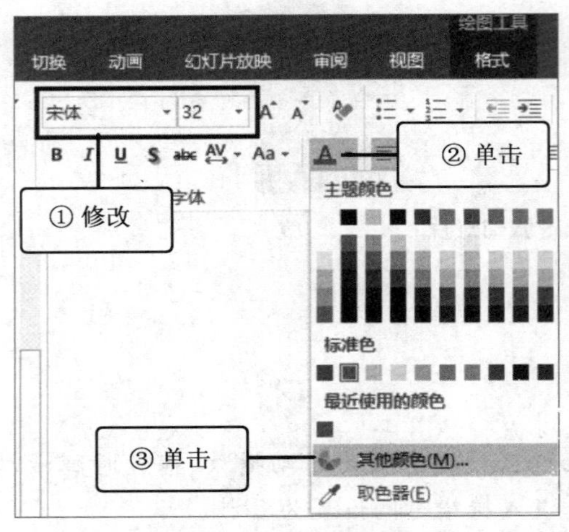

图5-2-3 设置字体格式

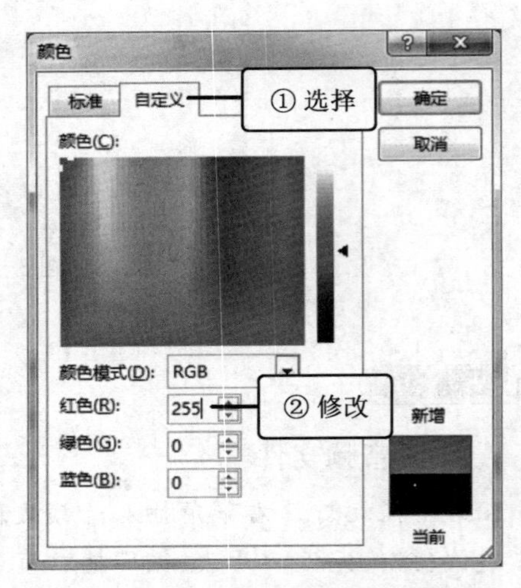

图5-2-4 自定义设置字体颜色

3. 设置超链接

为第2张幻灯片的前5个段落文本，设置超链接，链接目标为相对应内容的幻灯片页；为“查看支撑材料”设置超链接，单击可打开考生文件夹中的WD1.docx；为“个人主页”设置超级链接，单击可链接到网址“http://www.ygu.edu.cn”。

(1) 依次选中前5个段落文本，右键单击，在右键快捷菜单中选择“超链接(H)...”选项。在弹出的“插入超链接”对话框中，单击“本文档中的位置(A)”按钮，然后在按钮右侧的“请选择文档中的位置(C)”窗口中选择对应段落文本的幻灯片标题，如图5-2-5所示。该窗口右侧为幻灯片预览窗口，可预览所选幻灯片是否为需要的幻灯片，单击“确定”，完成超链接设置。图5-2-5以“自我介绍”为例。

知识拓展：

超链接的设置还可以通过单击“插入”选项卡的“链接”栏中的“超链接”按钮来实现。单击该按钮后弹出“插入超链接”对话框，剩余的操作与右键快捷菜单的设置方式相同。

(2) 选中“查看支撑材料”文字，右键单击菜单选择“超链接(H)...”，或通过“插入”选项卡中“链接”栏中的“超链接”按钮，在弹出的“插入超链接”对话框中，单击“现有文件或网页(X)”按钮，在右侧“查找范围”下拉菜单中查找文件素材(WD1.docx)位置，若演示文稿与文件素材(WD1.docx)在同一个文件夹，则选择“当前文件夹(U)”按钮，在右侧文件窗口中，选中“WD1.docx”文件，最后单击“确定”，完成超链接设置。

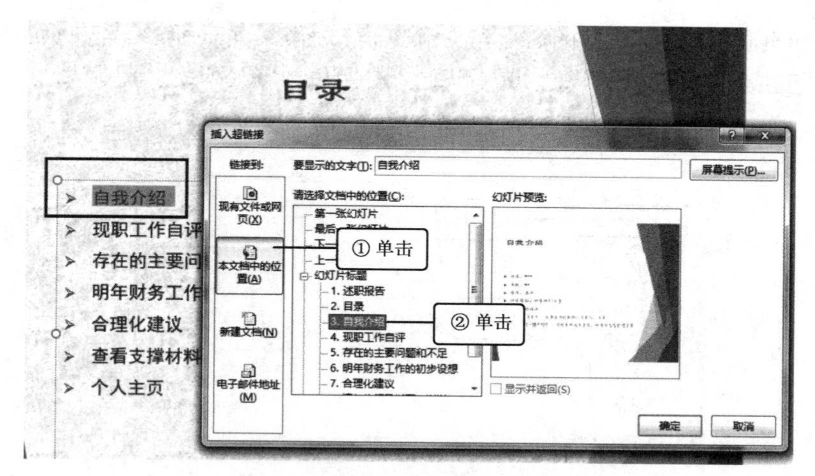

图 5-2-5　选择文本超链接的目标幻灯片

(3)“个人主页”文本超链接指向指定网址的操作与(2)中指向指定文件的操作一样，只要在“插入超链接”对话框中的“现有文件或网页(X)”地址栏中输入指定网址“http://www.ygu.edu.cn”即可，如图 5-2-6 所示。

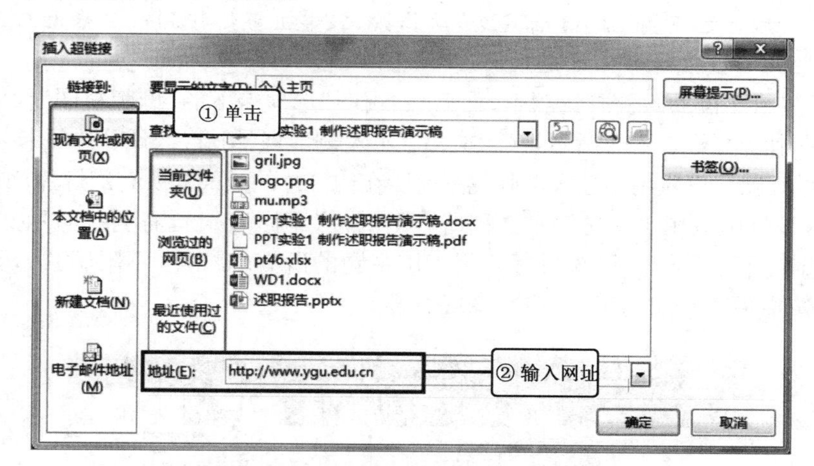

图 5-2-6　设置指向指定网址的超链接

4. 添加页脚

在所有幻灯片页脚处插入“当前系统日期”“幻灯片编号”，并设置页脚内容为“阳光学院”。

选择演示文稿的“插入”选项卡，在选项卡下的“文本”栏中，单击“页眉和页脚”功能按钮。在弹出的“页眉和页脚”对话框中分别勾选“日期和时间(D)”“幻灯片编号(N)”和“页脚(F)”复选框，并在页脚处输入“阳光学院”，如图 5-2-7 所示。

多学一点：

添加日期和时间有 2 种方式，分别是“自动更新”和“固定”方式，根据需要选择其一即可。勾选“页脚(F)”复选框后，需要在页脚内容栏中输入需要的页脚内容，即“阳光学院”，最后单击对话框的“全部应用(Y)”按钮，完成对所有幻灯片的日期、编号、页脚设置。

在“页眉和页脚”设置对话框的右上角有预览窗口，当添加日期、编号和页脚时，对应的位置会由空白框变成黑色填充的区域，如图 5-2-7 右上角预览处所示。

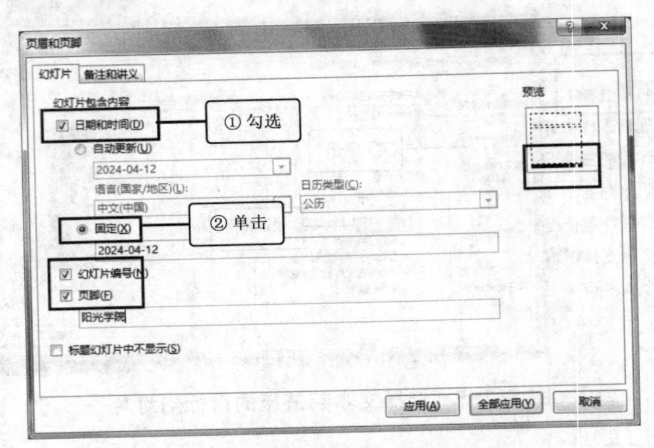

图 5-2-7 幻灯片页脚设置

5. 插入“自定义”动作按钮

在幻灯片母版的右下角，插入“自定义”动作按钮，单击可链接到第 2 张幻灯片，按钮上显示“返回目录”文本，按钮的形状填充效果为“橙色”颜色填充。

(1) 选择演示文稿的“视图”选项卡，然后在“视图”选项卡下的“母版视图”栏中单击“幻灯片母版”功能按钮，如图 5-2-8 所示，演示文稿上方左侧出现“幻灯片母版”选项卡。进入母版视图后，幻灯片母版默认仅应用于进入母版视图前所在幻灯片的版式的所有幻灯片，如图 5-2-9 所示。如果要将该母版应用于整份演示文稿所有幻灯片(不限版式)，需上拉演示文稿左侧母版导航窗口并选择最顶端的母版，该母版应用于该主题的所有幻灯片(不限版式)，如图 5-2-10 所示，本实验选择最顶端应用于幻灯片主题的母版。

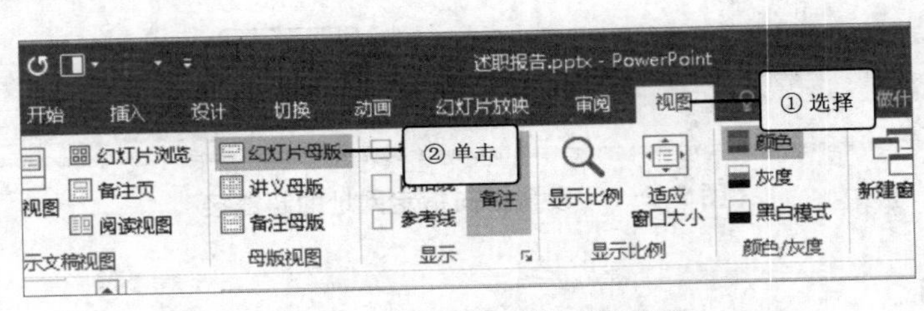

图 5-2-8 进入幻灯片母版视图

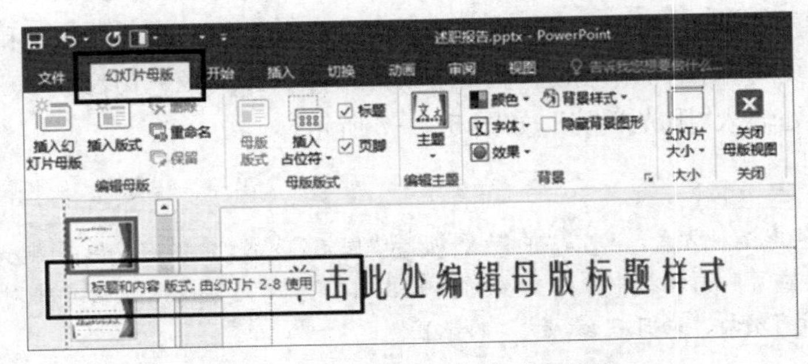

图 5-2-9 默认的幻灯片母版视图

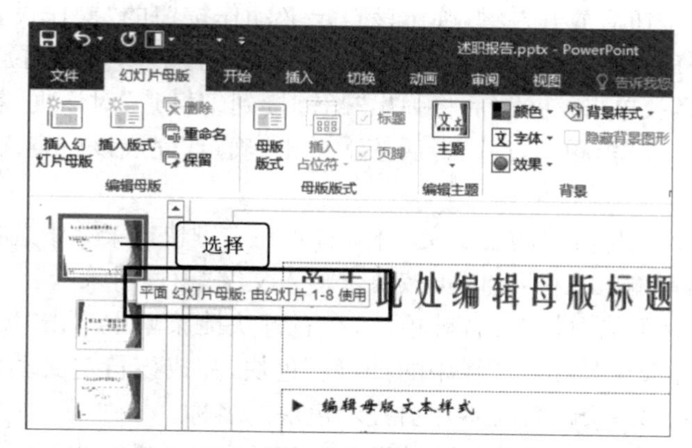

图 5-2-10　选择应用于幻灯片主题的母版

(2) 选择演示文稿的"插入"选项卡，在选项卡下的"插图"栏中，单击"形状"功能下拉按钮。在弹出的形状下拉菜单中找到最下方的"动作按钮"栏，单击该栏最右侧的"自定义"动作按钮，如图 5-2-11 所示。光标会转变为细十字形光标，按住左键在选择的母版编辑页面右下角画一个合适的矩形按钮，如图 5-2-12 所示。鼠标光标悬停于"形状"下拉菜单的图标上方，会出现文本浮窗提示该图标的名称。

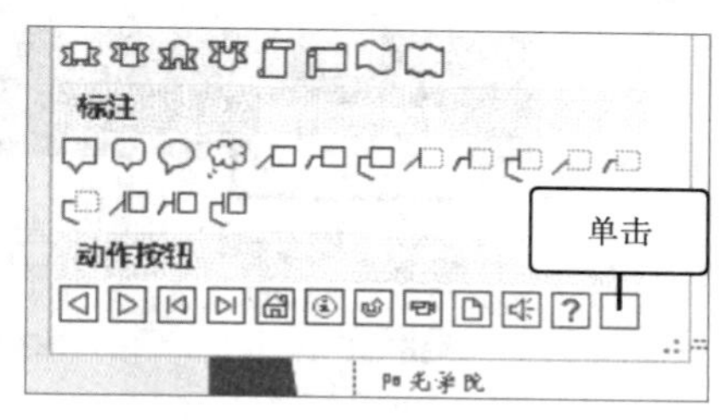

图 5-2-11　"自定义"动作按钮

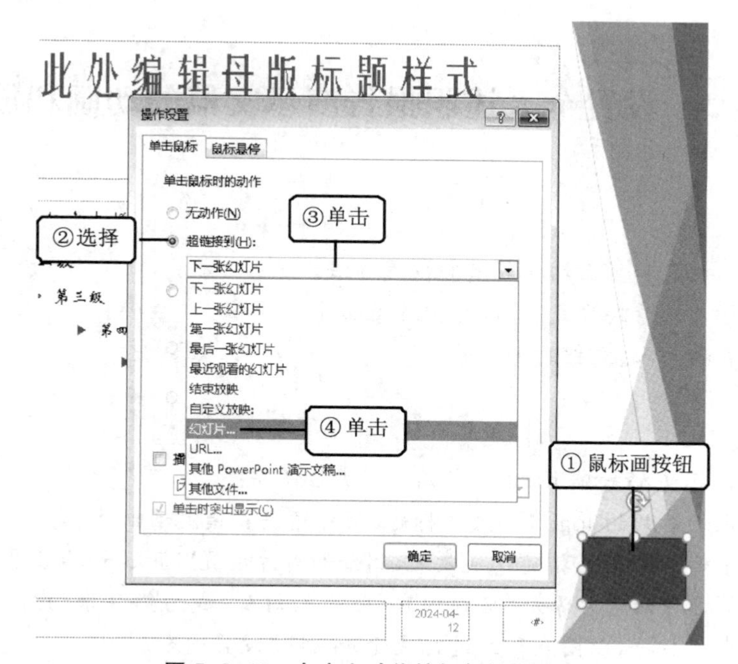

图 5-2-12　自定义动作按钮超链接设置

画完自定义动作按钮后放开左键，弹出该自定义动作按钮的“操作设置”对话框。在对话框中选择“超链接到(H)...”选项，如图 5-2-12 所示。单击该选项的下拉菜单，在下拉菜单中单击“幻灯片...”条目。单击该条目后将弹出“超链接到幻灯片”对话框，在该对话框“幻灯片标题(S)”栏中选择“目录”标题幻灯片，最后依次单击“确定”完成该自定义动作按钮链接到第 2 张幻灯片的设置。

(3) 右键单击设置完超链接的自定义动作按钮，在右键快捷菜单中选择“编辑文字(X)”选项。动作按钮中间出现输入光标，此时可按要求输入文字“返回目录”。

(4) 保持该按钮处于选中状态，右键单击，在右键快捷菜单中单击“填充”下拉菜单，在弹出的颜色下拉菜单中，选择“标准色”栏中的“橙色”色块，完成该自定义动作按钮的颜色填充。鼠标指针悬停于色块上方，会出现文本浮窗提示色块的名称。

(5) 母版编辑完成后，点击“幻灯片母版”选项卡下功能区最右侧的“关闭母版视图”按钮，退出母版编辑状态，如图 5-2-13 所示。

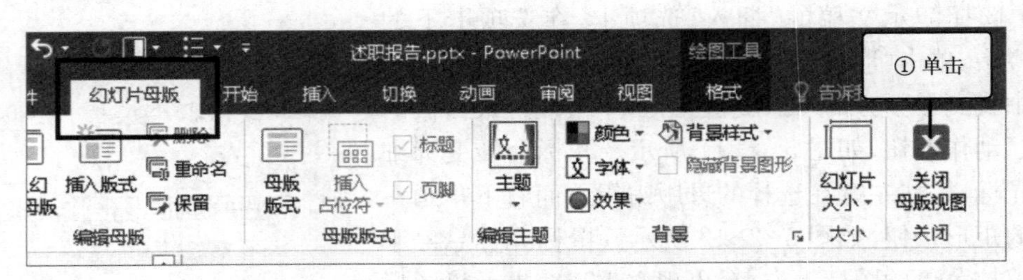

图 5-2-13　退出母版编辑状态

实验 3　设置个人述职报告演示文稿的动画和放映

实验目的

(1) 掌握动画效果和页面切换效果的设置方法。

(2) 熟悉幻灯片的放映方式、幻灯片排练等功能。

(3) 掌握图表的导入、文档的加密等。

实验内容

在实验 2 的演示文稿基础上，继续完成以下实验任务：

(1) 为第 1 张幻灯片的 logo 图片、主标题、副标题设置指定动画效果。

(2) 为第 1 张幻灯片设置指定切换效果，剩余幻灯片设置“随机”切换效果。

(3) 为倒数第 2 张幻灯片添加“标题内容”版式幻灯片(成为第 8 张幻灯片)，输入文本并导入指定 Excel 表格数据，以图表形式进行展示，个性化设置图表。

(4) 设置第 6 张幻灯片为“隐藏”，然后设置整份演示文稿的放映方式与打开密码。

第 8 张幻灯片完成效果如图 5-3-1 所示。

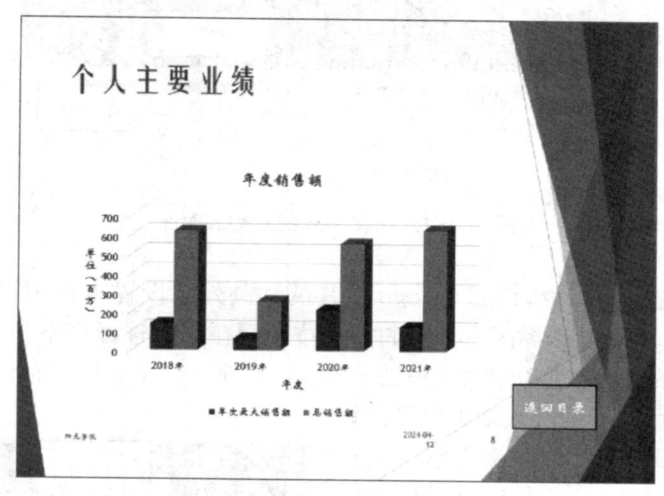

图 5-3-1　第 8 张幻灯片

实验步骤

1. 设置指定动画效果

为第 1 张幻灯片的 logo 图片设置“回旋”的进入动画效果，开始时间设置为“与上一动画同时”，持续时间 1 秒；为主标题设置进入的动画效果为“百叶窗”，方向垂直，延迟 2 秒，开始时间设置为“上一动画之后”，动画文本效果为“按字/词”方式，伴随着“鼓声”；为副标题设置“浮入”的动画效果，开始时间设置为“上一动画之后”。

（1）选中第 1 张幻灯片的 logo 图片，然后选择演示文稿的“动画”选项卡，在“动画”选项卡下的“动画”栏中，单击右下角的箭头按钮，如图 5-3-2 所示。在动画选择区下拉菜单中，选择“更多进入效果(E)...”条目，如图 5-3-3 所示。在弹出的“更改进入效果”对话框中，选择“回旋”效果，单击“确定”，完成 logo 图片的进入动画效果设置。在“计时”功能区中，单击“开始”下拉菜单，在下拉菜单中选择“与上一动画同时”选项，然后修改“持续时间”为 1 秒，如图 5-3-4 所示。动画效果仅对幻灯片上的元素有效，对整张幻灯片无效。如果只选中幻灯片而没选中幻灯片中的某些元素，则动画选择区的动画效果都处于禁用状态。

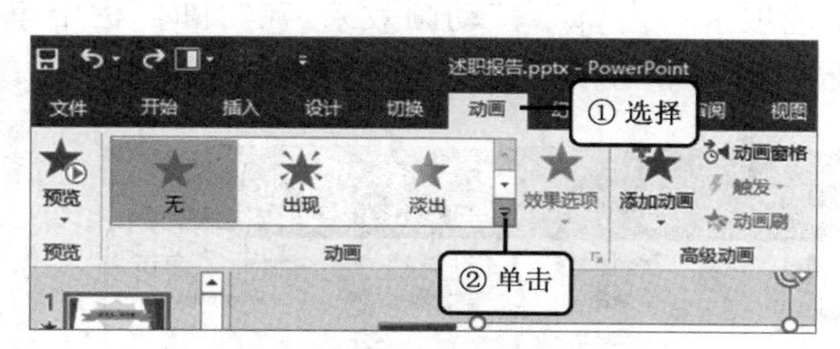

图 5-3-2　展开动画选择区下拉菜单

图 5-3-3　更多进入动画效果

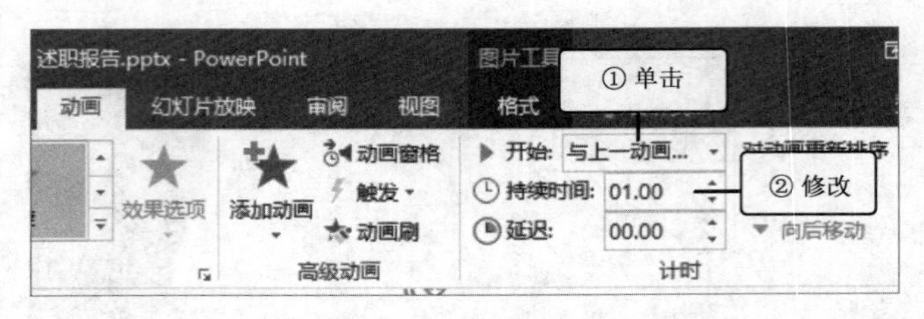

图 5-3-4　修改 logo 图片播放时序

(2) 选中主标题文字,后续设置与 logo 图片的动画效果设置步骤相同,在“动画”选项卡下的“动画”栏中,单击动画选择区右下角的箭头按钮。在动画选择区下拉菜单中,选择“更多进入效果(E)...”条目。在弹出的“更改进入效果”选项卡中,选择“百叶窗”选项,单击“确定”,完成主标题“百叶窗”的进入动画效果设置。

(3) 单击“效果选项”,在下拉菜单中选择“垂直(V)”条目,在“动画选项卡的计时”栏中单击“开始”下拉菜单,选择“上一动画之后”选项,修改“延迟”时间为 2 秒,如图 5-3-5 所示。单击“动画”栏右下角箭头按钮,如图 5-3-6 所示。在弹出的“百叶窗”对话框中,单击“声音(S)”下拉菜单,选择“鼓声”;单击“动画文本(X)”下拉菜单,选择“按字/词”,最后单击“确定”完成设置,如图 5-3-7 所示。

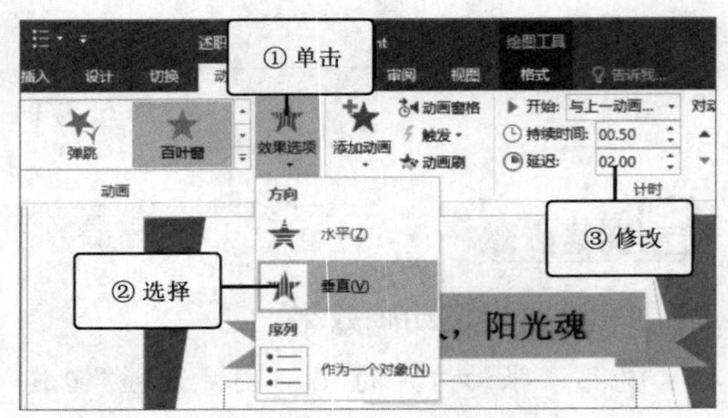

图 5-3-5　动画效果设置

图 5-3-6　显示其他效果选项

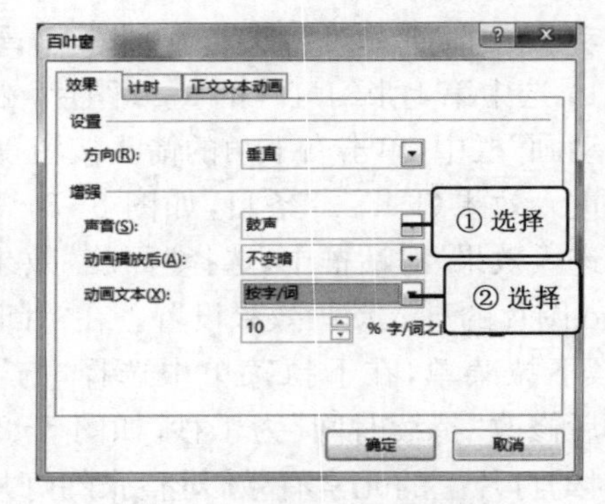

图 5-3-7　设置动画其他效果选项

(4) 选中副标题所有文字,在“动画”选项卡单击“浮入”动画效果,在“计时”栏中单击“开始”下拉菜单,选择“上一动画之后”选项,如图 5-3-8 所示。

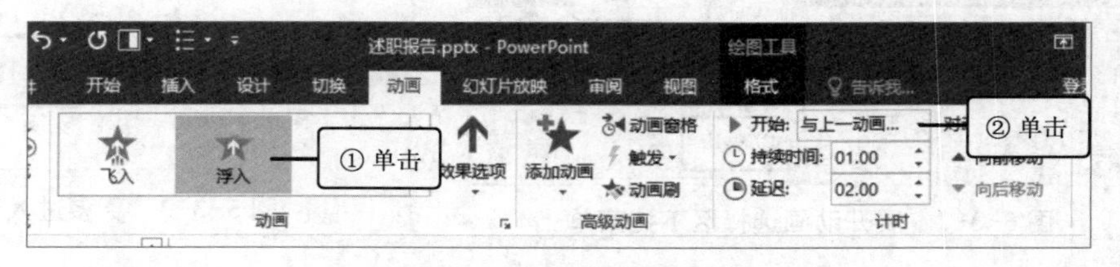

图 5-3-8　设置副标题动画

2. 设置指定切换效果

将第 1 张幻灯片的切换动画设为“闪耀”,效果为“从下方闪耀的六边形”;换片方式设置为每隔 3 秒自动换页;同时为剩余的幻灯片设置“随机”型切换动画效果,持续时间 1 秒。

(1) 选中第 1 张幻灯片,选择演示文稿的“切换”选项卡,在“切换到此幻灯片”栏中,单击“切换”类型组右下角的箭头按钮,如图 5-3-9 所示,在弹出的切换类型组界面中,选择“闪耀”切换类型。单击“切换/切换到此幻灯片”右侧的“效果选项”下拉按钮,在弹出的下拉菜单中,选择“从下方闪耀的六边形(O)”选项,如图 5-3-10 所示。在“切换/计时”栏中勾选“设置自动换片时间”,在该框栏中输入 3,如图 5-3-11 所示。

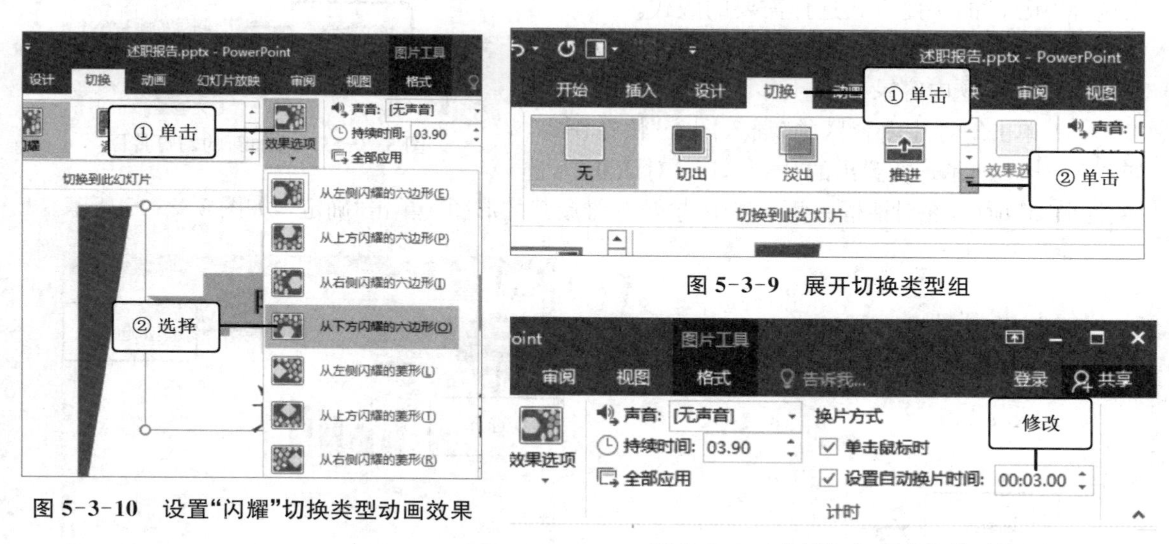

图 5-3-9 展开切换类型组

图 5-3-10 设置“闪耀”切换类型动画效果

图 5-3-11 设置幻灯自动换片时间

(2) 在幻灯片导航窗格中,先选中第 2 张幻灯片,然后按住“Shift”键不放,再单击选中最后 1 张幻灯片,完成除第 1 张幻灯片外所有幻灯片的选中,然后在“切换”选项卡下的切换类型组中选择“随机”切换类型。在“切换/计时”栏中设置“持续时间”为 3 秒,如图 5-3-12 所示。

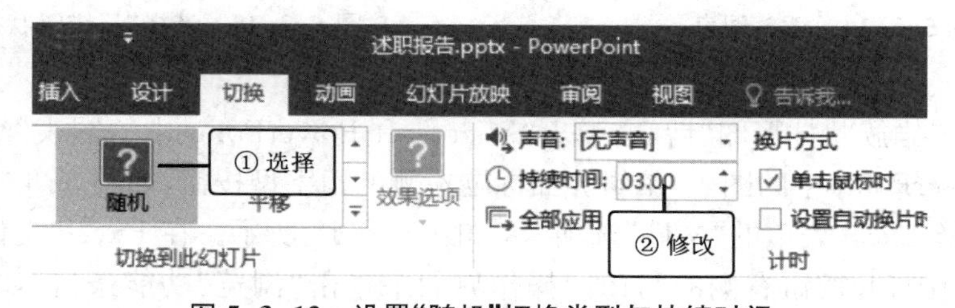

图 5-3-12 设置“随机”切换类型与持续时间

3. 设置图表

在演示文档倒数第 2 页添加“标题内容”版式的幻灯片(成为第 8 张幻灯片),在标题处填入内容“个人主要业绩”,在内容区域,导入 Excel 工作簿 pt46. xlsx 的“个人业绩”工作表,建立三维簇状柱形图图表,图表上方显示标题为“年度销售额”,坐标轴横轴标题显示“年份”,纵坐标竖排显示“单位(百万)”。

(1) 在幻灯片导航窗口中，将鼠标光标放置于第7张与第8张幻灯片之间，右键单击，在弹出的右键快捷菜单中，选择“新建幻灯片(N)”选项，如图5-3-13所示，即可添加一张“标题内容”版式的幻灯片。

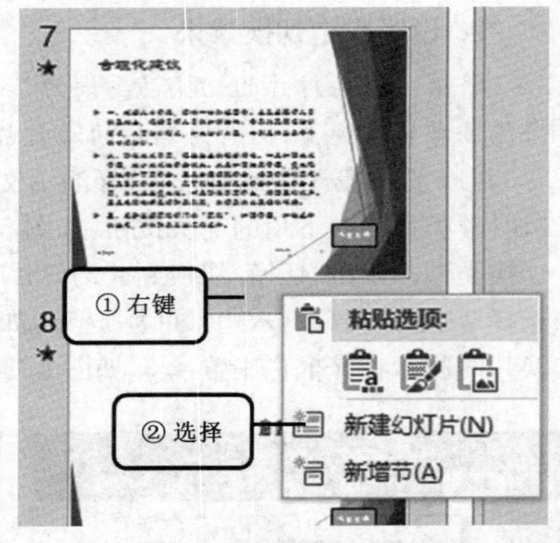

图5-3-13 添加新的幻灯片图

在幻灯片导航窗口中新添加的幻灯片版式默认与前一张幻灯片相同，如果是添加成为演示文稿的第1张幻灯片，则该幻灯片默认版式为“标题幻灯片”，更改幻灯片版式可通过选中该幻灯片，右键单击选择“版式”的快捷方式选择需要的版式。

(2) 单击幻灯片的标题处，输入文字“个人主要业绩”，完成标题内容录入。

(3) 单击幻灯片内容区的“插入图表”快捷图标，如图5-3-14所示。在弹出的“插入图表”对话框中，选择“柱形图”项目，在对话框右侧子项中选择“三维簇状柱形图”，单击“确定”，如图5-3-15所示。

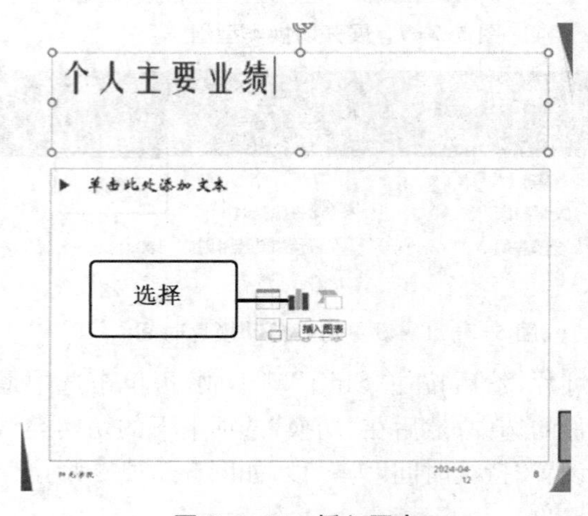

图5-3-14 插入图表

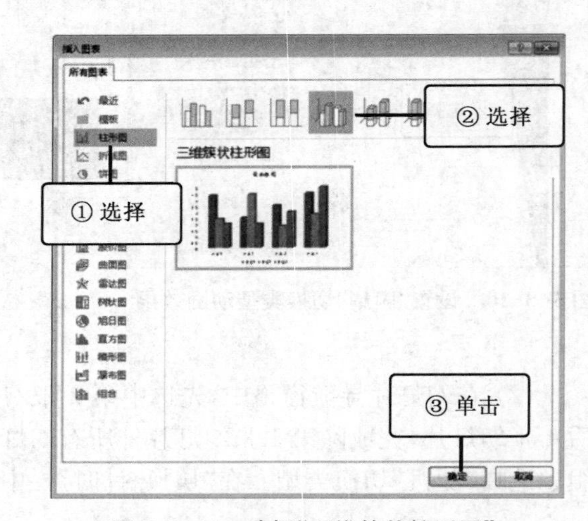

图5-3-15 选择“三维簇状柱形图”

(4) 选完“三维簇状柱形图”后，会弹出“Microsoft PowerPoint 中的图表”编辑界面，单击“Microsoft PowerPoint 中的图表”编辑界面标题左侧的田字型按钮，如图5-3-16所示。弹出Excel表单，选择Excel表单的“文件”选项卡，如图5-3-17所示。在Excel“文件”选项卡下选择“打开”按钮，在打开按钮右侧的“打开”操作界面中单击“浏览”功能条目，如图5-3-18所示。操作完该步骤后，会弹出“打开”对话框，找到需要打开的素材文件“pt46.xlsx”，选中后单击“打开(O)”按钮。

(5) 打开数据素材文件pt46.xlsx后，选择演示文稿“图表工具—设计”选项卡，在“数据”栏中单击“选择数据”功能按钮，如图5-3-19所示。点开该功能按钮后弹出“选择数据源”对话框，删除该对话框中“图表数据区域(D)”栏中的所有内容，同时在该栏保持输入状态，然后在pt46.xlsx表中选择所需的数据，单击“选择数据源”对话框中的“确定”按钮，完成图表数据导入，如图5-3-20所示。

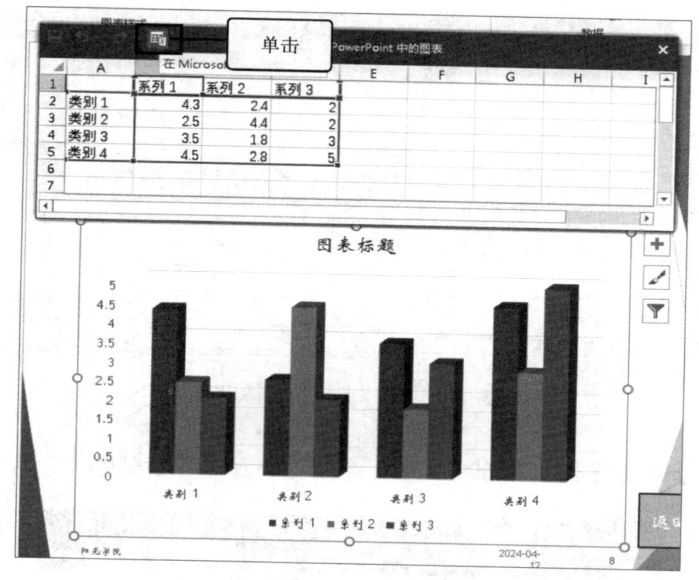

图 5-3-16　在 Excel 中编辑数据

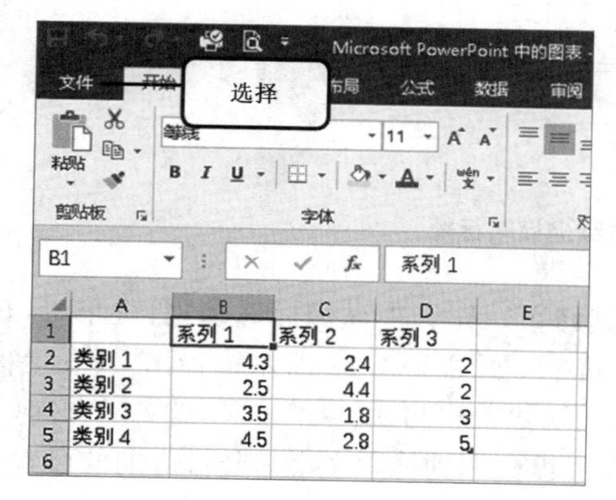

图 5-3-17　打开 Excel“文件”选项卡

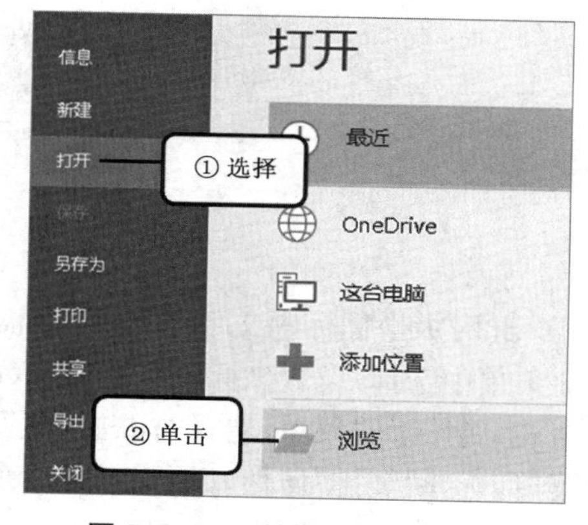

图 5-3-18　浏览查找素材文件

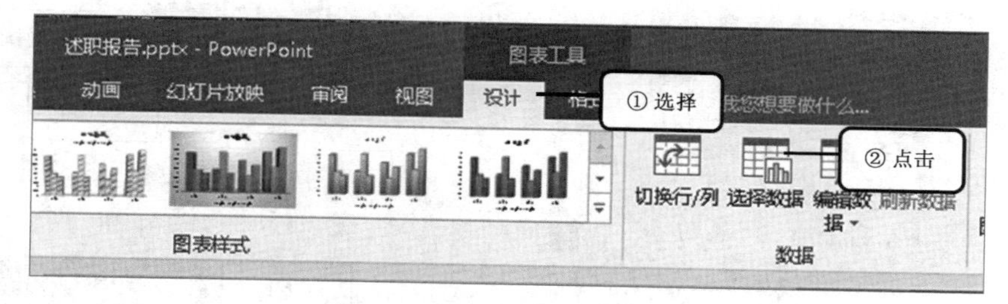

图 5-3-19　选择图表数据源

（6）单击图表标题区，使其处于编辑状态，输入文字“年度销售额”。保持图表处于选中状态，在“图表工具—设计”选项卡下的“图表布局”栏中单击“添加图表元素”下拉菜单，在下拉菜单中选择“轴标题(A)”条目，在该条目子项中分别单击“主要横坐标轴(H)”“主要纵坐标轴(V)”，如

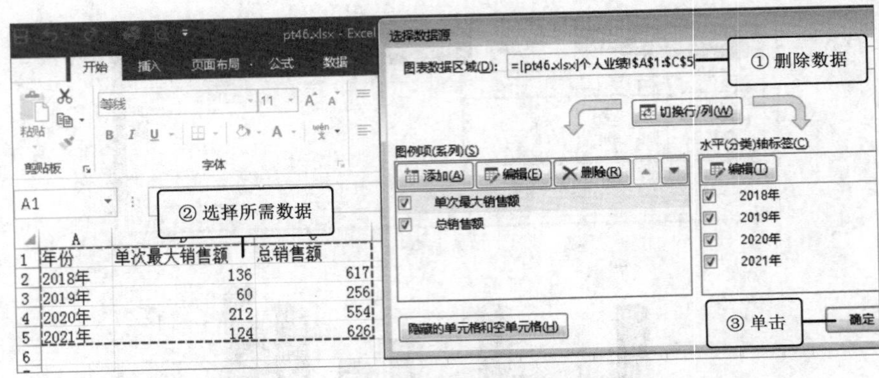

图 5-3-20 打开“选择数据源”对话框

图 5-3-21 所示。分别在横坐标标题区输入文字“年份”，纵坐标标题区输入文本“单位(百万)”。

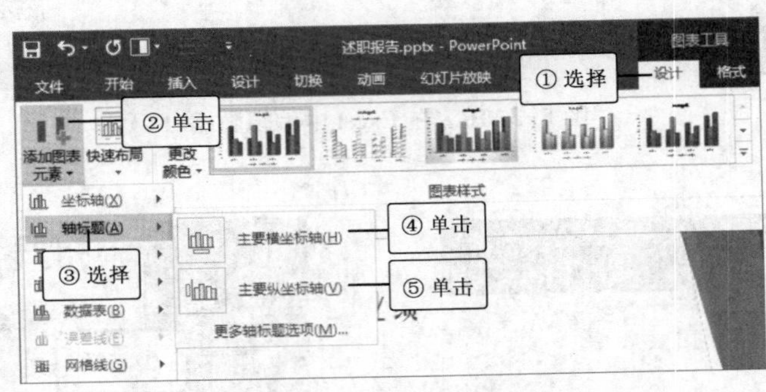

图 5-3-21 设置横纵坐标轴标题

(7) 此时纵坐标标题文字不是竖排，需要对其修正。先选中纵坐标标题，右键单击，在右键快捷菜单中选择“设置坐标轴标题格式(F)...”条目，如图 5-3-22 所示。弹出“设置坐标轴标题格式”属性设置菜单，选择“标题选项”选项卡下的“大小与属性”栏，单击“文字方向(X)”下拉菜单，选择“竖排”属性，如图 5-3-23 所示，完成纵坐标轴标题文字呈竖排方向的设置。

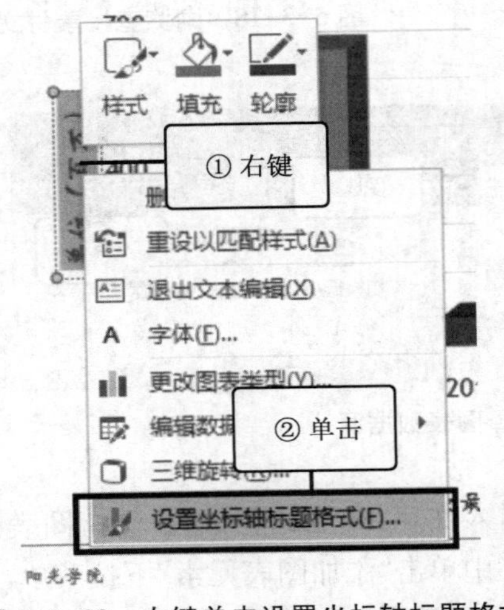

图 5-3-22 右键单击设置坐标轴标题格式

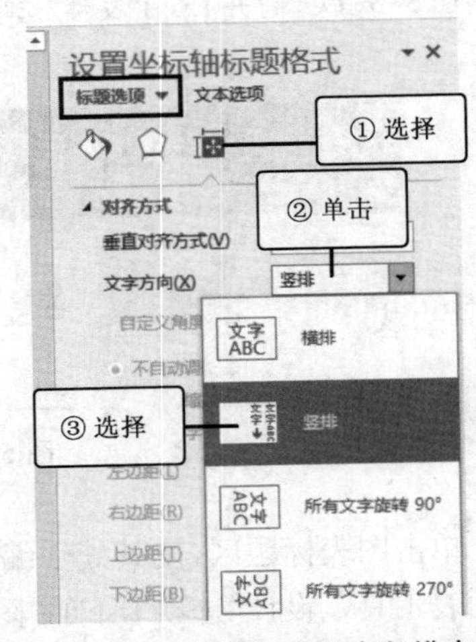

图 5-3-23 纵坐标轴标题文字竖排方向设置

知识拓展：

在保持纵坐标标题处于选中状态下，“设置坐标轴标题格式”还可以通过选择“图表工具—格式”选项卡的“当前所选内容”栏里的“设置所选内容格式”功能按钮来实现，如图 5-3-24 所示。图表中的其他元素格式也可以通过该方式进行设置，图表元素的选择可通过“设置所选内容格式”上方的下拉菜单来实现。

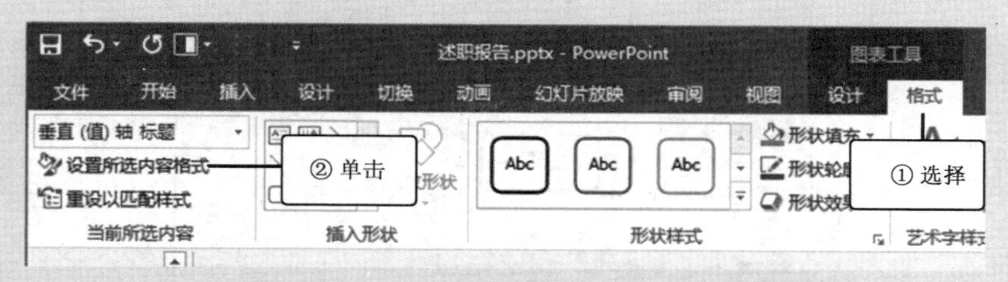

图 5-3-24　“图表工具—格式”选项卡方式设置图表元素格式

4. 隐藏幻灯片

将第 6 张幻灯片设置为“隐藏”。

在演示文档左侧的幻灯片导航窗口中选中第 6 张幻灯片，右键单击，在弹出的右键快捷菜单中单击“隐藏幻灯片(H)”条目，如图 5-3-25 所示。完成对第 6 张幻灯片的隐藏设置，效果如图 5-3-26 所示，在幻灯片导航窗口中，第 6 张幻灯片呈冲蚀效果，序号 6 被斜划线。

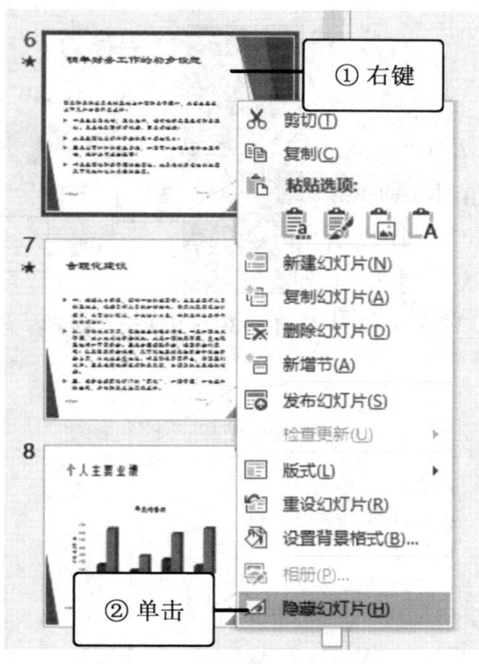

图 5-3-25　右键设置幻灯片隐藏

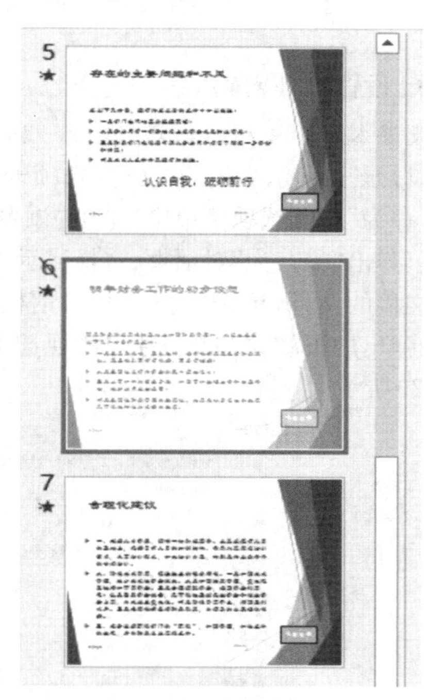

图 5-3-26　幻灯片隐藏后的效果

知识拓展：

幻灯片隐藏还可以通过选择“幻灯片放映”选项卡的“设置”栏中的“隐藏幻灯片”功能按钮来实现。

5. 设置放映方式

设置放映方式：观众自行浏览（窗口）。

在“幻灯片放映”选项卡，在“设置”栏里单击“设置幻灯片放映”功能按钮。在弹出的“设置放映方式”对话框中，选择“观众自行浏览（窗口）(B)”选项，单击“确定”完成设置，如图5-3-27所示。

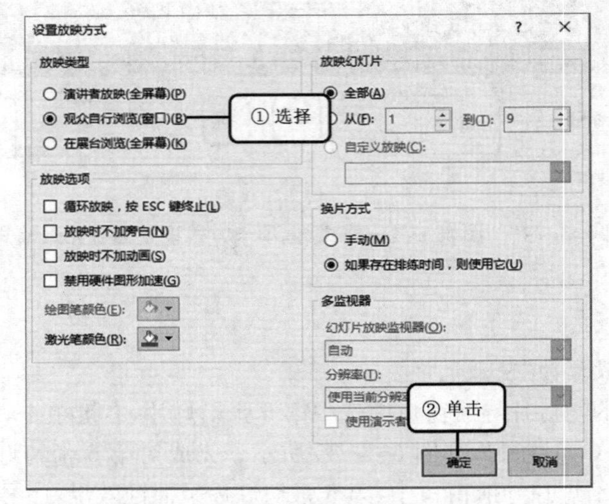

图5-3-27　设置幻灯片放映为“观众自行浏览（窗口）”

6. 设置打开密码

设置本演示文档的打开密码为123。

(1) 点击演示文稿的“文件”选项卡，单击“另存为”选项，在“另存为”右侧选项菜单中，单击“浏览”条目，如图5-3-28所示。弹出“另存为”对话框，选择演示文稿存放位置，命名好演示文稿的文件，单击“另存为”对话框下方的“工具(L)”按钮，在弹出的下拉菜单中选择“常规选项(G)...”条目，如图5-3-29所示。

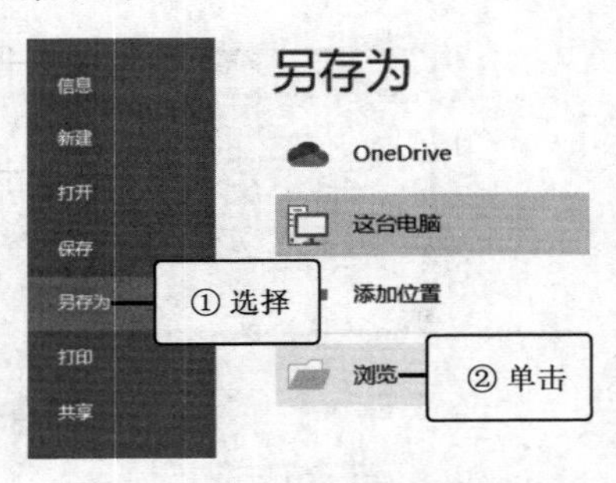

图5-3-28　演示文稿另存为操作

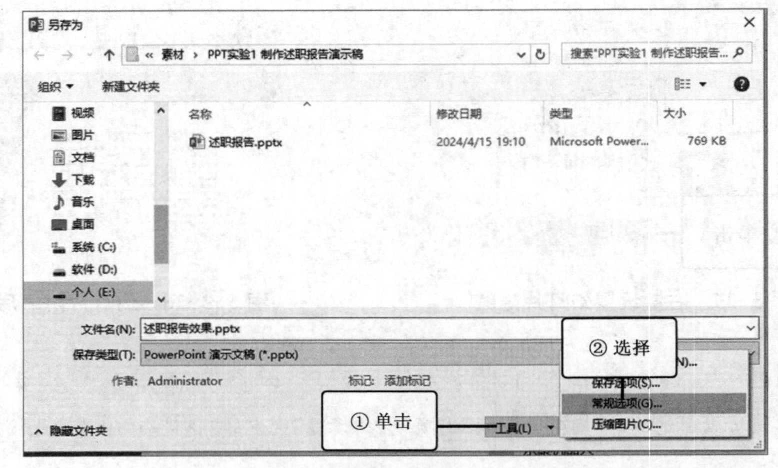

图5-3-29　选择“工具”按钮中的“常规选项”菜单设置打开密码

(2) 在弹出的“常规选项”对话框中，在“打开权限密码(O)”栏中输入密码“123”，单击“确定”，如图 5-3-30 所示。弹出再次确认密码的对话框，再输入一遍密码后单击“确定”，完成演示文稿打开密码的设置。

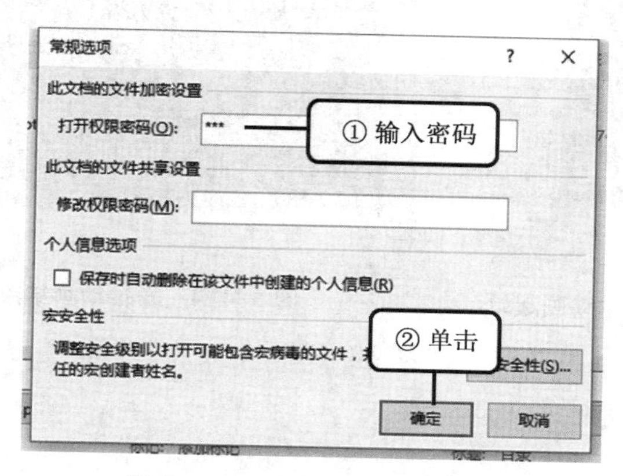

图 5-3-30　打开权限密码设置

实验 4　PPT 高级应用

实验目的

(1) 掌握 PPT 动画组合与复杂动画制作。

(2) 掌握 PPT 动画触发器的使用。

(3) 掌握 PPT 动画动作路径的使用。

实验内容

(1) 制作 1 张由按钮触发 10 秒倒计时的圆形时钟幻灯片，效果如图 5-4-1、图 5-4-2 所示。

(2) 制作 1 张国风卷轴动画效果的幻灯片，效果如图 5-4-3、图 5-4-4 所示。

图 5-4-1　倒计时起始

图 5-4-2　倒计时结束

图 5-4-3　卷轴动画起始　　　　图 5-4-4　卷轴动画结束

实验步骤

1. 制作倒计时时钟

在空白版式幻灯片中制作 1 个圆形 10 秒倒计时时钟，倒计时结束后显示文字"时间到！"，使用 1 个圆角矩形按钮做触发器，单击按钮触发倒计时，矩形按钮上的文字为"开始计时"。

(1) 在演示文稿中新建 1 张空白版式的幻灯片，设置幻灯片背景为纯色填充，颜色选择标准色红色(背景色可根据需要自行选择)。

单击"插入选项卡中形状"栏中的椭圆形状，然后按住"Shift"键再按住鼠标左键在幻灯片上先画 1 个正圆，形状填充为标准色黄色。依此操作，再画 1 个小一点的正圆，形状填充色为幻灯片背景色，本例为标准色红色，无轮廓。将小圆移动到大圆中间，位置、大小调整到合适，如图 5-4-5 所示。

选中两个圆形，右键单击选择"组合(G)"，使 2 个圆成为一组合，如图 5-4-6 所示。

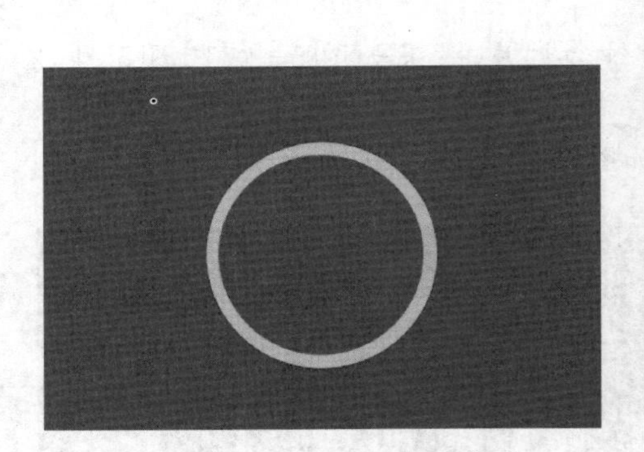

图 5-4-5　画 2 个正圆并叠放

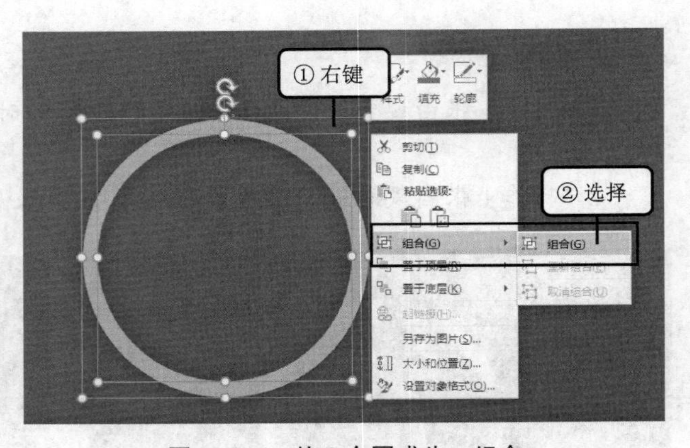

图 5-4-6　使 2 个圆成为一组合

(2) 插入文本框，倒序输入阿拉伯数字 1～10，按回车键使每个数字单独一行。用"Ctrl＋A"组合键选中所有数字，然后设置字体格式、大小到合适，字体颜色设为标准色黄色，设置段落行间距为"固定值、0 磅"，如图 5-4-7 所示。把设置好的文本框拖动到圆形中央，如图 5-4-8 所示。

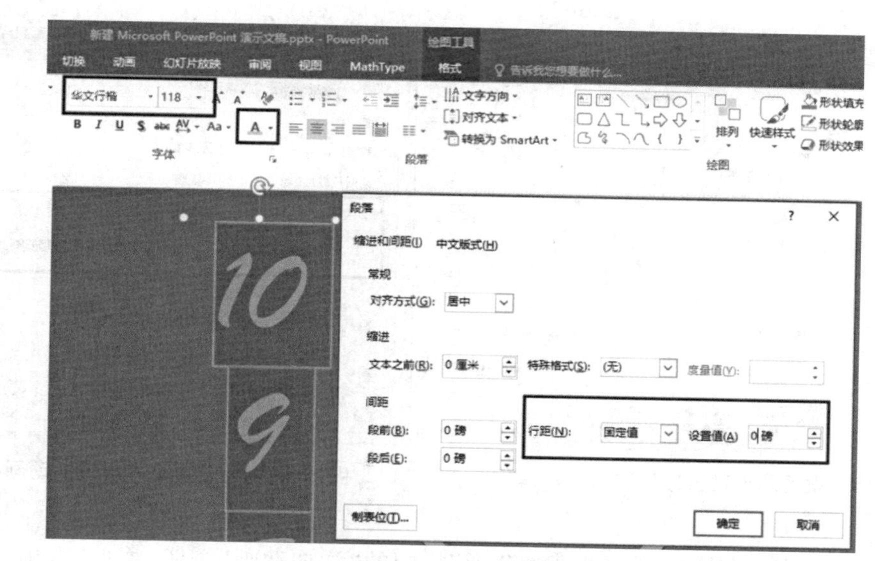

图 5-4-7　设置倒计时数字字体和段落

（3）选中大圆和小圆的组合，在“动画/进入”动画中选择“轮子”动画效果，再单击“动画窗格”，在出现的动画窗格中右键单击该动画，选择“计时(T)”选项，如图 5-4-9 所示。或单击“动画”栏右下角的箭头按钮，在弹出的效果选项卡中选择“计时”选项卡。

（4）在“计时”选项卡中，“开始(S)”栏设置为“与上一动画同时”，“期间(N)”栏设置为“快速(1 秒)”，“重复(R)”栏设置为 10，如图 5-4-10 所示。

（5）选中文本框，设置进入动画效果为“出现”，在“出现”效果选项卡中，“动画文本(X)”设置为“按字/词”，“字/词之间文本延迟秒数(D)”设为“0.5”，如图 5-4-11 所示。

图 5-4-8　拖动文本框到圆形中央

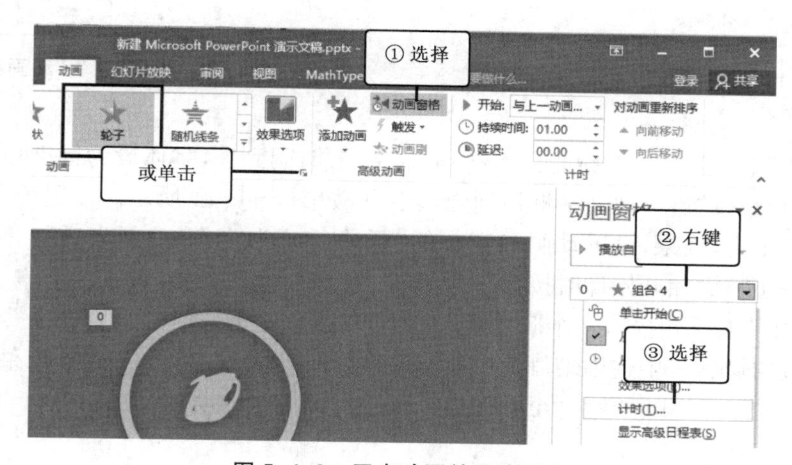

图 5-4-9　开启动画效果选项卡

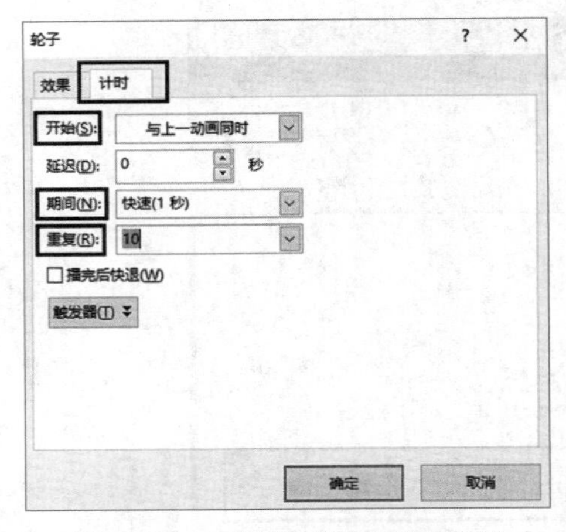

图 5-4-10　设置圆形动画效果参数

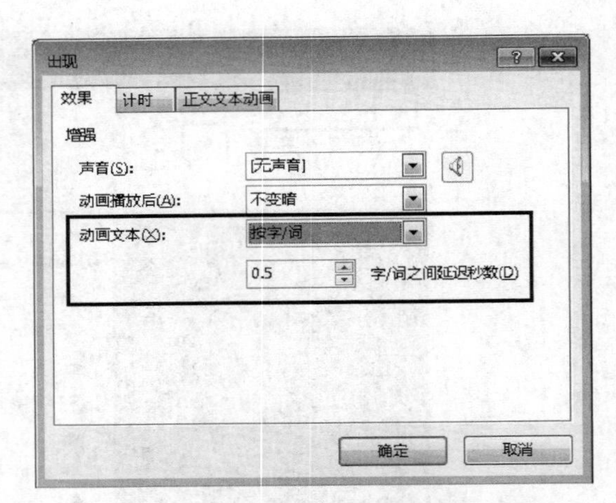

图 5-4-11　设置文本出现的动画参数

(6) 设置好“出现”动画后单击“高级动画”栏中的“添加动画”按钮,添加“退出”动画中的“消失”效果,如图 5-4-12 所示,在“消失”效果选项卡中,设置“动画文本”为“按字/词”,“字/词之间文本延迟秒数”设为“0.5”。

(7) 继续在“消失”动画效果选项卡中选择“计时”选项卡,设置“开始(S)”为“与上一动画同时”,“延迟(D)”设置为 1 秒,如图 5-4-13 所示。如果未设置延迟参数,则无数字显现。

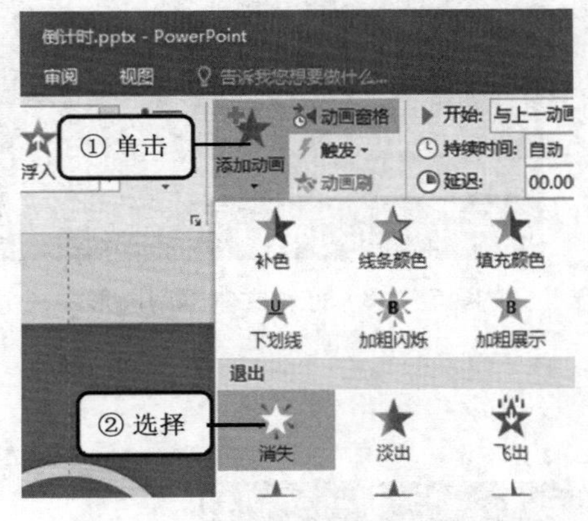

图 5-4-12　添加退出“消失”动画

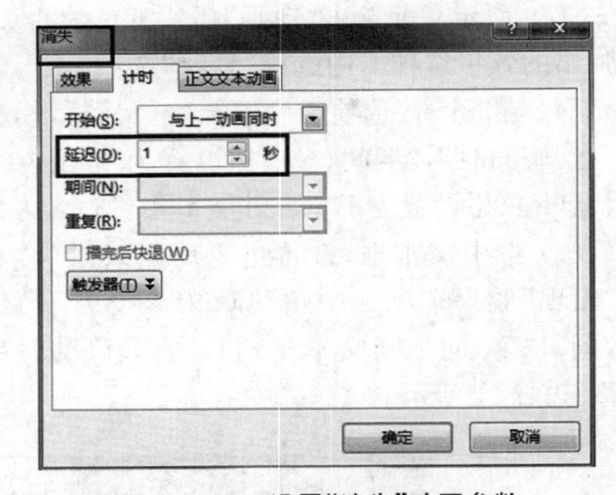

图 5-4-13　设置“消失”动画参数

(7) 在幻灯片上插入一个新的文本框,输入文字“时间到!”,字体设为标准色黄色,其他字体格式根据场景来设置,再把文本框拖到圆形中央,如图 5-4-14 所示。设置该文本框动画为进入动画中的“出现”效果,设置动画参数中的“开始(S)”为“上一动画之后”。至此可实现倒计时效果,下一步将添加开始计时按钮。

(8) 在幻灯片右下角插入一个圆角矩形,右键单击该矩形,选择“编辑文字”,添加文字“开始计时”。在“动画窗格”中选中幻灯片中所有动画,单击“触发/单击(C)”下拉菜单中的“圆角矩形 3”组件,如图 5-4-15 所示。至此完成按钮触发倒计时的动画设置。

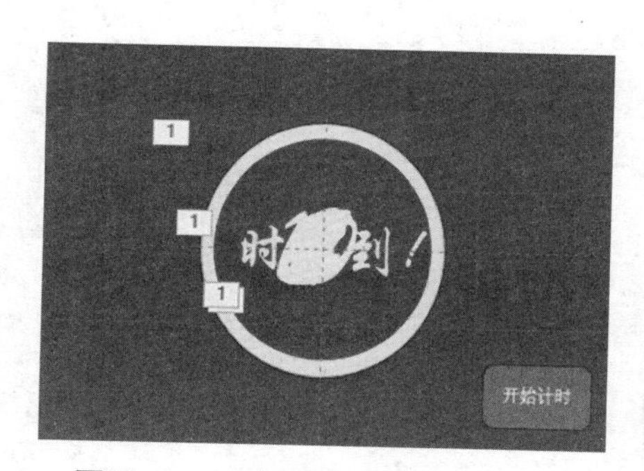

图 5-4-14　添加“时间到!”文本框

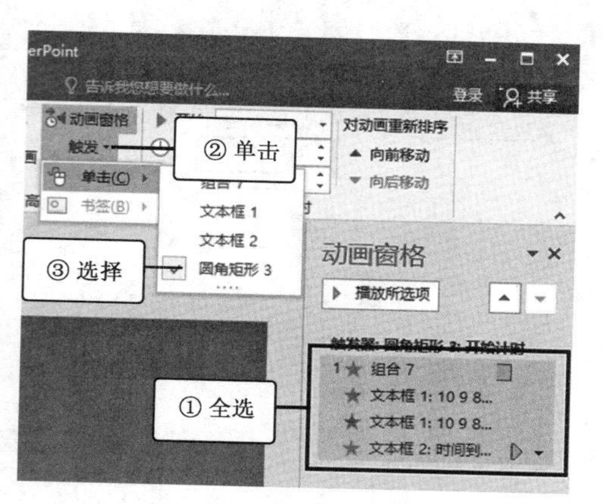

图 5-4-15　设置“开始计时”按钮触发器

2. 制作国风卷轴动画

制作 1 张由中间向左右两边打开的国风卷轴动画效果的幻灯片。

(1) 新建 1 张空白版式的幻灯片，插入卷轴画布图片，然后使用“图片工具/格式”中的“裁剪”工具裁剪出卷轴，如图 5-4-16 所示，裁剪出卷轴后再复制一份卷轴，组成一对。

(2) 再次插入同一张卷轴画布图片，同样使用“图片工具/格式”中的“裁剪”工具裁剪出画布，如图 5-4-17 所示，然后单击“图片工具”中的“下移一层”按钮，在下拉菜单中选择“置于底层(K)”选项，把画布置于最底层，把 2 个卷轴移动到画布中央合适的位置，如图 5-4-18 所示。

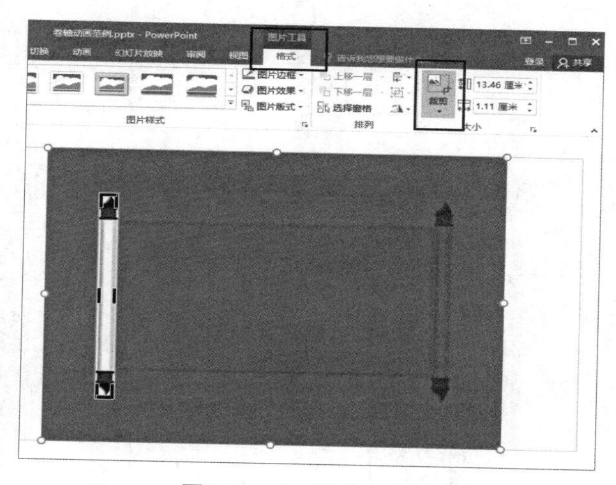

图 5-4-16　裁剪出卷轴

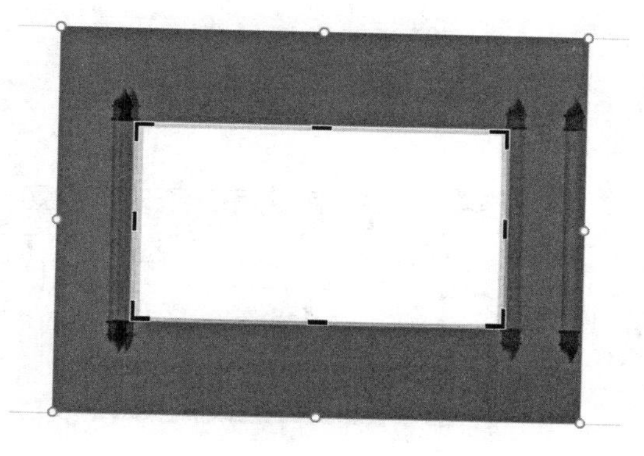

图 5-4-17　裁剪出画布

(3) 选中左卷轴，在“动画/动作路径”中选择“直线”，如图 5-4-19 所示，然后在“效果选项”下拉菜单中选择“靠左(F)”效果，如图 5-4-20 所示。

(4) 调整左卷轴动作路径终点至合适的位置，使左卷轴位于画布边缘，如图 5-4-21 所示。在“向左”选项卡中，设置平滑开始、结束参数为 0.5 秒，如图 5-4-22 所示。在“计时”选项卡中设置“开始(S)”为“与上一动画同时”，设置“期间(N)”为 3.5 秒，如图 5-4-23 所示。

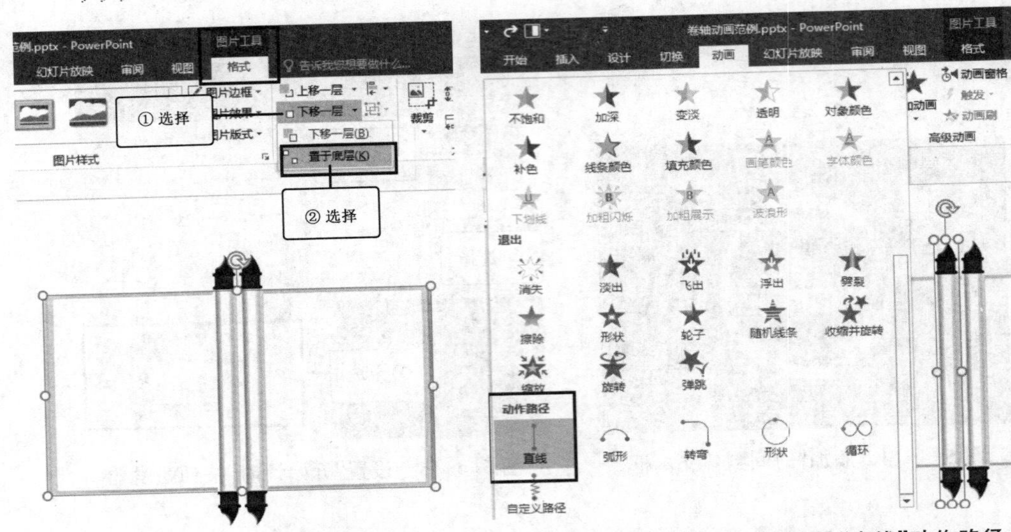

图 5-4-18　画布置于最底层

图 5-4-19　设置左侧卷轴“直线”动作路径

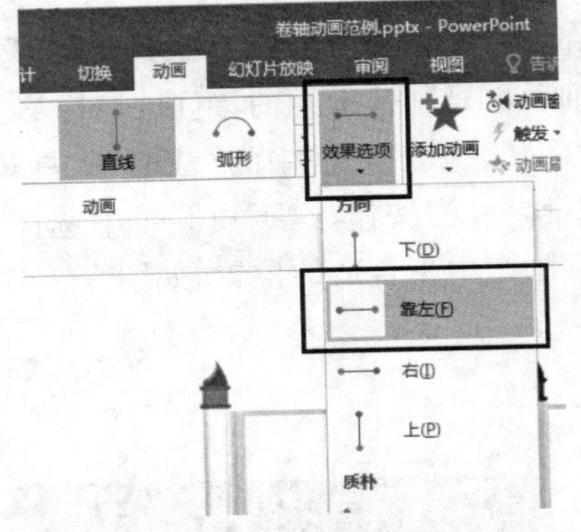

图 5-4-20　设置动作路径方向

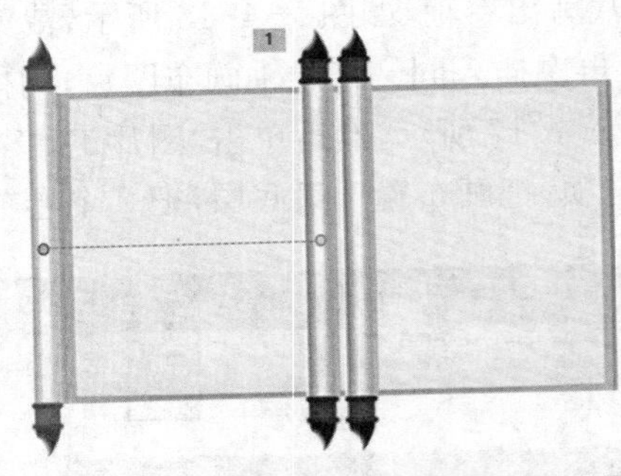

图 5-4-21　调整左卷轴路径至合适位置

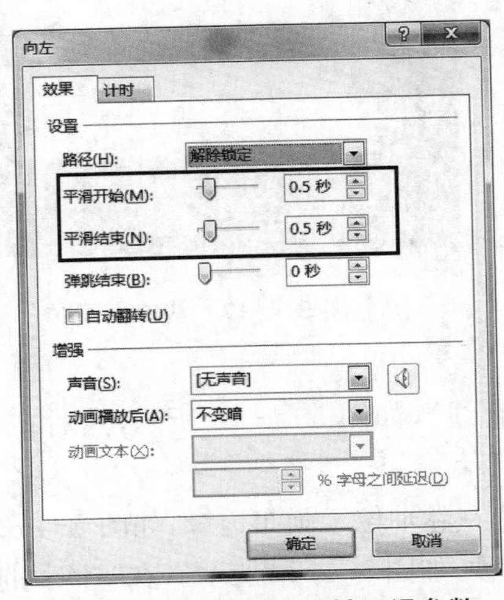

图 5-4-22　设置左卷轴平滑参数

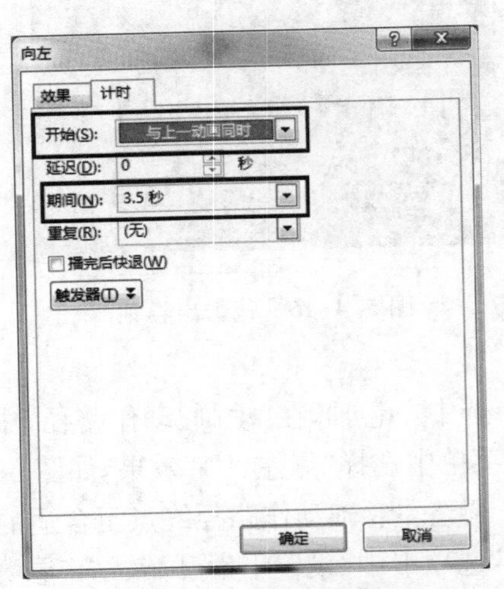

图 5-4-23　设置左卷轴计时参数

右卷轴动画效果设置与左卷轴设置操作相同，只需要把路径效果方向设为右即可。

(5) 选中画布，设置画布进入动画效果为“劈裂”，“效果选项”选择“中央向左右展开(E)”，如图 5-4-24 所示。设置“开始”为“与上一动画同时”，“持续时间”为 3.5 秒，如图 5-4-25 所示。

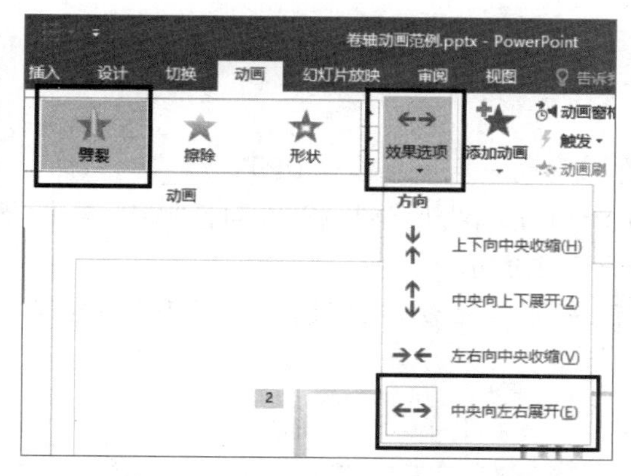

图 5-4-24　设置画布“劈裂”动画效果

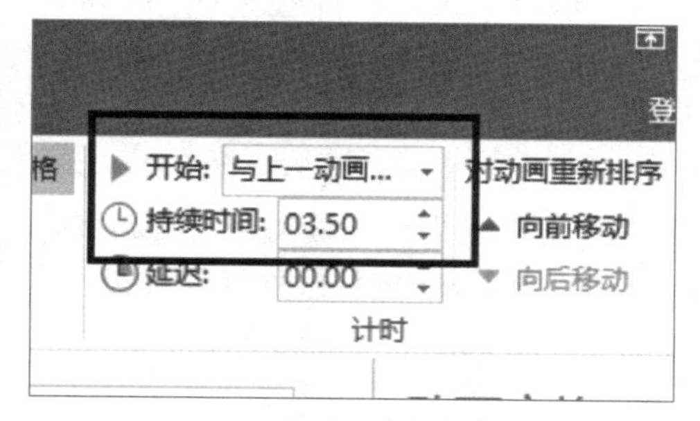

图 5-4-25　设置画布动画参数

(6) 插入图画素材，本例为“千里江山图”，根据画布大小调整图画大小，并将其移动到画布上方，如图 5-4-26 所示，设置图画动画效果与画布相同，持续时间为 3.5 秒。

(7) 选中 2 个卷轴，图片位置设为“置于最顶层”，如图 5-4-27 所示。

至此完成国风卷轴动画效果的幻灯片的制作。

图 5-4-26　调整图画大小并覆盖画布

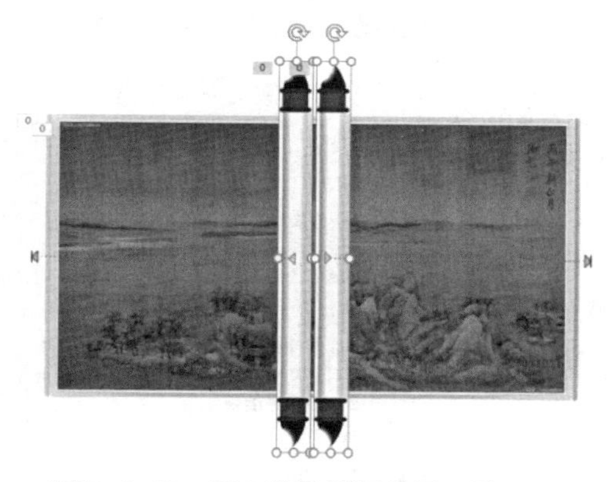

图 5-4-27　把 2 张卷轴图片置于最顶层

实验 5　利用 AI 工具自动生成 PPT

实验目的

(1) 学会利用 AI 工具辅助完成 PPT 制作。

实验内容

(1) 利用讯飞星火或文心一言,指定主题,辅助自己完成一篇毕业答辩 PPT。

(2) 利用百度文库 AI,导入提前准备的 PPT 大纲,辅助自己完成一篇毕业答辩 PPT。

实验步骤

1. 利用讯飞星火辅助完成 PPT 制作

利用讯飞星火或文心一言,指定主题,辅助自己完成一篇毕业答辩 PPT。

(1) 打开讯飞星火(https://xinghuo.xfyun.cn/),选择“新建对话”,在对话框中,单击“智能 PPT 生成”,输入需要生成的 PPT 主题,如图 5-5-1 所示。

如: 请帮我生成一份关于“校园预约助手小程序”的毕业答辩 PPT,预约助手包含图书馆座位预约,心理咨询预约,教师帮扶预约。

示例效果如图 5-5-2 所示。

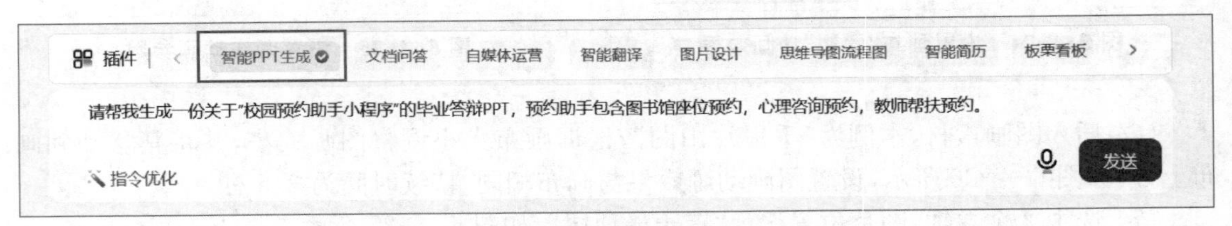

图 5-5-1　插件选择框

(2) 单击“编辑”进行大纲修改,单击“一键生成 PPT”自动生成 PPT。

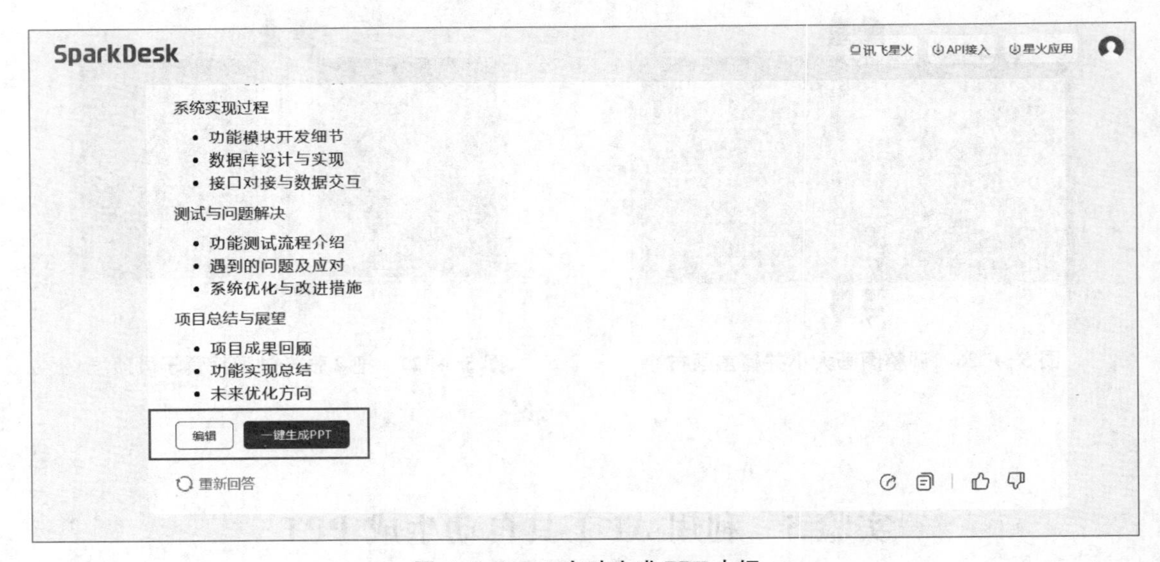

图 5-5-2　AI 自动生成 PPT 大纲

(3) 更改 PPT 模板,单击“导出”,即可将 PPT 导出,并生成下载链接,示例效果如图 5-5-3所示。

图 5-5-3　AI 导出 PPT 模板

2. 利用百度文库 AI 辅助完成 PPT 制作

利用百度文库 AI，导入提前准备的 PPT 大纲，辅助自己完成一篇毕业答辩 PPT。

(1) 打开百度文库(https://wenku.baidu.com/)，在页面的右侧有“AI 文档助手”，选择“AI 辅助生成 PPT”，在对话框中选择“上传文档生成 PPT”，在弹出对话框中，导入提前准备好的 PPT 大纲文档，如图 5-5-4 所示。

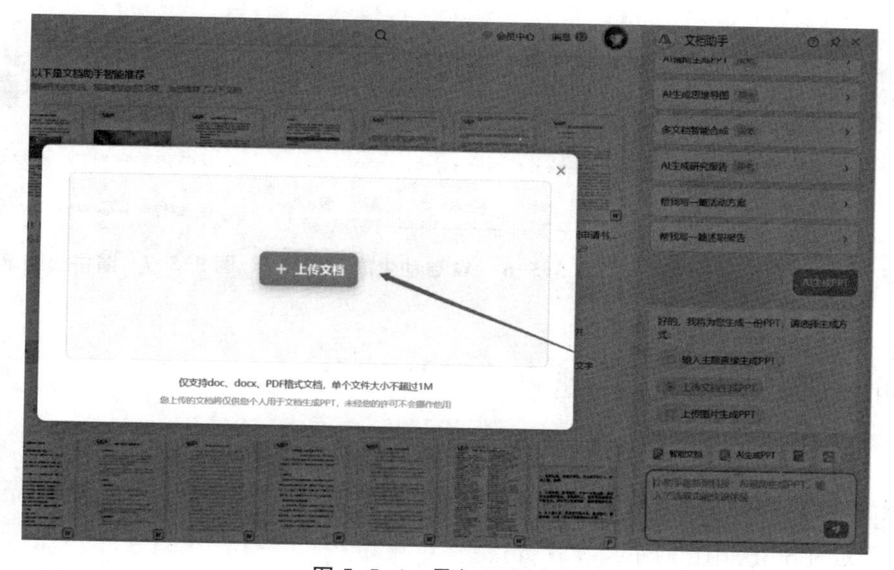

图 5-5-4　导入 PPT 大纲

(2) 上传文件成功后，由用户选择“保持一致”或“适当扩写”，AI 将根据用户的选择对文档的内容保持原样或继续扩写。确认读取方式后，AI 将根据文档的内容，生成 PPT 大纲，用户可以点击“编辑”修改大纲。大纲确认后，单击“生成 PPT”，AI 即可自动制作 PPT，示例效果如图 5-5-5 所示。

(3) 系统提示用户选择 PPT 模板，选择模板后，继续下一步操作。在 AI 生成 PPT 后，用户可根据需要对 PPT 内容进行编辑，也可修改 PPT 模板、颜色、文字样式等。此外，百度文档 AI 还提供“帮我生成演讲稿”功能，即 AI 会根据现有 PPT 的内容，为用户生成一篇较为专业的 PPT 演讲稿，示例效果如图 5-5-6 所示。演讲稿生成后，用户可对生成的演讲稿进行复制、编辑或下载，示例效果如图 5-5-7 所示。

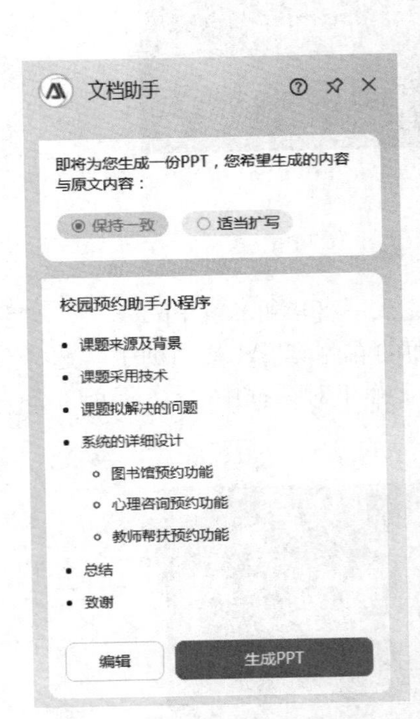

图 5-5-5 对大纲进行编辑或生成 PPT

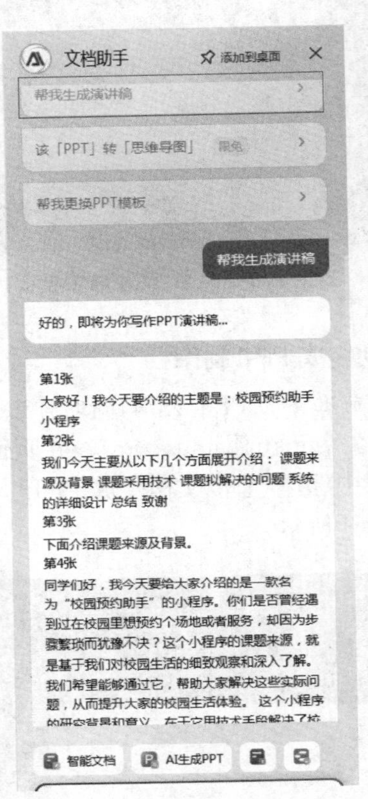

图 5-5-6 AI 自动生成演讲稿

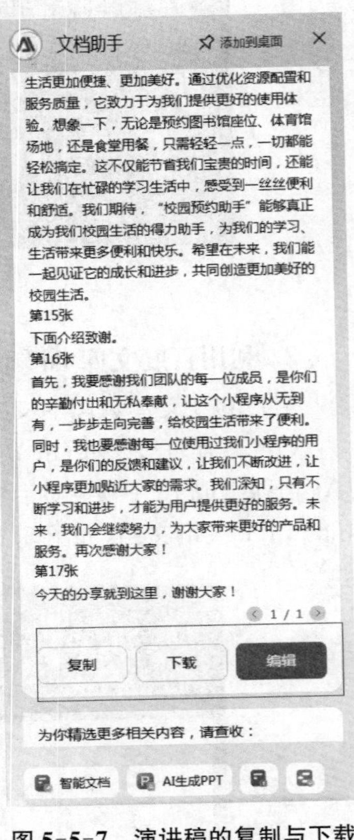

图 5-5-7 演讲稿的复制与下载

(4) 用户可根据自己的需要，导出 PPT。

习 题 5

一、选择题

1. 启动 PowerPoint 2016 的正确操作方法是(　　)。

A. 执行“开始”→“PowerPoint”命令

B. 执行“开始”→“查找”→“Microsoft Office”→“Microsoft PowerPoint 2016”命令

C. 执行“开始”→“所有程序”→“Microsoft PowerPoint 2016”命令

D. 执行“开始”→“设置”→“Microsoft PowerPoint 2016”命令

2. 在 PowerPoint 2016 中，在磁盘上保存的演示文稿的文件扩展名是(　　)。

A. potx　　B. pptx　　C. dotx　　D. ppa

3. 在PowerPoint 2016中，将演示文稿打包为可播放的演示文稿后，文件类型为(　　)。
A. pptx　　B. ppzx　　C. pspx　　D. ppsx
4. 在PowerPoint 2016中，窗口的视图切换按钮有(　　)。
A. 4个　　B. 5个　　C. 6个　　D. 3个
5. 在PowerPoint 2016中，在当前幻灯片中添加动作按钮是为了(　　)。
A. 增加幻灯片文稿中内部幻灯片中转的功能
B. 让幻灯片中出现真正的动画
C. 设置交互式的幻灯片，使得观众可以控制幻灯片的放映
D. 让演示文稿中的所有幻灯片有一个统一的外观
6. 在PowerPoint 2016中，18磅字体比八号字体(　　)。
A. 大　　B. 小　　C. 有时大，有时小　　D. 一样
7. 在PowerPoint 2016中的“幻灯片浏览”视图中不能进行的操作是(　　)。
A. 删除幻灯片　　B. 移动幻灯片
C. 编辑幻灯片内容　　D. 设置幻灯片的放映方式
8. 在PowerPoint 2016的“幻灯片浏览”视图中，用鼠标拖动复制幻灯片时，要同时按住(　　)键。
A. Delete　　B. Ctrl　　C. Shift　　D. Esc
9. 对于演示文稿的描述正确的是(　　)。
A. 演示文稿中的幻灯片版式必须一样
B. 使用模板可以为幻灯片设置统一的外观样式
C. 只能在窗口中同时打开一份演示文稿
D. 可以使用“文件”→“新建”命令为演示文稿添加幻灯片
10. 在PowerPoint 2016中，可以改变幻灯片顺序的视图是(　　)。
A. 普通　　B. 幻灯片浏览　　C. 幻灯片放映　　D. 备注页
11. 在PowerPoint 2016中，可以修改幻灯片内容的视图是(　　)。
A. 普通　　B. 幻灯片浏览　　C. 幻灯片放映　　D. 备注页
12. 在PowerPoint 2016中，若要设置幻灯片切换时采用特殊效果，可以使用(　　)。
A. “设计”选项卡中的按钮　　B. “视图”选项卡中的按钮
C. “动画”选项卡中的按钮　　D. “幻灯片放映”选项卡中的按钮
13. PowerPoint 2016不能实现的功能是(　　)。
A. 文字编辑　　B. 绘制图形　　C. 创建图表　　D. 数据分析
14. PowerPoint 2016是(　　)。
A. 信息管理软件　　B. 通用电子表格软件
C. 演示文稿制作软件　　D. 图形文字出版物制作软件
15. 下列说法正确的是(　　)。
A. 在幻灯片中插入的声音用一个小喇叭图标表示
B. 在PowerPoint中可以录制声音
C. 在幻灯片中插入播放CD曲目时，显示为一个小光盘图标
D. 以上3种说法都正确

16. 在PowerPoint 2016中，如果要对多张幻灯片进行同样的外观修改，那么(　　)。
A. 必须对每张幻灯片进行修改
B. 只需要在幻灯片母版上进行一次修改
C. 只需要更改标题母版的版式
D. 没法修改，只能重新制作

17. 在PowerPoint 2016中，为当前幻灯片的标题文本占位符添加边框线，首先要(　　)。
A. 选择"颜色和线条"命令
B. 选中标题文本占位符
C. 切换至标题母版
D. 切换至幻灯片母版

18. 在PowerPoint 2016中，下列说法正确的是(　　)。
A. 对一个对象一次可以使用多种动画效果
B. 动画序号按钮只是显示动画播放顺序，不能用来更改动画播放顺序
C. 对每个对象都可以设置随机动画效果
D. 以上全部错误

19. 在编辑演示文稿时，要在幻灯片中插入表格、剪贴画或照片等，应在(　　)视图进行操作。
A. 备注页　　B. 幻灯片浏览　　C. 幻灯片放映　　D. 普通

20. 放映幻灯片有多种方法，在默认状态下，以下方法中可以不从第一张幻灯片开始放映的是(　　)。
A. 单击"幻灯片放映"选项卡中的"从头开始"按钮
B. 单击状态栏上的"幻灯片放映"按钮
C. 单击"视图"选项卡中的"幻灯片放映"按钮
D. 按快捷键"F5"

21. 在PowerPoint 2016中，打印幻灯片时选择打印内容为讲义，最多可以设置每页的幻灯片数为(　　)。
A. 1个　　B. 2个　　C. 6个　　D. 9个

22. 以下不是合法的打印设置选项的是(　　)。
A. 幻灯片　　B. 备注页　　C. 讲义　　D. 幻灯片浏览

23. PowerPoint 2016的幻灯片母版中一般都包含的占位符是(　　)。
A. 标题占位符　　B. 文本占位符　　C. 图标占位符　　D. 页脚占位符

24. 在PowerPoit 2016幻灯片放映过程中，要回到上一张幻灯片，不可进行的操作是按(　　)键。
A. P　　B. PgUp　　C. Backspace　　D. 空格

25. 在PowerPoint 2016中不可以在"字体"对话框中进行设置的是(　　)。
A. 文字颜色　　B. 文字对齐方式　　C. 文字大小　　D. 文字字体

二、填空题

1. 在PowerPoint中，可以对幻灯片进行移动、删除、复制、设置动画效果等操作，但不能对单独的幻灯片内容进行编辑的视图是________。
2. 在PowerPoint中，创建演示文稿最简单的方法是采用________方法。
3. 在PowerPoint中的"幻灯片浏览"视图下，按住"Ctrl"键并拖动某幻灯片，可以完成________操作。
4. 在PowerPoint中，在一个演示文稿中________同时使用不同的模板。
5. 在PowerPoint中，如果希望在放映过程中退出幻灯片放映，则随时可以按下的终止键

是________。

6. PowerPoint 的“大纲”视图主要用于________。
7. 对于多个打开的演示文稿窗口,“页面设置”命令只对________的演示文稿进行格式设置。
8. PowerPoint 2016 模板文件的扩展名为________。
9. PowerPoint 模板与母版的关系是________。
10. 幻灯片放映的快捷键是________。
11. 在 PowerPoint 2016 中,幻灯片放映时切换的速度分别为________和________。
12. 在 PowerPoint 2016 中,若要选择演示文稿中指定的幻灯片进行播放,可以单击“幻灯片放映”选项卡中的________按钮。
13. PowerPoint 2016 窗口标题栏的右侧有 3 个按钮,分别是________、________和________按钮。
14. 在 PowerPoint 2016 中,单击要删除的幻灯片,再按________键,即可删除这张幻灯片。
15. 在 PowerPoint 2016 中,在________和________视图下可以改变幻灯片的顺序。
16. 在 PowerPoint 2016 中,幻灯片切换默认的方式是______切换到下一张幻灯片。
17. 在 PowerPoint 2016 中,可以为文本、图形等对象设置动画效果,以突出重点或增加演示文稿的趣味性,设置动画效果可以单击“________”选项卡中的“自定义动画”按钮。
18. 在 PowerPoint 2016 中,若要改变文本的字体,应使用“________”选项卡。
19. 在幻灯片放映时,从一张幻灯片过渡到下一张幻灯片称为________。

三、判断题

1. 在 PowerPoint 中,只有在“普通视图”中才能插入新幻灯片。 (　　)
2. 在 PowerPoint 中,文本、图片和表格在幻灯片中都可以作为添加动画的对象。 (　　)
3. PowerPoint 提供的母版只有幻灯片母版、标题母版、讲义母版 3 种。 (　　)
4. 幻灯片放映的 3 种方式是演讲者放映、观众自行浏览和在展台浏览。 (　　)
5. 在幻灯片放映过程中,绘图笔的颜色可以根据自己的喜好进行选择。 (　　)
6. PowerPoint 模板可以为幻灯片设置统一的外观样式。 (　　)
7. 演示文稿中的幻灯片版式必须相同。 (　　)
8. 在 PowerPoint 中,可以控制幻灯片外观的方法有设计模板、母版、配色方案、幻灯片版式。 (　　)
9. 关闭所有演示文稿后会自动退出 PowerPoint 窗口。 (　　)
10. 在 PowerPoint 中放映幻灯片时,按“Esc”键可以结束幻灯片放映。 (　　)
11. 在 PowerPoint 中不能设置对象出现的先后顺序。 (　　)
12. 在 PowerPoint 中,横排文本框和竖排文本框可以方便转换。 (　　)
13. 在 PowerPoint 的“大纲视图”模式下,不能显示幻灯片中插入的图片对象。 (　　)
14. 在 PowerPoint 的“大纲视图”模式下,不可以对幻灯片内容进行编辑。 (　　)
15. 在“幻灯片浏览”视图方式中,可以通过拖动幻灯片的方法改变幻灯片的排列次序。 (　　)
16. 在 PowerPoint 中,后插入的图形只能覆盖在先前插入的图形上,这种层叠关系是不能改变的。 (　　)
17. 幻灯片放映时不显示备注页下添加的备注内容。 (　　)

18. 在“幻灯片浏览”视图下能够方便地实现幻灯片的插入和复制。 ( )
19. 在备注与讲义里可使用的页眉和页脚选项包括日期、时间和幻灯片编号等。 ( )
20. 在 PowerPoint 中,如果要对文稿中多张幻灯片进行同样的外观修改,只需要在幻灯片母版上进行一次修改。 ( )

项目 6

因特网基础及电子邮件的使用

实验 1 设置 IP 地址及网络的连通性

实验目的

（1）掌握 IP 地址的设置方法。

（2）掌握测试网络连通状态的方法。

实验内容

（1）根据给定的固定 IP 地址，设置个人电脑的 IP 地址、子网掩码、默认网关和 DNS 服务器地址等。

（2）测试本地内部网络和外部网络是否连通。

实验步骤

1. 设置固定 IP 地址

打开"控制面板"窗口，修改"查看方式"为"大图标"，选择"网络和共享中心"→"本地连接"，弹出"本地连接 状态"对话框，如图 6-1-1 所示。

在"本地连接 状态"对话框中，单击"属性"→"Internet 协议版本 4(TCP/IPv4)"→"属性"，弹出"Internet 协议版本 4(TCP/IPv4)属性"窗口。选择"使用下面的 IP 地址(S)"，输入对应的固定 IP 地址、子网掩码、默认网关和 DNS 服务器地址，即可完成 IP 地址的设置，完成后效果如图 6-1-2 所示。

图 6-1-1 "本地连接"属性窗口

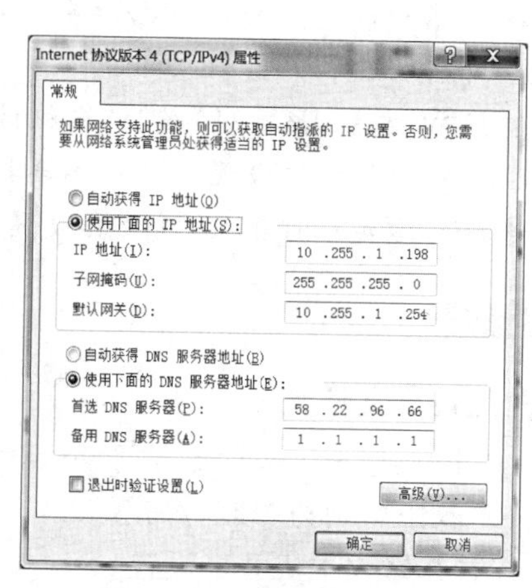

图 6-1-2 IPv4 属性窗口

2. 测试网络的连通性

(1) 打开“开始”菜单，执行“所有程序”→“附件”→“命令提示符”(或使用快捷键“Win键+R”，输入“cmd”，并按回车键)。在打开的命令窗口中，完成(2)、(3)中的测试指令，测试指令如图6-1-3所示，并查看测试结果。

(2) 输入“ping+默认网关地址”，测试个人主机是否可正常连通本地的网关主机，若无法连通则。

(3) 输入“ping+DNS地址”，测试个人主机是否可正常连接外网，若无法联通则大概率是网关主机故障。

(4) 通过“ping+域名”来测试与网站之间的连通性，并查看网站的真实IP。还可在ping命令后面加“-t”，表示不断发送测试数据包，直到按“Ctrl+C”组合键结束测试。

图 6-1-3 使用 ping 命令测试网络连通状态

实验2 共享文档和共享打印机的设置

实验目的

(1) 掌握文件夹共享的设置。

(2) 掌握打印机共享的方法。

实验内容

(1) 在D盘中新建一个以自己学号命名的文件夹，并将该文件夹设置为共享，共享用户为“Everyone”，权限级别为“读取/写入”。

(2) 使用“\\本机IP地址”或“\\本机计算机名”命令，查看主机的共享信息。

(3) 将本机的打印机设置为网络共享打印机。

(4) 连接网络共享打印机，并将其设置为默认打印机。

实验步骤

1. 设置共享文件夹

在D盘中新建一个以自己学号命名的文件夹，并将该文件夹设置为共享，共享用户为“Everyone”，权限级别为“读取/写入”。

(1) 查看并修改本机共享设置。

打开“控制面板”中的“网络和共享中心”，选择“更改高级共享设置”，如图6-2-1所示窗口，根据需要配置相应的共享选项，其中：

① “启用网络发现”后，才可在网络中找到其他计算机或设备，才可使自身被其他计算机发现。

② “启用文件和打印机共享”后，本机共享的文件和打印机才可被其他用户访问。

③ “启用密码保护共享”后，访问本机共享文档和打印机时，需要输入本机的用户名和密码进行身份验证。

(2) 在 D 盘中新建一个以自己学号命名的文件夹，右键单击该文件夹，选择“属性”→“共享”选项卡，切换到“共享”选项卡窗口，如图 6-2-2 所示。

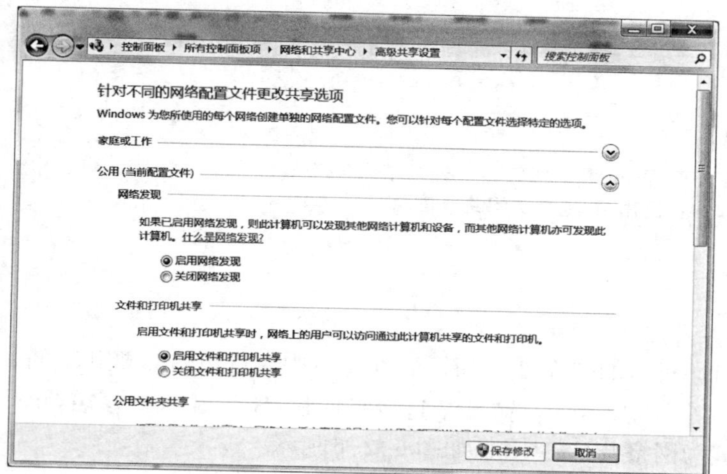

图 6-2-1 “高级共享设置”窗口

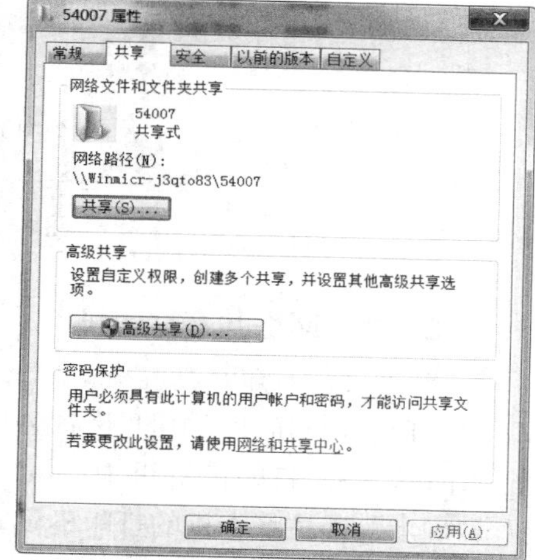

图 6-2-2 “共享”选项卡窗口

(3) 单击“共享(S)...”按钮，在弹出的对话框中，添加“Everyone”用户（选择 Everyone 用户，目的是降低权限，让所有用户都能访问），设置权限级别为“读取/写入”，最后单击“共享(H)”按钮，即可完成文件夹共享，结果如图 6-2-3 所示。

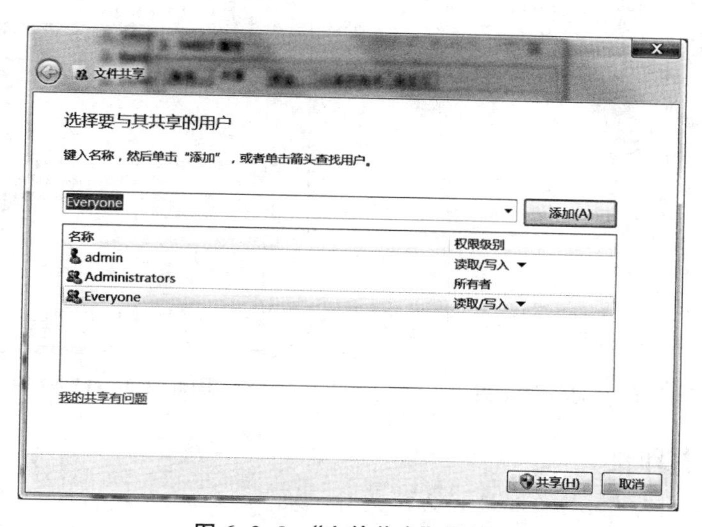

图 6-2-3 “文件共享”对话框

2. 查看主机共享信息

使用"\\本机IP地址"或"\\本机计算机名"命令,查看主机的共享信息。

在任意窗口的地址栏中,输入"\\IP地址"或"\\计算机名",按回车键,即可查看该计算机共享的资源,达到访问本机或其他计算机共享信息的目的,如图6-2-4所示。

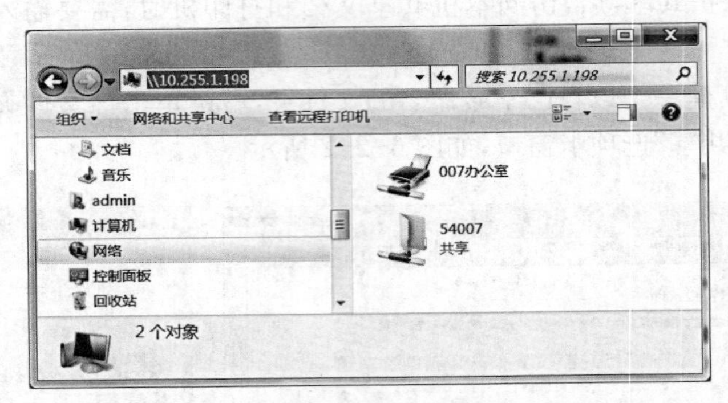

图6-2-4 使用IP地址访问共享信息

3. 设置网络共享打印机

将本机的打印机设置为网络共享打印机。

打开"控制面板"中的"设备和打印机",如图6-2-5所示。在窗口中右键单击需要共享的打印机,选择"打印机属性(P)"→"共享"选项卡,勾选"共享这台打印机(S)",输入共享名,单击"确定",即可将本机的打印机设置为网络共享打印机,如图6-2-6所示。

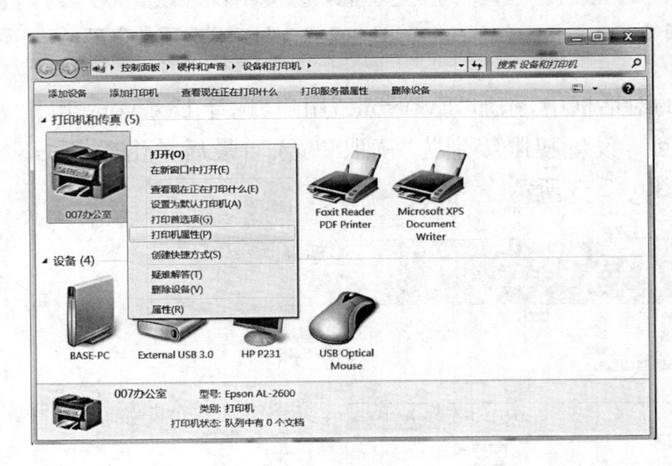

图6-2-5 "设备和打印机"窗口

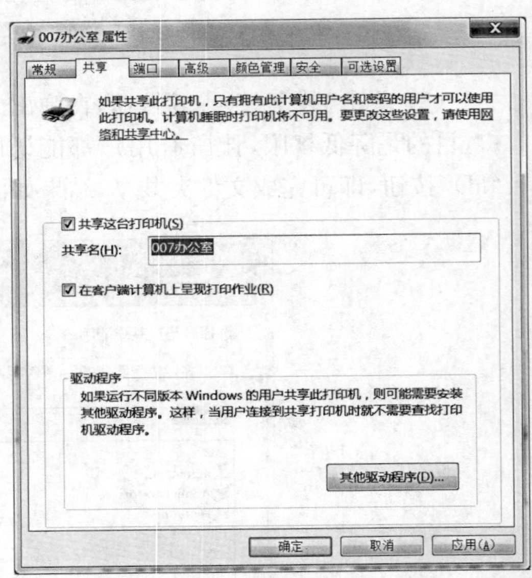

图6-2-6 打印机"共享"选项卡窗口

4. 设置默认打印机

连接网络共享打印机,并将其设置为默认打印机。

(1) 在任意窗口的地址栏中,输入"\\网络打印机的主机IP地址"或"\\网络打印机的主机计算机名”，右键单击需要连接的打印机，如图 6-2-7 所示，选择“连接(N)...”选项，即可自动安装打印机驱动，完成网络打印机的连接。

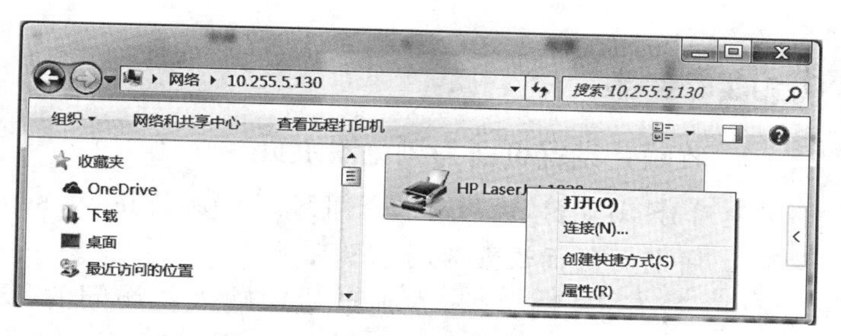

图 6-2-7 连接共享打印机窗口

(2) 打开“控制面板”中的“设备和打印机”，右键单击打印机图标，选择“设置为默认打印机(A)”选项，即可将该打印机设置为默认打印机，如图 6-2-8 所示。

图 6-2-8 设置默认打印机窗口

实验 3 浏览器的使用

实验目的

(1) 掌握浏览器的使用方法。

(2) 掌握下载及保存网页中文字、图片、视频等资源的方法。

实验内容

(1) 使用任意一种浏览器，访问新浪新闻网：https://news.sina.com.cn/，并选择“科技”板块，收藏该页面，并将该页面设置为浏览器主页。

(2) 在科技板块中，选择任意一条新闻，将该新闻中的某张图片保存到“D:\54007\实验 6-3”文件夹中，文件名为“keji.jpg”，并将其中一段文字以文本文件的格式保存到“D:\54007\实验 6-3”文件夹中，文件名为“keji.txt”。

实验步骤

1. 收藏并设置页面为浏览器主页

使用IE浏览器，访问新浪新闻网：https://news.sina.com.cn/，并选择“科技”板块，收藏该页面，并将该页面设置为浏览器主页。

(1) 打开IE浏览器，在地址栏中输入要访问的URL地址“https://news.sina.com.cn/”，并单击“科技”板块链接，即可进入“科技”板块，如图6-3-1所示。

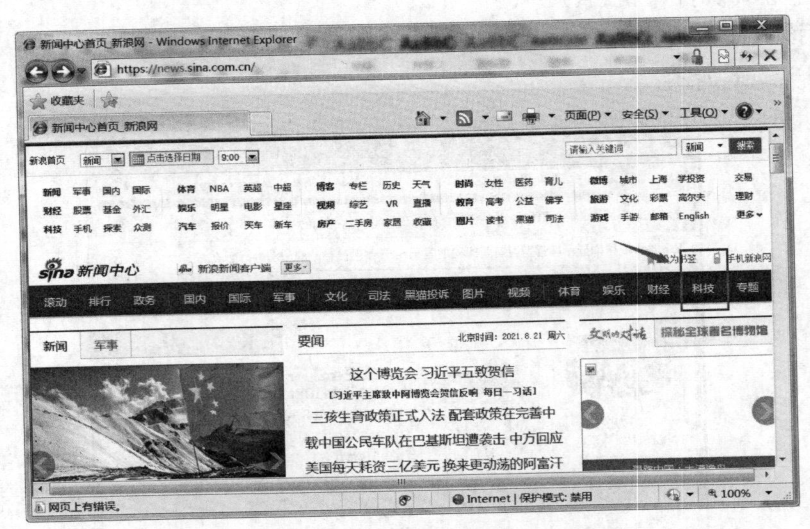

图6-3-1 打开“科技”板块

(2) 按下“Alt”键，显示浏览器菜单，如图6-3-2所示。单击“收藏夹(A)”→“添加到收藏夹(A)...”，在弹出的对话框中，设定好“名称(N)”和“创建位置(R)”后，单击“添加(A)”，即可完成网址的收藏，如图6-3-3所示。

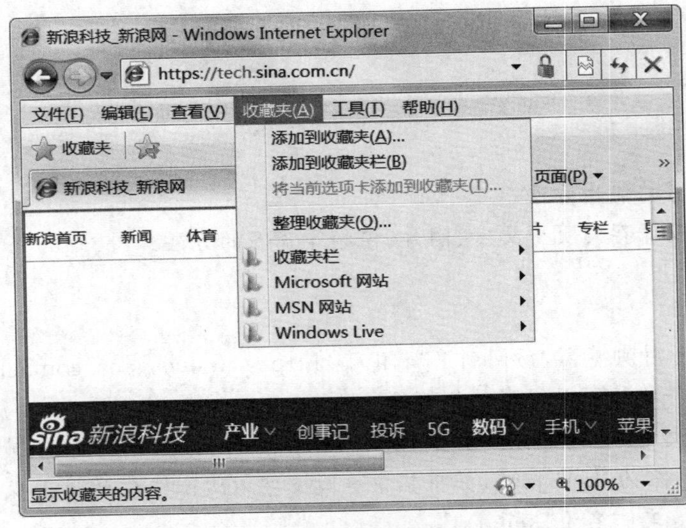

图6-3-2 显示浏览器菜单

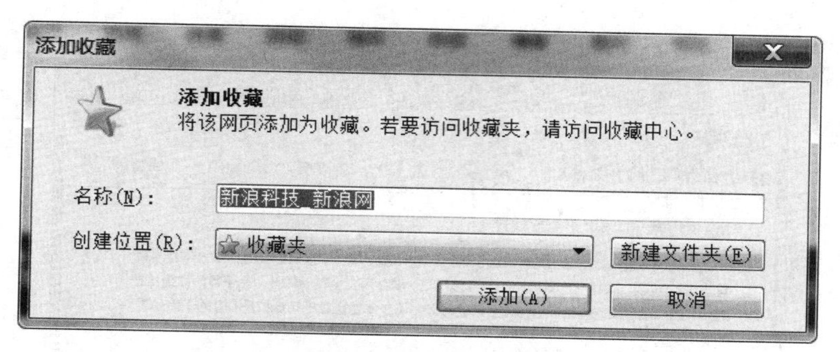

图 6-3-3　添加收藏

(3) 按下"Alt"键，显示浏览器菜单，单击"工具"→"Internet 选项"，在弹出的对话框中，如图 6-3-4 所示，单击"常规"选项卡中的"使用当前页(C)"，即可将本页面设置为浏览器主页。

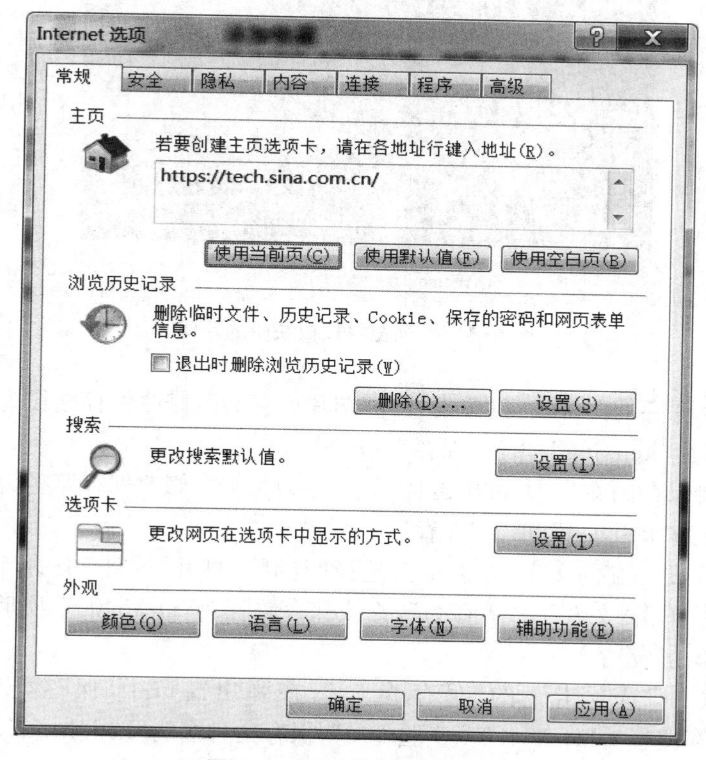

图 6-3-4　设置浏览器主页

2. 保存网页内容

在科技板块中，选择任意一条新闻，将该新闻中的某张图片保存到"D:\54007\实验 6-3"文件夹中，文件名为"keji. jpg"，并将其中一段文字以文本文件的格式保存到"D:\54007\实验 6-3"文件夹中，文件名为"keji. txt"，最后将整个页面以". html"的格式保存在文件夹"实验 6-3"中，文件名为"keji. html"。

(1) 在"科技"板块中，单击任意一条新闻，即可浏览该新闻，如图 6-3-5 所示。

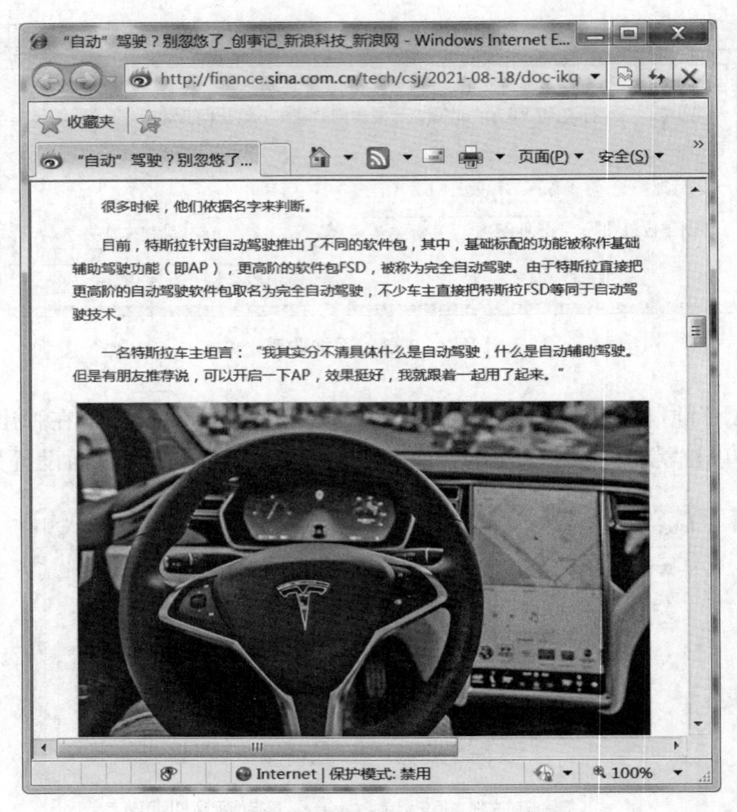

图 6-3-5 浏览科技板块中的新闻

(2) 找到需要保存的图片，右键单击选择"图片另存为"，修改保存路径为"D:\54007\实验 6-3"，保存文件名为"keji. jpg"，单击"保存"。

(3) 选择需要保存的文字，右键单击选择"保存为文本"，修改保存路径为"D:\54007\实验 6-3"，保存文件名为"keji. txt"，单击"保存"。

也可以选择需要保存的文字，右键单击选择"复制"，打开"附件"中的"记事本"，单击"编辑"→"粘贴"命令，单击"文件"→"另存为"，修改保存路径为"D:\54007\实验 6-3"，保存文件名为"keji. txt"，单击"保存"。

(4) 选择"文件"选项卡下的"另存为..."，在弹出窗口中，保存类型选择"网页，仅 HTML"，修改保存路径为"D:\54007\实验 6-3"，保存文件名为"keji. html"，单击"保存"。

实验 4 电子邮件的使用

实验目的

(1) 掌握电子邮件的收发功能。

(2) 掌握在电子邮件中上传和下载附件、添加通讯簿、抄送等功能。

实验内容

（1）接收邮件。

（2）发送邮件。

实验步骤

1. 接收邮件

接收并阅读来自朋友小明的邮件(wangming@163.com)，主题为“生日快乐”。并将邮件中的附件“生日贺卡.jpg”保存到“D:\54007\实验 6-4”文件夹中，并回复该邮件，回复内容为“贺卡已收到，谢谢你的祝福！”，发件人邮箱地址：dengkao@163.com。

（1）打开 Outlook 软件，单击“发送/接收”，即可接收邮件，如图 6-4-1 所示。左键双击邮件，即可阅读该邮件的内容，如图 6-4-2 所示。单击“文件(F)”→“保存附件(V)...”，选择保存路径为“D:\54007\实验 6-4”文件夹，单击“保存”，即可下载该邮件中的附件，如图 6-4-3 所示。

（2）单击“答复”按钮，进入新邮件窗口，填写“发件人”邮箱地址，填写回复内容后，点击“发送”，即可完成邮件回复，如图 6-4-4 所示。

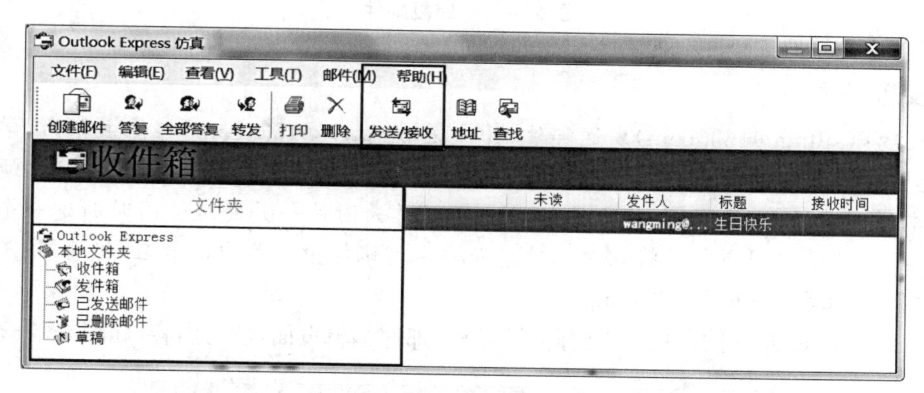

图 6-4-1 接收邮件

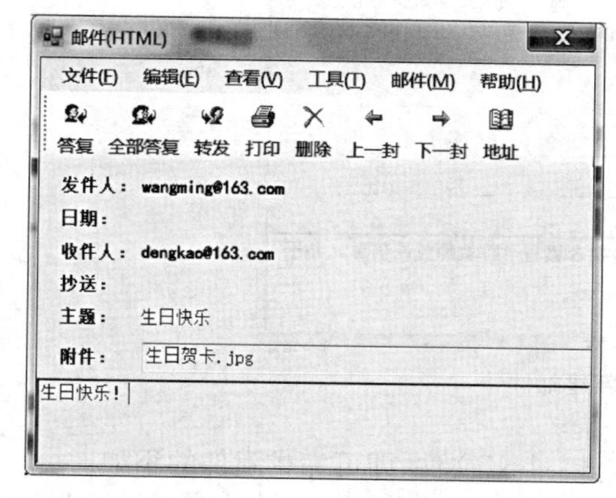

图 6-4-2 查看邮件

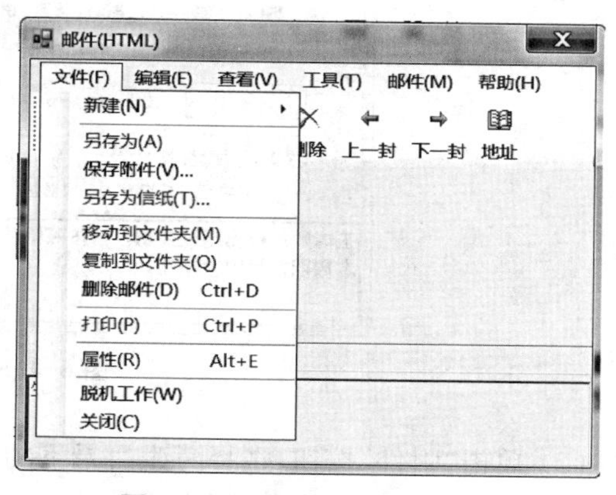

图 6-4-3 保存邮件中的附件

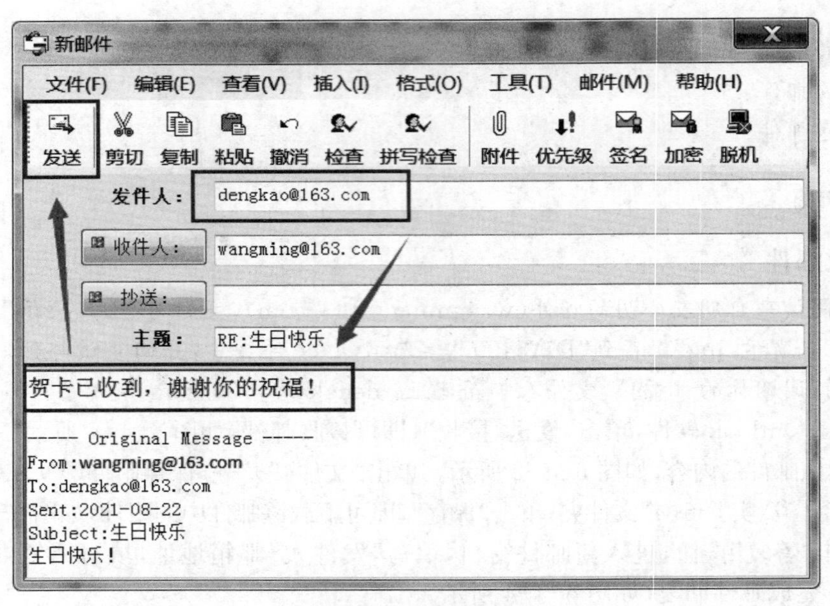

图 6-4-4　回复邮件

2. 发送邮件

向王老师(siling@163. com)发送邮件，并抄送给 ygxy@163. com，邮件主题为“学院教师任课信息”，邮件内容为“王老师：根据学校要求，请按照附件表格要求填写学院教师任课信息，并于本周四前返回，谢谢！”，将文件“统计. xlsx”作为附件一并发送。同时新建一个联系人分组，分组名为“学院同事”，并将收件人信息保存至通讯簿中。其中，“姓名”栏填写“王小令”，“电子邮箱”栏填写“siling@163. com”。

(1) 打开 Outlook 软件，单击“创建邮件”，进入邮件编辑页面，填写内容，如图 6-4-5 所示。

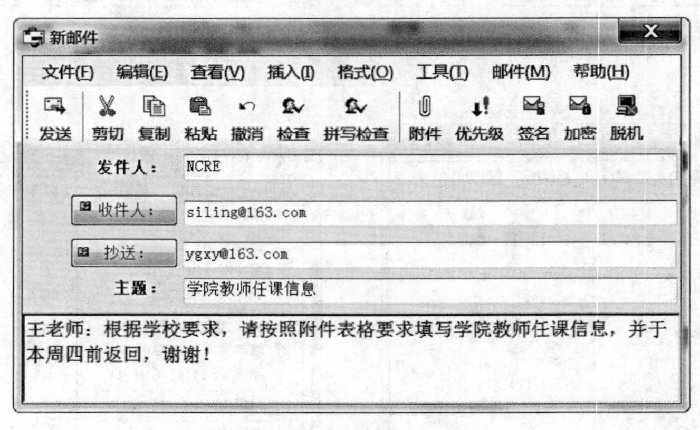

图 6-4-5　新建邮件

(2) 单击“附件”按钮，选择考生目录下的“统计. xlsx”文件，即可完成附件的添加。

(3) 单击“发送”按钮，即可完成邮件的发送，可在“已发送邮件”中查看邮件状态。

(4) 单击“工具(T)”→“通讯簿”，即可打开通讯簿窗口，如图 6-4-6 所示。单击“新建”→

“新建组”，在弹出的窗口中（图 6-4-7），填写组名：“学院同事”，继续单击“新建联系人”，在联系人属性窗口填写内容，如图 6-4-8 所示。

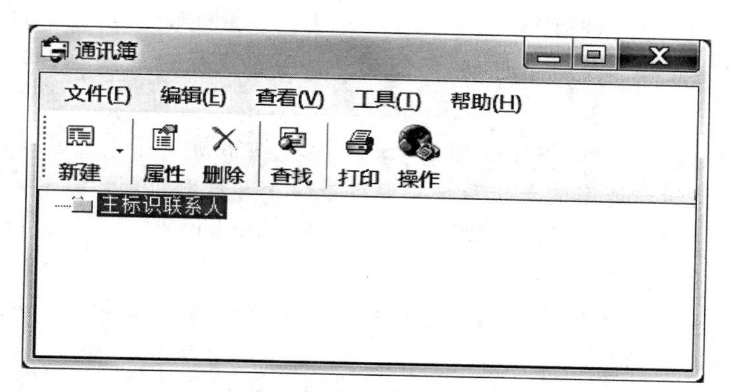

图 6-4-6　通讯簿窗口

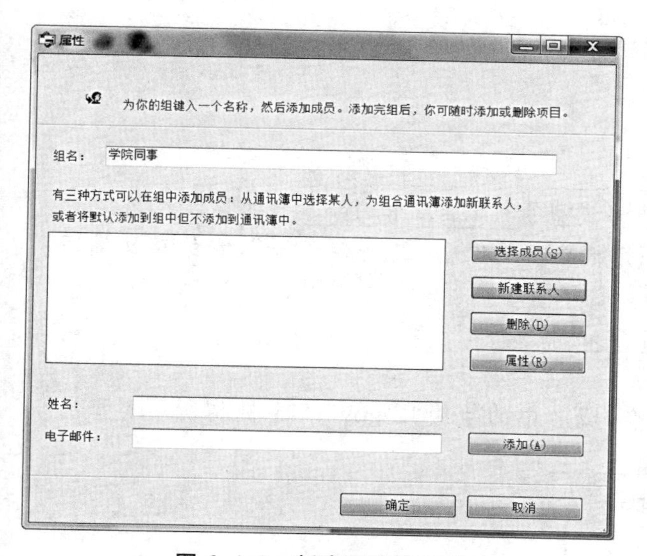

图 6-4-7　新建通讯簿组别

图 6-4-8　新建联系人

习 题 6

一、选择题

1. 计算机网络是计算机技术与(　　)技术紧密结合的产物。

A. 通信　　B. 电话　　C. Internet　　D. 卫星

2. 通信线路的主要传输介质有双绞线、(　　)、微波等。

A. 电话线　　B. 光纤　　C. 1 类线　　D. 3 类线

3. 计算机网络的目的在于实现(　　)和信息交流。

A. 资源共享　　B. 远程通信　　C. 网页浏览　　D. 文件传输

4. IEEE 将网络划分为 LAN、(　　)和 WAN。

A. PSTN　　B. ADSL　　C. MAN　　D. ATM

5. 局域网中每台计算机的网卡上都有全球唯一的(　　)地址。

A. MAC　　B. IP　　C. 计算机　　D. 网络

6. 为了能在网络上正确地传送信息,人们制定了一整套关于传输顺序、格式、内容和方式的约定,称为(　　)。

A. OSI参考模型　　B. 网络操作系统　　C. 通信协议　　D. 网络通信软件

7. 衡量网络上数据传输速率的单位是每秒传送多少个二进制位,记为(　　)。

A. bit/s　　B. OSI/RM　　C. Modem　　D. TCP/IP

8. 计算机中网卡的正式名称是(　　)。

A. 集线器　　B. T形接头连接器　　C. 终端匹配器　　D. 网络适配器

9. HTTP是一种(　　)。

A. 高级程序设计语言　　B. 域名

C. 超文本传输协议　　D. 网址

10. 路由选择是OSI/RM中(　　)层的主要功能。

A. 物理　　B. 数据链路　　C. 网络　　D. 传输

二、填空题

1. 最早的互联网是________。
2. 网络协议组成的3个要素分别是________、________和________。
3. IEEE 802.3协议基本上覆盖OSI/RM参考模型的________和________两层。
4. 与Web站点和Web页面密切相关的一个概念称为“统一资源定位器”,它的英文缩写是________。
5. 从逻辑功能上可以把计算机网络分为________和________。
6. 每个C类IP地址包含________个主机号。
7. 域名是Internet服务提供商的计算机名,域名中的后缀“.gov”表示机构所属类型为________,“.edu”表示机构所属类型为________。
8. IP地址192.9.200.21是________类地址。
9. Internet使用的通信协议是________。
10. 发送邮件服务器采用________通信协议,接收邮件服务器采用________通信协议。

习题参考答案

习题 1

一、选择题

1	2	3	4	5	6	7	8	9	10	11
B	A	A	B	D	D	C	B	C	B	A

二、填空题

1. 29.25. 2. 2,1. 3. 运算器,控制器. 4. CPU和主存. 5. 操作码,操作数. 6. 长城. 7. 巨型化,微型化. 8. 内存. 9. 解释,编译. 10. 南桥. 11. 递归.

习题 2

一、选择题

1	2	3	4	5	6	7	8	9	10	11	12	13	14	15
D	A	D	D	B	D	D	B	D	C	B	A	D	D	C

二、填空题

1. 文档. 2. 微软. 3. NTFS. 4. 复制. 5. 硬件. 6. 处理机,存储器,设备,文件. 7. 冷. 8. "开始"任务栏. 9. 名称、修改日期. 10. 目前不可以使用.

习题 3

一、选择题

1	2	3	4	5	6	7	8	9	10
A	D	B	C	A	A	A	C	D	D
11	12	13	14	15	16	17	18	19	20
B	D	D	A	B	C	C	B	A	A
21	22	23	24	25	26	27	28	29	30
C	A	D	D	B	C	B	C	A	D
31	32	33	34	35					
C	D	C	A	C					

二、填空题

1. 首行缩进. 2. 左缩进. 3. 行间距. 4. 正文与页面边缘的空白区域. 5. 撤销. 6. 共用,文档. 7. Ctrl+C. 8. “插入”. 9. Ctrl+F. 10. 内存. 11. 72.1,638. 12. End. 13. .dotx. 14. 水平. 15. Enter. 16. Ctrl. 17. “字数统计”. 18. 字符,段落. 19. 模板. 20. “页面”.

三、判断题

1	2	3	4	5	6	7	8	9	10
×	√	√	√	×	×	×	√	×	×
11	12	13	14	15	16	17	18	19	20
×	√	√	√	√	×	×	×	√	×
21	22	23	24	25					
×	√	√	×	×					

习题 4

一、选择题

1	2	3	4	5	6	7	8	9	10
B	C	A	B	A	D	C	D	A	A
11	12	13	14	15	16	17	18	19	20
D	B	D	B	A	D	C	D	A	C
21	22	23	24	25	26	27	28	29	30
D	D	C	D	A	B	B	B	D	C

二、填空题

1. .xlsx. 2. 工作簿1,.xlsx. 3. 活动单元格. 4. 填充柄. 5. 复制,移动. 6. 排序. 7. \$D\$5,D5. 8. 1. 9. —,/. 10. 双击. 11. Sheet1 工作表中的 A 列 1 行到 C 列 10 行间的连续区域. 12. 平均值,最大值. 13. 0,2/3. 14. 与,或,单一字符,多个字符. 15. 首行,最左列.

三、判断题

1	2	3	4	5	6	7	8	9	10
×	√	×	×	√	√	√	√	√	√
11	12	13	14	15	16	17	18	19	20
×	×	×	×	√	×	√	√	√	×

21	22	23	24	25	26	27			
×	√	×	×	×	√	√			

习题 5

一、选择题

1	2	3	4	5	6	7	8	9	10
A	B	D	D	C	A	C	B	B	B
11	12	13	14	15	16	17	18	19	20
A	C	D	C	D	B	B	D	D	B
21	22	23	24	25					
D	D	A	D	B					

二、填空题

1. “幻灯片浏览”视图. 2. 内容提示向导. 3. 复制幻灯片. 4. 不能. 5. Esc. 6. 编辑文本. 7. 当前打开. 8. .pptx. 9. 模板中包含有母版,模板是特殊演示文稿,母版是几张特殊的幻灯片. 10. F5. 11. 慢速,中速,快速. 12. “自定义幻灯片放映”. 13. 最小化,最大化(还原),关闭. 14. Delete. 15. 幻灯片浏览,大纲. 16. 单击时. 17. 动画. 18. 开始. 19. 幻灯片切换.

三、判断题

1	2	3	4	5	6	7	8	9	10
×	√	×	√	√	√	×	√	×	√
11	12	13	14	15	16	17	18	19	20
×	√	√	×	√	×	√	√	√	√

习题 6

一、选择题

1	2	3	4	5	6	7	8	9	10
A	B	A	C	A	C	A	D	C	C

二、填空题

1. ARPANET. 2. 语法,语义,时序. 3. 物理层,数据链路层. 4. URL. 5. 通信子网,资源子网. 6. 254. 7. 政府机构,教育机构. 8. C. 9. TCP/IP. 10. SMTP,POP3.

参考文献

[1] 赵妍，纪怀猛. 大学信息技术基础实训教程[M]. 西安：电子科技大学出版社，2017.

[2] 徐涛. 大学计算机基础——走进智能时代实验指导[M]. 厦门：厦门大学出版社，2021.

[3] 董正雄. 大学计算机应用基础学习指导(Windows 7 + Office 2010)[M]. 厦门：厦门大学出版社，2016.

[4] 陈侃. 大学信息技术基础实训教材[M]. 北京：中国铁道出版社，2019.

[5] 教育部考试中心. 全国计算机等级考试一级教程——计算机基础及 MS Office 应用上机指导(2023 年版)[M]. 北京：高等教育出版社，2023.

[6] 郭金兰. 计算机应用技术教程[M]. 西安：西安交通大学出版社，2016.

[7] 李宏，宁思华. 计算机应用基础实训[M]. 上海：上海交通大学出版社，2020.

[8] 高万萍，唐自君，王德俊. 计算机应用基础实训指导(Windows 10，Office 2016)[M]. 北京：清华大学出版社，2019.